身体护理

（第2版）

主编　罗　媛

北京理工大学出版社
BEIJING INSTITUTE OF TECHNOLOGY PRESS

版权专有　侵权必究

图书在版编目（CIP）数据

身体护理 / 罗媛主编. —2版. —北京：北京理工大学出版社，2023.7重印
ISBN 978-7-5682-6660-4

Ⅰ. ①身…　Ⅱ. ①罗…　Ⅲ. ①皮肤－护理－高等职业教育－教材　Ⅳ. ①TS974.11

中国版本图书馆CIP数据核字（2019）第271279号

出版发行 / 北京理工大学出版社有限责任公司
社　　址 / 北京市海淀区中关村南大街 5 号
邮　　编 / 100081
电　　话 /（010）68914775（总编室）
（010）82562903（教材售后服务热线）
（010）68944723（其他图书服务热线）
网　　址 / http://www.bitpress.com.cn
经　　销 / 全国各地新华书店
印　　刷 / 定州启航印刷有限公司
开　　本 / 787 毫米 ×1092 毫米　1/16
印　　张 / 12.5
字　　数 / 290 千字
版　　次 / 2023 年 7 月第 2 版第 2 次印刷
定　　价 / 49.00 元

责任编辑 / 李慧智
文案编辑 / 李慧智
责任校对 / 周瑞红
责任印制 / 边心超

图书出现印装质量问题，请拨打售后服务热线，本社负责调换

教材建设是国家职业教育改革发展示范学校建设的重要内容，作为第二批国家职业示范学校的北京市劲松职业高中，成立了由职业教育课程专家、教材专家、行业专家、优秀教师和高级编辑组成的五位一体的专业教材建设小组，开发设计了符合美容美发技能人才成长规律，反映行业新理念、新知识、新工艺、新材料的发展改革示范教材。

本套教材采用单元导读、工作目标、知识准备、工作过程、学生实践、知识链接的教材结构，突出了项目引领、工作导向，在知识准备的基础上，熟悉工作过程、练习操作流程，最终通过实践，达到提高学生职业素养和职业能力的目的。

本套书在每一本教材的教材目标设计和选择上，力求对接国家职业资格标准；在每一本教材的教材内容设计和选择上，力求对接典型职业活动；在每一本教材的教材结构设计和选择上，力求对接职业活动逻辑；在每一本教材的教材素材设计和选择上，力求对接职业活动案例。因此，这套教材有利于学生职业素养和职业能力的形成，有利于学生就业和职业生涯的发展。

我国职业教育“做中学”的教材、技术类的专业教材基本定型，服务类的专业教材也正逐步走向成熟，文化艺术类的专业教材正处于摸索阶段。一般技术类的专业教材采用过程导向逻辑结构；服务类的专业教材采用情景导向逻辑结构；文化艺术类的专业教材应采用效果导向的逻辑结构。这套美容美发专业的教材，是一次由知识本位到能力本位转型的新的有益探索，向效果导向逻辑结构迈出了一大步。北京市劲松职业高中美容美发专业拥有十分优秀的师资和深度的校企合作，这是他们能够设计编写出优秀教材的基本条件。

《身体护理》是中等职业学校美容美体专业的核心课程。本书由作者依据国家相关职业标准组织编写。应时代的要求和社会的需求，美容师这个职业在我国正在慢慢向着正规化、标准化崛起，美容师的培训和鉴定需要不断探索、不断总结、不断提升和规范，最终摸索出一条操作性强、行之有效、将现代保健与中医传统养生相结合、具有东方文化和民族特色、适合中等职业学生在专业技能上的一个拓展，加强学生在专业技能上的解决问题的能力。

党的二十大报告明确提出："强化就业优先政策，健全就业促进机制，促进高质量充分就业"。而身体护理作为一门手艺，会使得掌握这门手艺的人都有通过勤奋劳动实现自身发展的机会。健全终身职业技能培训制度，推动解决结构性就业矛盾。完善促进创业带动就业的保障制度，支持和规范发展新就业形态。

本书注重企业实践与理论知识相结合，突出学习者对专业技能的培养与训练。每一个项目的内容强化了知识的应用性、针对性和技能的可操作性，注重引进新知识、新技术、新方法，突出针对学生的动手能力的培养。

为了便于学生阅读与学习，本书采用了读者易读、易学、易懂的图解形式，并配有教学视频光盘。阅读时，学生可以对照书中图片和教学视频理解文字。文字论述清晰，图片和视频写实详尽，将每一个项目过程、手法、技巧以及穴位的准确位置展现的淋漓尽致。有了这本书，学生学习起来能够轻松地理解项目的实际操作，并且很好地运用到实践中。

本书由罗媛担任主编，常爽参与视频修订。全书由郝桂英老师进行统稿。北京市劲松职业高中原校长贺士榕，杨志华老师、范春玥老师为本书的编写工作提供了大力的支持和帮助，在此一并表示对北京市劲松职业高中领导和美容美发与形象设计专业的感谢。

由于编者学识有限，本书一定有不尽人意之处，敬请有关专家和读者不吝赐教，以便不断提高本书的学术水平和实用性。

编　者

目录
CONTENTS

单元一　全身基础护理

单元导读…………………………………………………………………… 2

项目一　头部护理 ……………………………………………………… 3

项目二　肩颈护理 ………………………………………………………15

项目三　背部护理 ………………………………………………………27

项目四　四肢护理 ………………………………………………………39

项目五　肠胃保养 ……………………………………………………… 54

项目六　女性保养之子宫保养 ………………………………………… 64

单元二　传统中医护理

单元导读……………………………………………………………………76

项目一　拔罐 ……………………………………………………………77

项目二　刮痧 ……………………………………………………………88

单元三　芳香精油护理

单元导读………………………………………………………………… 102

项目一　背部精油护理 ……………………………………………… 103

项目二　全身舒缓减压排毒护理 …………………………………… 116

单元四　纤体塑形护理

单元导读……………………………………………………………………… 146

项目一　腹部纤体塑形护理 ………………………………………………… 147

项目二　四肢纤体塑形护理 ………………………………………………… 159

单元五　脱毛护理

单元导读……………………………………………………………………… 170

项目一　四肢脱毛护理 ……………………………………………………… 171

项目二　唇周脱毛护理 ……………………………………………………… 179

单元一　全身基础护理

内容介绍

全身基础护理是身体护理中最重要的环节，需要掌握头部、躯干和四肢骨骼肌肉的结构和特征及常用穴位。为了满足顾客的要求，使顾客的身体得到最佳的护理效果，作为一名专业美容师，应该了解皮肤、骨骼、肌肉和穴位等方面的知识， 这样才能更有针对性地为顾客进行身体护理。

单元目标

①能够说出各部分骨骼与肌肉的名称及作用。

②能够说出按摩中点穴的作用。

③能够掌握全身基础护理按摩的操作程序。

④能够按照标准完成全身基础护理按摩的操作。

项目一　头部护理

项目描述：

头部护理以按摩为主，头部按摩是以中医的脏腑、经络学说为基础，利用手法作用于人体头部体表，帮助调节人体机能，改善头部疼痛、失眠多梦等症状。

工作目标：

①能够说出头、面部的骨骼名称及作用。

②能够说出面部肌肉的组成。

③能够掌握头部按摩的方法。

④能够熟练按照标准手法完成头部按摩。

⑤通过动手实践能够使学生积极参与教学活动，依据头部护理工作流程和基本要求进行训练，培养学生安全、卫生等方面的职业能力及素养，树立学生以人为本的服务意识。

一、知识准备

（一）头、面部骨骼概述

人体骨骼属于人体八大系统里的运动系统。颅骨是头、面部骨骼的总称，它是头部重要器官的支架和保护器。颅骨分为脑颅骨和面颅骨两部分。

脑颅骨由额骨、顶骨、颞骨、枕骨、筛骨、蝶骨共6部分组成；面颅骨由泪骨、颧骨、下鼻甲骨、鼻骨、犁骨、上颌骨、下颌骨、腭骨、舌骨共9部分组成。头部骨骼共23块（见图1-1-1）。

头、面部骨骼的作用是保护大脑和组成面部结构。

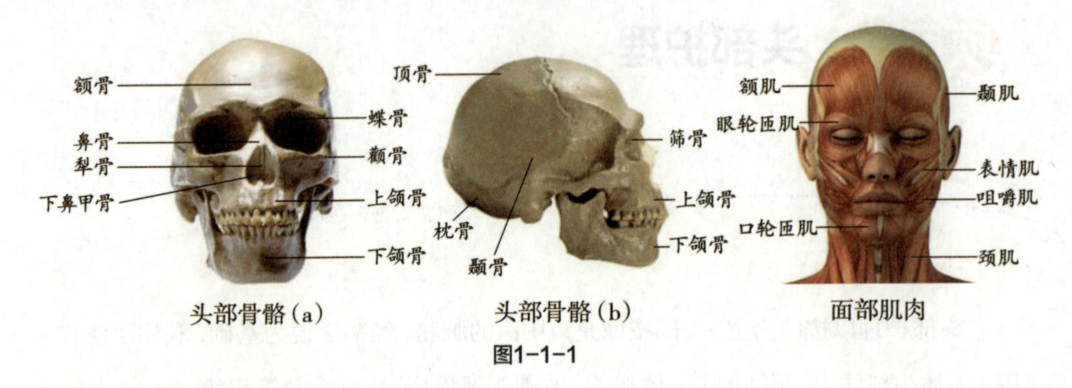

头部骨骼（a） 头部骨骼（b） 面部肌肉

图1-1-1

（二）穴位的概念与作用

穴位学名腧穴，腧穴是脏腑经络之气通达于体表的特殊部位，是脏腑和经络功能在体表的反应点。它与身体内部的组织、器官有一定的关系。

平时做穴位按摩可以调整气血，起到保健防病、美容养颜的作用。

（三）头部按摩穴位及位置

头部按摩主要穴位有百会穴与四聪穴，它们的位置如下：

①百会穴——两顶骨凹陷处。

②四聪穴——百会穴上下左右旁开0.1寸的四个点。头部按摩操作时只点按左右两边的四聪穴即可。

（四）头部按摩作用

脑力劳动者经常会出现头晕、头痛、偏头疼、失眠、头皮屑多等症状，通过头部按摩可以帮助改善以上症状，并产生以下作用：

①消除疲劳；

②调节头皮分泌；

③促进新陈代谢；

④改善睡眠。

（五）工具准备

头部按摩需要准备的工具：75%酒精、棉球（片）、棉球容器、毛巾、美容床。

二、工作过程

(一) 工作标准（见表1-1-1）

表1-1-1　头部护理工作标准

内　容	标　准
准备工作	工作区域干净整齐，工具齐全且码放整齐，仪器设备安装正确，个人卫生仪表符合工作要求
操作步骤	能够独立对照操作标准，用准确的技法按照规范的操作步骤完成实际操作
操作时间	在规定时间内完成任务
操作标准	头部按摩穴位准确、到位、标准
	配合顾客要求，力度由轻到重
	配合顾客呼吸，能以均匀的速度按摩头部
	能够按照标准完成头部按摩
整理工作	工作区域干净整洁无死角，工具仪器消毒到位、收放整齐

(二) 关键技能

1. 头部按摩操作

（备注说明：请顾客仰卧位躺在床上，盖好毛巾被）

五指梳头

五指梳头的目的是帮助顾客在操作前梳理好头发，方便之后的操作。

用双手五指的指端放在额头正中发际线处，向后慢慢梳理至左侧。

轻轻向右旋转顾客头部，梳理头部左侧枕骨头发，从枕骨部位的头发慢慢回到头部正中间。

再将顾客头部慢慢旋转回来，同样方法，交替式梳理右边的头发（重复动作3遍）。

注意：美容师的指甲不能过长，避免抓伤顾客头皮；在梳理头部时，将整个头部梳理到位；力度要因人而异。

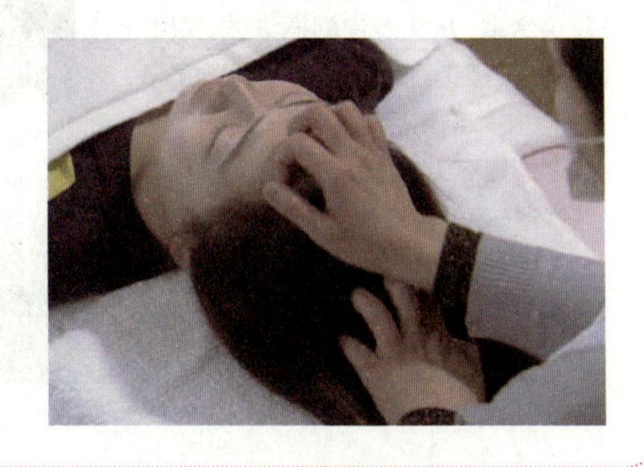

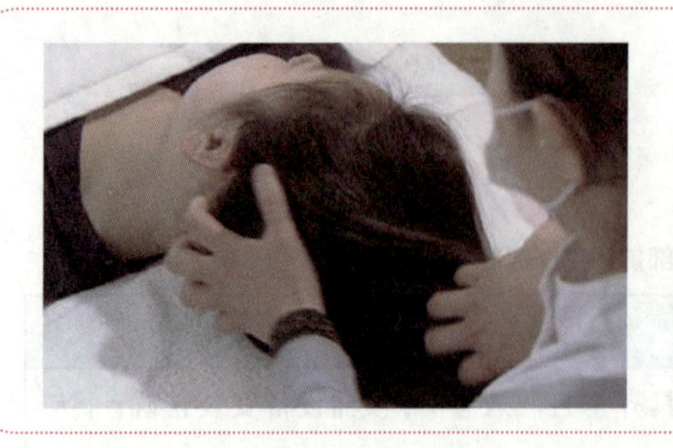

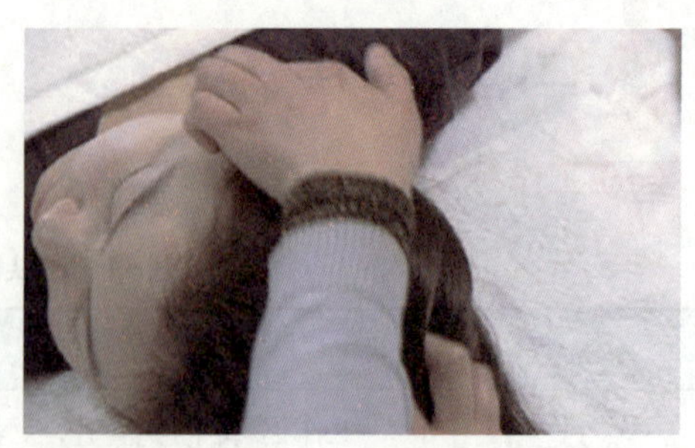

点按头部五条经

第一条点按经络为督脉，双手拇指重叠从额头正中发际线开始点按至百会穴止。

注意：在两手拇指点按的时候，其余四指放在头部两侧起到固定、支撑的作用；力度由轻变重，由重变轻。

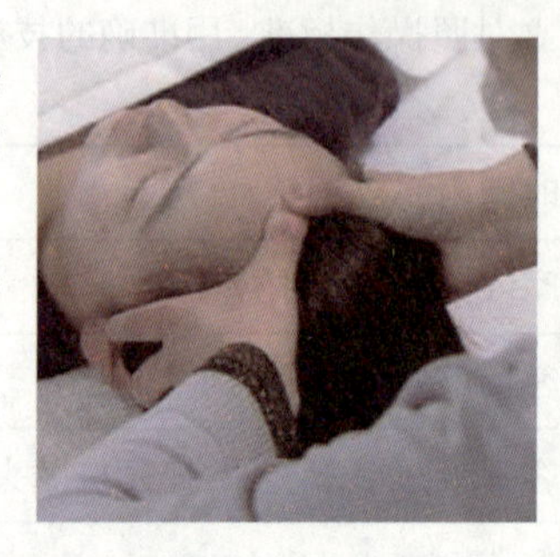

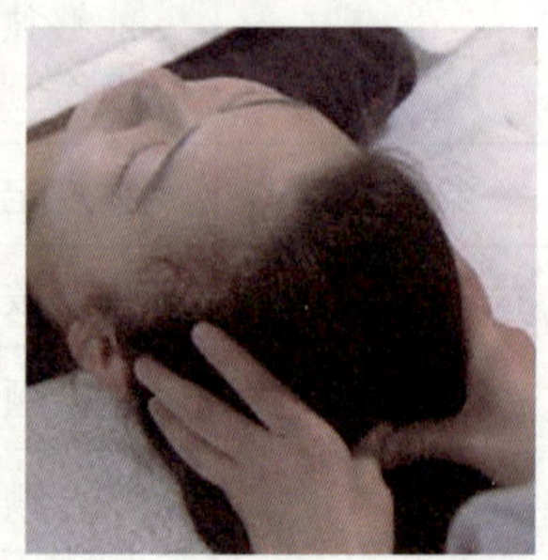

第二、三条点按经络为膀胱经，双手拇指从两眉头延伸出的发际线开始点按至四聪穴。

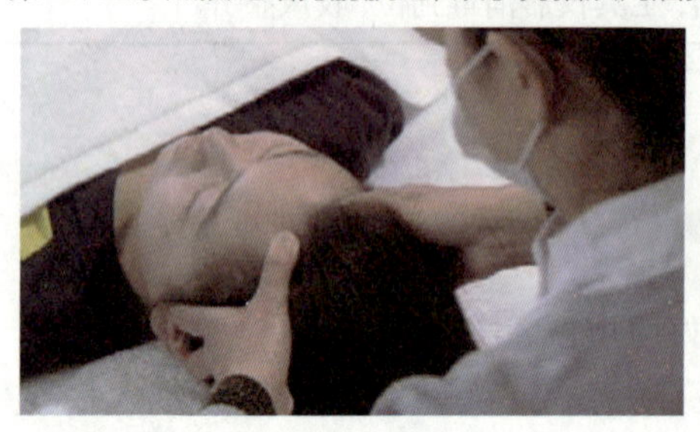

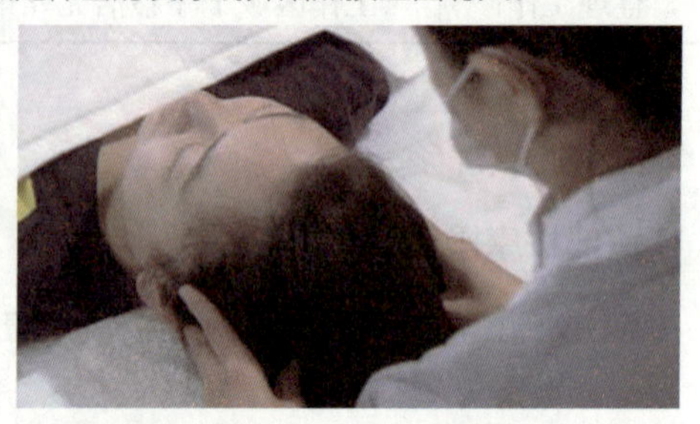

第四、五条点按经络为胆经，双手拇指从两眉尾延伸出的发际线开始点按至顶骨止。

双手合掌，从头发中间插进去。双手分开，按揉头部两侧颞肌（重复动作3遍）。按摩结束后，双手轻轻取出，帮顾客梳理下头发。

注意：按摩位置准确；穴位点按准确；力度与速度适中，不宜过重、过快。

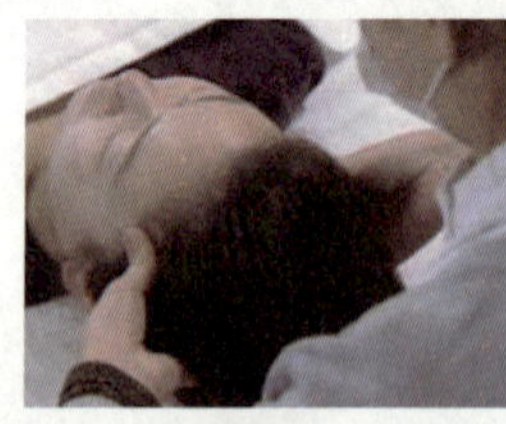

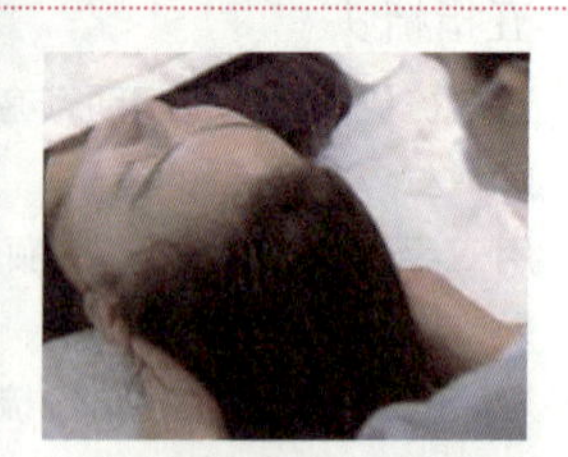

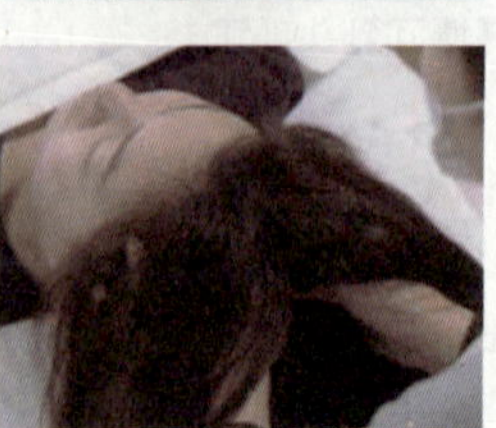

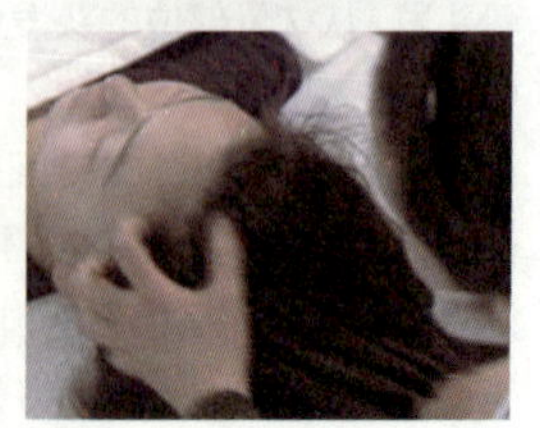

按抚额头（开天门）

在操作面部之前，美容师要清洁一下双手，取出酒精棉，擦拭双手。

双手并拢放在额头，用掌根大鱼际交替式拉抹整个额头。

拉抹顺序：中间—左侧—中间—右侧—中间（重复动作5遍）。

注意：双手拉抹时四指不能翘，并且要贴住额头。

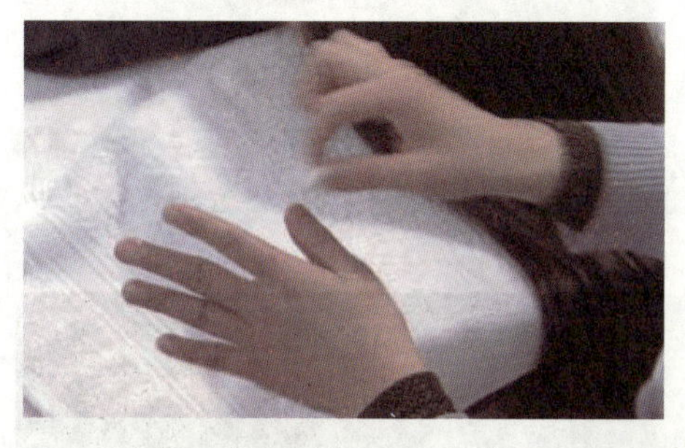
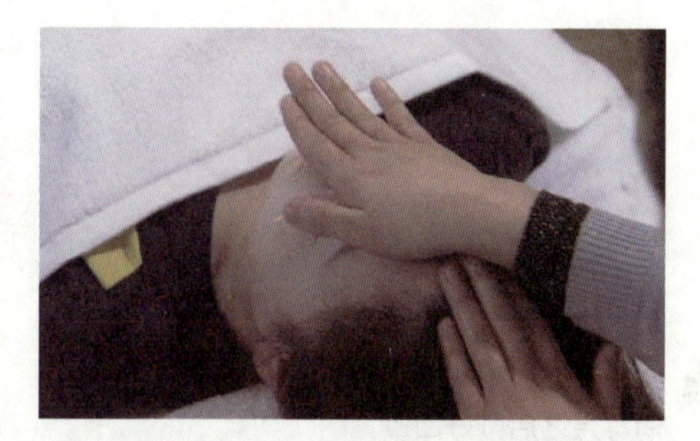
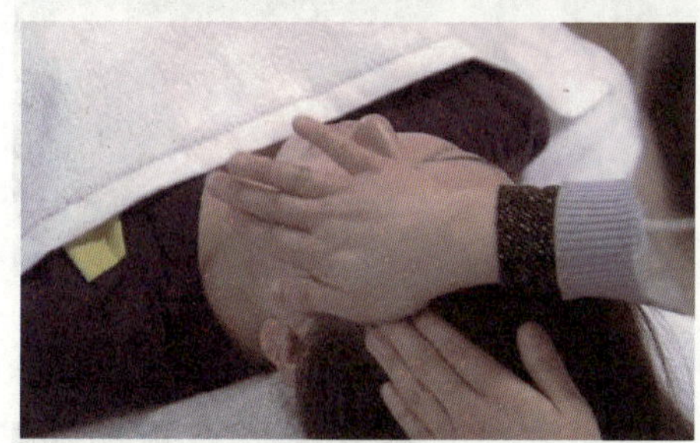
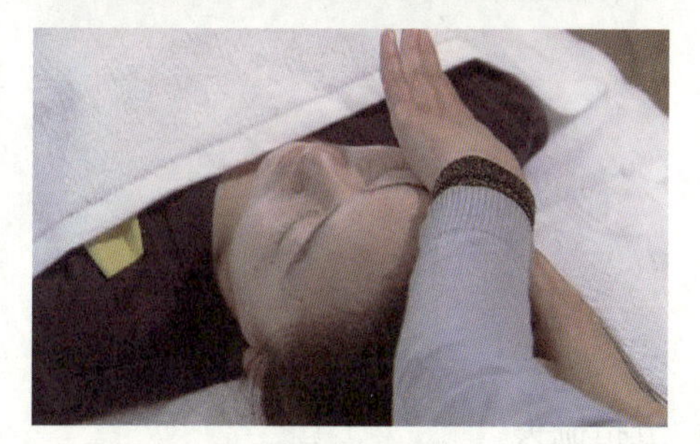

揉搓耳部

双手捏住耳垂，从耳垂开始揉搓至耳尖止（重复动作3遍）。

第一遍揉搓耳部外侧。

第二遍揉搓耳部内侧。

第三遍要求双手的食指和中指夹住两耳的前后，反复上下揉搓。

注意：搓到耳朵变热、变红为宜；第三遍时，向上揉搓用力，向下揉搓不用力。

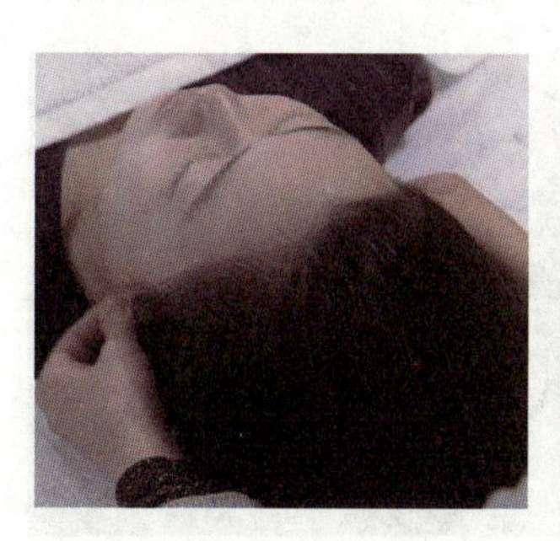
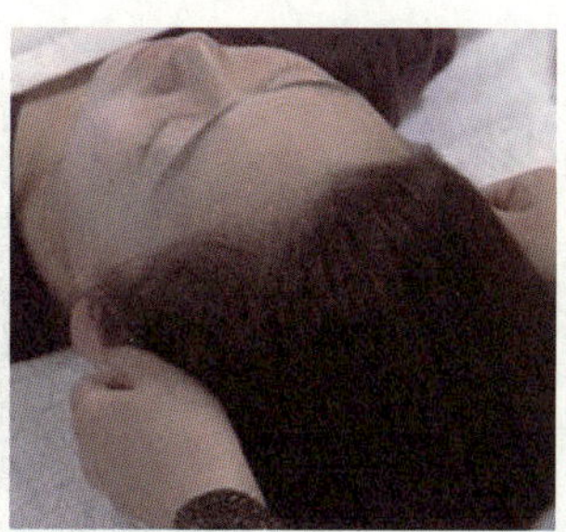
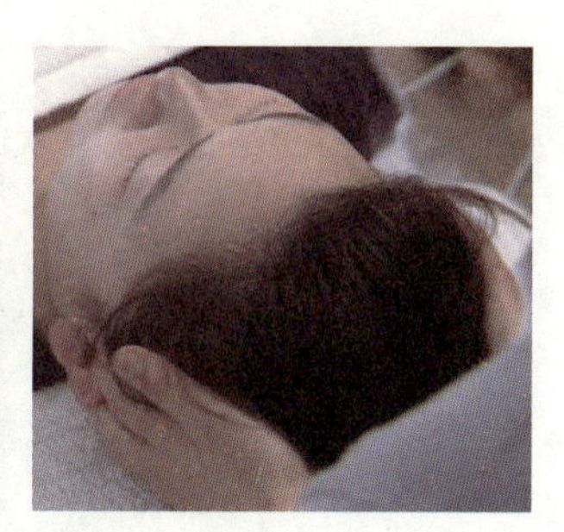

（三）操作程序

常规准备工作

按照头部按摩要求准备工具及产品。

消毒

用酒精棉对美容师双手手心和手背消毒。

消毒完之后戴好口罩。

五指梳头

按照五指梳头的方法为顾客进行按摩。

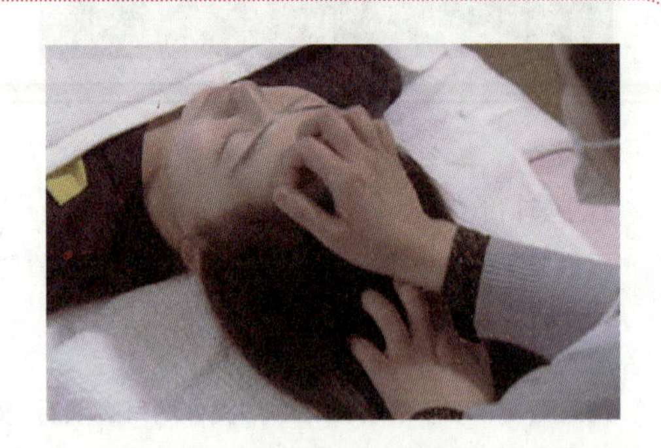

点按头部五条经络

按照点按五条经络的方法，依次进行按摩。

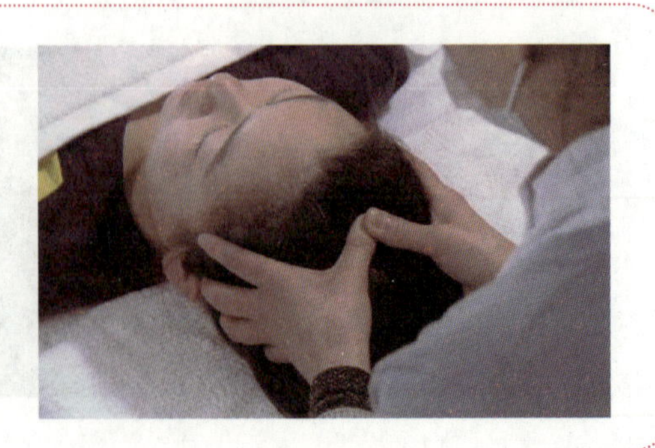

推抹头部五条经络

第一条推抹经络是督脉。美容师双手拇指交错放在额头正中发际线上，双手拇指同时向两边交替式推抹督脉，从额头正中发际线开始至百会穴止。

注意事项：两拇指向外推抹时用力，回来时不用力。

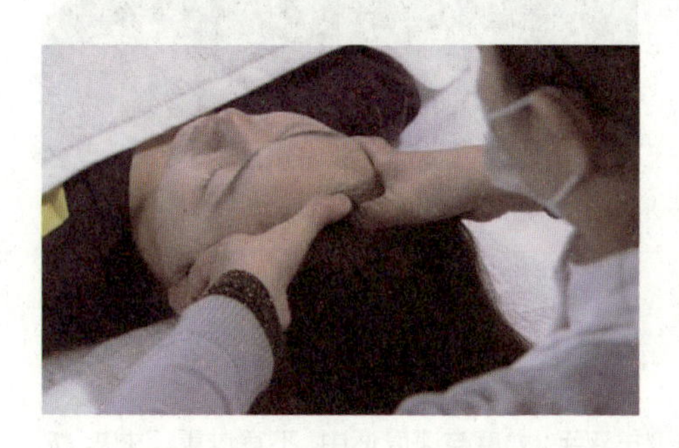

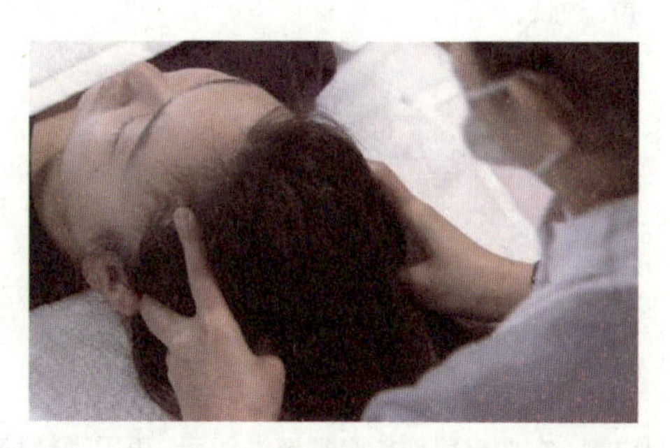

双手拇指放在两眉头延伸出的发际线上，推抹第二、三条膀胱经，从发际线开始至四聪穴为止。

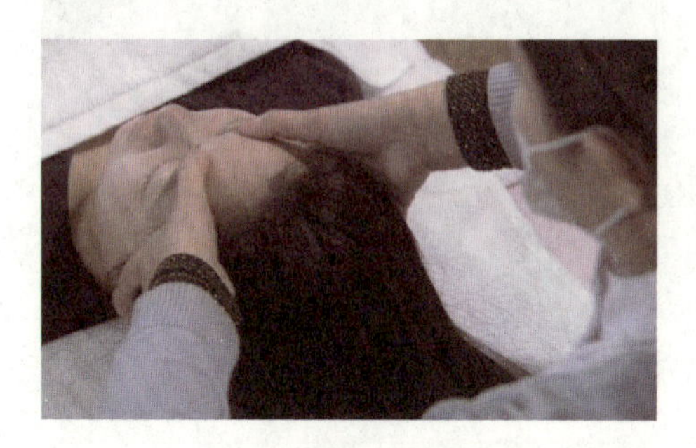

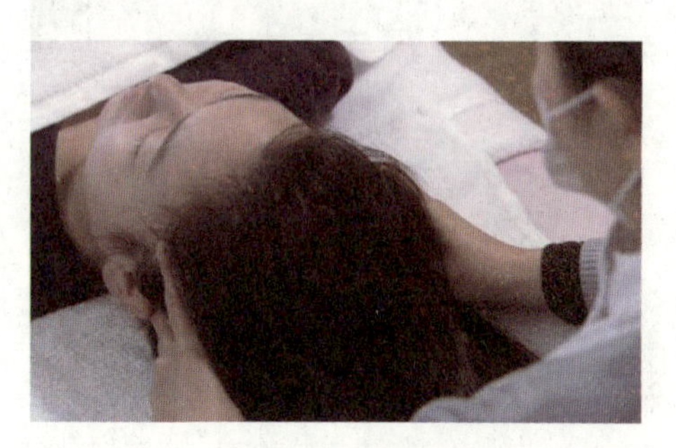

双手拇指放在两眉尾延伸出的发际线上，推抹第四、五条胆经，从发际线开始推抹至顶骨。结束后为顾客梳理一下头发（重复动作3遍）。

注意：按摩位置准确；力度与速度适中，不宜过重、过快；在两手拇指点按的时候，其余四指放在头部两侧起到固定、支撑的作用。

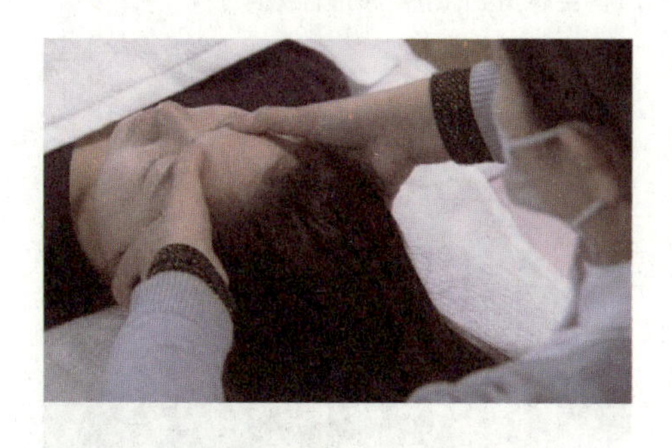

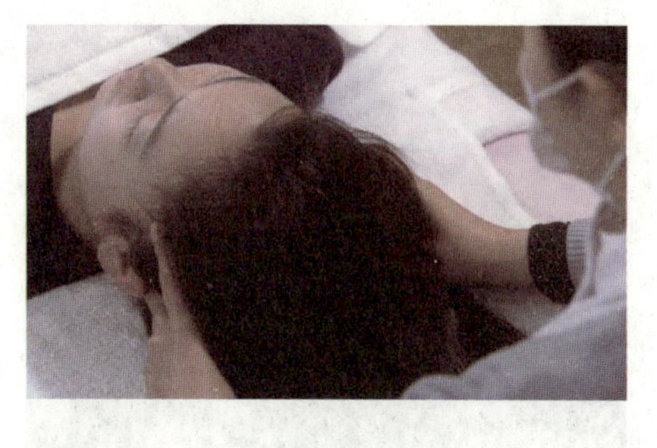

按揉头部颞肌

双手合掌，由头部中间将头发分开，五指插进头发，分开按揉两侧颞肌。

注意：按摩位置准确；力度与速度适中，不宜过重、过快。

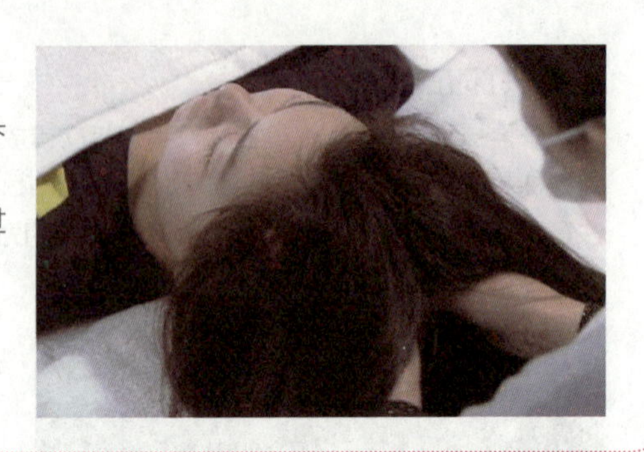

开天门（按抚额头）

根据按抚额头的手法操作（重复动作10遍）。

注意：在按摩额头前必须清洗双手，再用酒精棉擦拭双手；力度与速度适中，不宜过重、过快；按抚完额头，顾客会感觉到微热是最佳效果；推抹时，四指要贴住额头。

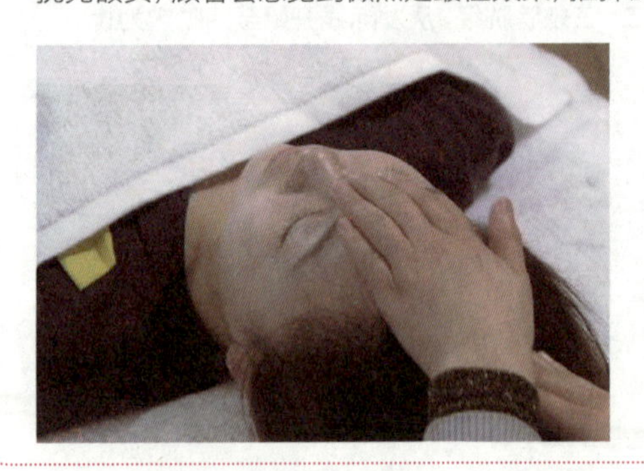

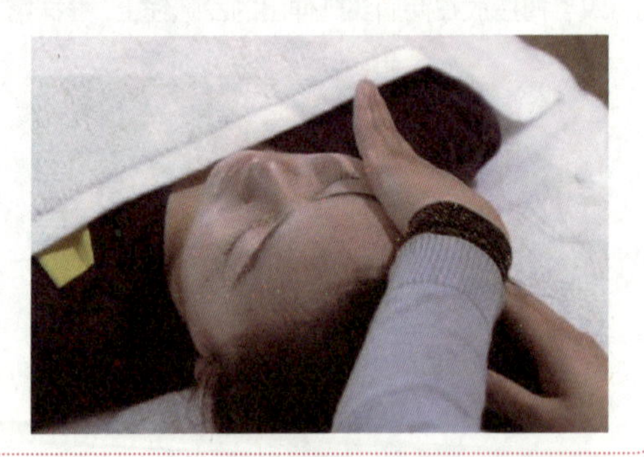

分阴阳（额头部）

双手大拇指放在额头正中，向两边带力推抹额头，到耳前轻轻滑下（重复动作10遍）。

注意：力度不能过轻，速度不能过快；按抚完额头，顾客会感觉到微热，属最佳效果。

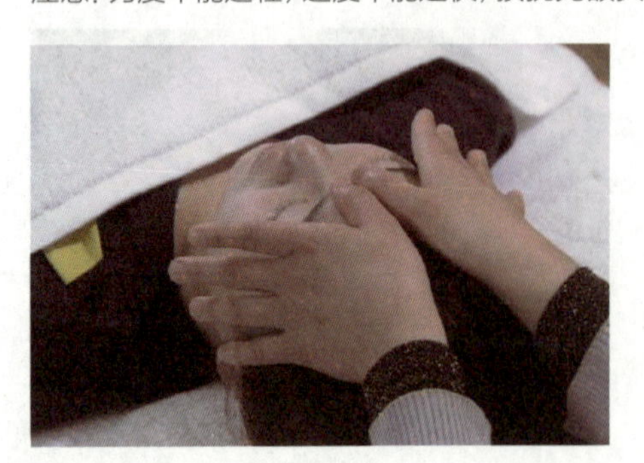

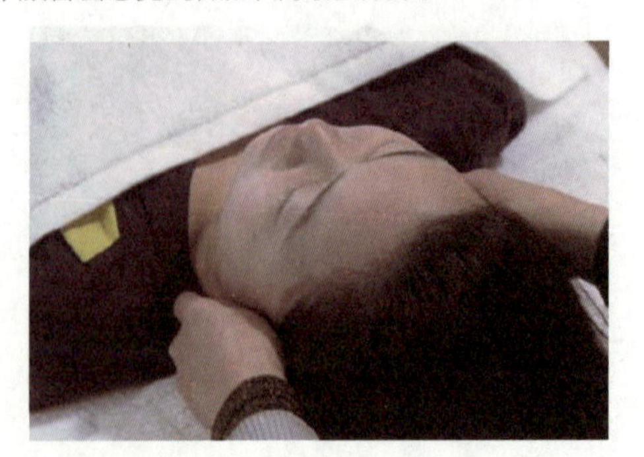

抹双柳（按抚双眉）

双手拇指指腹放在眉头处向外推抹至眉尾、太阳穴，到耳前轻轻滑下（重复动作5遍）。

注意：力度适中，速度不能过快。

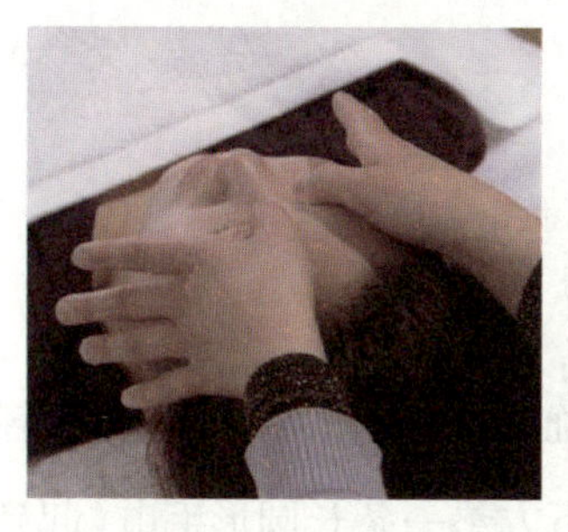
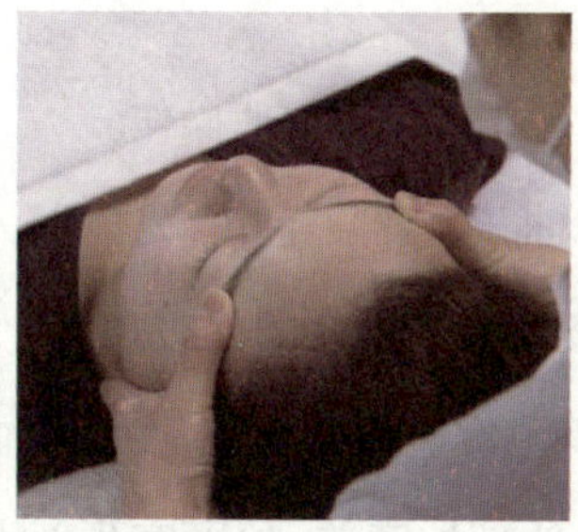
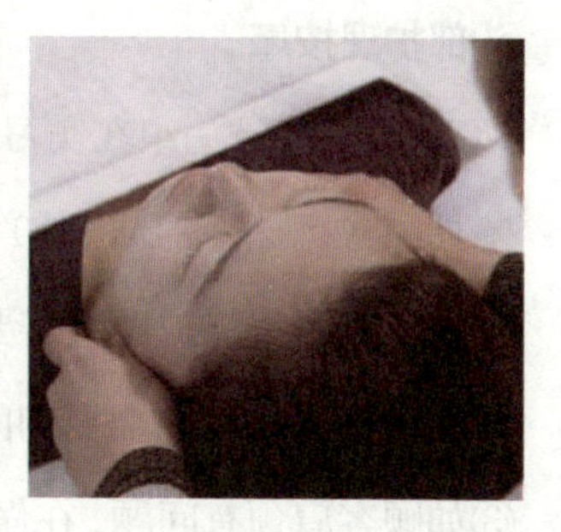

揉搓耳部

按照耳部揉搓方法进行操作。

注意：搓到耳朵变热、变红为宜；向上揉搓用力，向下揉搓不用力。

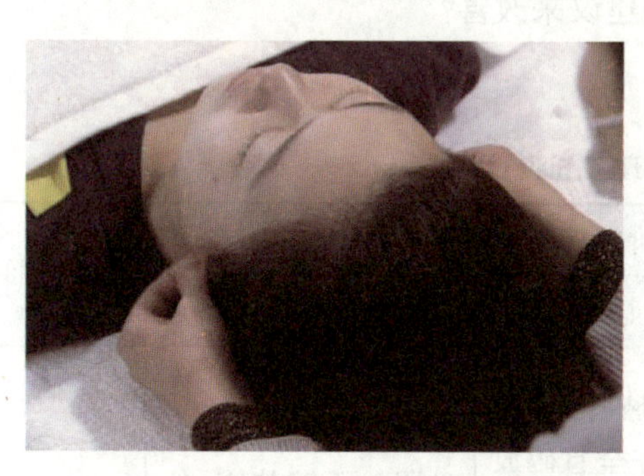
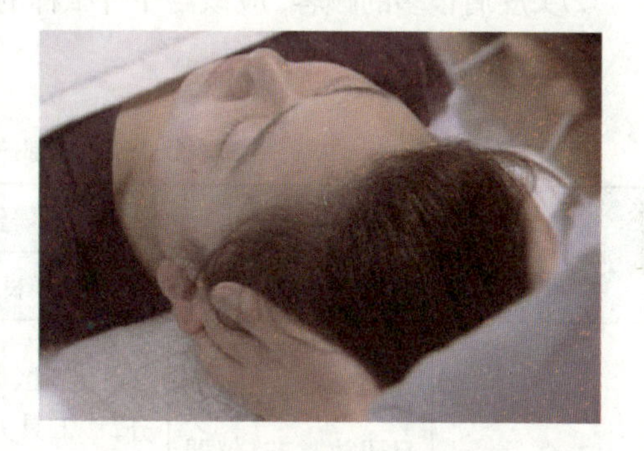

按抚头部

重复五指梳头方法，完成头部按抚。整理头发，结束。

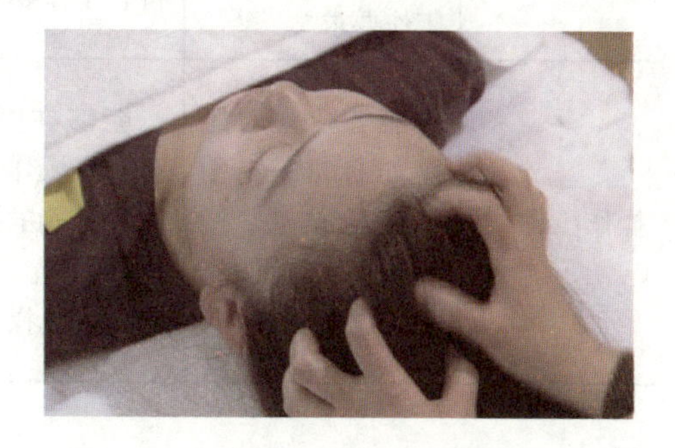

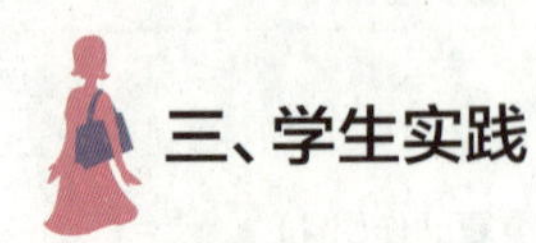

三、学生实践

(一) 布置任务

头部护理按摩

地点：学生两人一组在实习室进行头部护理操作。

工具：75%酒精、棉球（片）、棉球容器、毛巾、美容床。要求：

①在冬天做头部护理时需要注意下半身的保暖。

②在做头部按摩前需要询问顾客血压是否正常，如果血压高，在做点穴时力度要轻。

③如顾客肩颈有问题，在做头部按摩前，给顾客颈部下方垫一条长圆形毛巾（起到填充作用）。

你可能遇到的问题：

①如果顾客头发难梳理怎么办？

②头皮屑很多的顾客，应该给予什么样的建议来改善？

(二) 工作评价 (见表1-1-2)

表1-1-2 头部护理工作评价标准

评价内容	评价标准			评价等级
	A（优秀）	B（良好）	C（及格）	
准备工作	工作区域干净整齐，工具齐全且码放整齐，仪器设备安装正确，个人卫生仪表符合工作要求	工作区域干净整齐，工具齐全且码放比较整齐，仪器设备安装正确，个人卫生仪表符合工作要求	工作区域比较干净整齐，工具不齐全，且码放不够整齐，仪器设备安装正确，个人卫生仪表符合工作要求	A B C
操作步骤	能够独立对照操作标准，使用准确的技法，按照规范的操作步骤完成实际操作	能够在同伴的协助下对照操作标准，使用比较准确的技法，按照比较规范的操作步骤完成实际操作	能够在老师的指导帮助下，对照操作标准，使用比较准确的技法，按照比较规范的操作步骤完成实际操作	A B C

续表

评价内容	评价标准			评价等级
	A（优秀）	B（良好）	C（及格）	
操作时间	在规定时间内完成任务	规定时间内在同伴的协助下完成任务	规定时间内在老师帮助下完成任务	A B C
操作标准	头部按摩穴位准确、到位、标准	头部按摩穴位比较准确、到位	头部按摩穴位不准确	A B C
	配合顾客要求，力度由轻到重	配合顾客要求，力度比较适中	配合顾客要求，力度有点偏轻	A B C
	配合顾客呼吸，能以均匀的速度按摩头部	配合顾客呼吸，速度掌握的比较好	速度掌握不流畅	A B C
	能够按照标准完成头部按摩	能够按照标准完成头部按摩	能够按照标准完成头部按摩	A B C
整理工作	工作区域干净整洁无死角，工具仪器消毒到位，收放整齐	工作区域干净整洁，工具仪器消毒到位，收放整齐	工作区域较凌乱，工具仪器消毒到位，收放不整齐	A B C
学生反思				

四、知识链接

按摩头部的好处及适合人群

①按摩头部是一种传统的头部保健法，可以在每日的早、晚，用双手手指反复揉擦、按摩头皮。这样既可以促进头部血液循环，改善毛囊营养，有利于头发生长，使头发亮泽、质地柔韧，还可以防止头发变白、脱落，推迟衰老。另外，头部分布着许多经络、穴位和神经末梢，按摩头部能够疏经活络、松弛神经、消除疲劳、增强大脑功能、提高工作效率。

②按摩头部时需要注意的事项。第一，坚持每天按摩。尤其是感到有精神压力、精神紧张或头皮紧绷时，更需要按摩。第二，手指触及头皮。按摩时只能让手指触及头皮，而不

是使用整个手掌，否则会使头发缠结或被拔出。第三，按摩头部时切勿抓破头皮；头皮若有破损或炎症时，不可做头部按摩。

③经常用电脑的顾客。特点：面部皮肤比较粗糙且有暗疮。在做头部按摩时力度可以略微重一些，这样可以帮助顾客放松大脑，有助于睡眠。

④经常失眠的顾客。特点：头皮偏软。在做头部按摩时主要做：五指梳头，按揉颞肌， 按抚额头，抚双眉，四指点按太阳穴。

⑤14~20岁的青少年。特点：这个年龄段的人群处于初中升高中，高中升大学的压力中。在做头部按摩时力度可以偏重，可以点按眼部周围的穴位，帮助缓解头部与眼部周围的压力。

⑥中老年人群。特点：有高血压、经常头晕的症状。在按摩头部时应注意，百会穴点按要轻、速度要慢、力度要适中或偏轻一些。起床时要缓慢扶起。

项目二 肩颈护理

项目描述:

长时间对着电脑工作的人群，经常会出现颈肩痛、肌肉僵硬等症状，通过肩颈护理可以帮助其缓解和改善肩颈问题。

工作目标:

①能够说出肩颈部骨骼与肌肉的名称及作用。

②能够掌握肩颈部按摩的操作程序。

③能够按照标准完成肩颈部按摩的操作。

④通过动手实践能够提高学生的学习兴趣,使学生了解本职工作的价值体现，培养学生热爱工作，热爱岗位，针对技术精益求精等职业素养。

一、知识准备

(一) 肩颈部骨骼与肌肉的组成及作用

肩颈部按摩主要部位是颈、肩、背三部分，这三部分就是人体躯干的主要部分（见图1–2–1）。

躯干部分的骨骼是由胸廓、脊柱两部分组成。其中胸廓是由胸骨、肋骨、胸椎三部分组成；脊柱是由颈椎、胸椎、腰椎、骶骨、尾骨五部分组成。

躯干部分正面主要肌肉有：胸大肌、腹直肌、腹外侧肌、腹内侧肌；躯干部背部肌肉有：项肌、斜方肌、竖脊肌、背阔肌。

躯干部分骨骼作用：①胸廓骨骼的作用主要是保护内脏（心脏和肺部）；②脊柱骨骼的作用是帮助支撑、直立、行走。

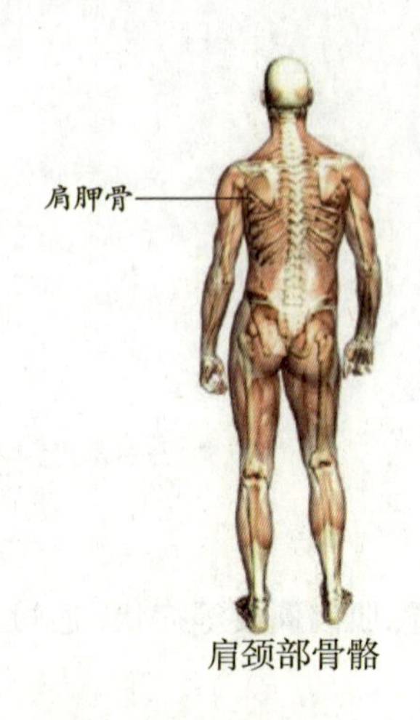

肩颈部骨骼

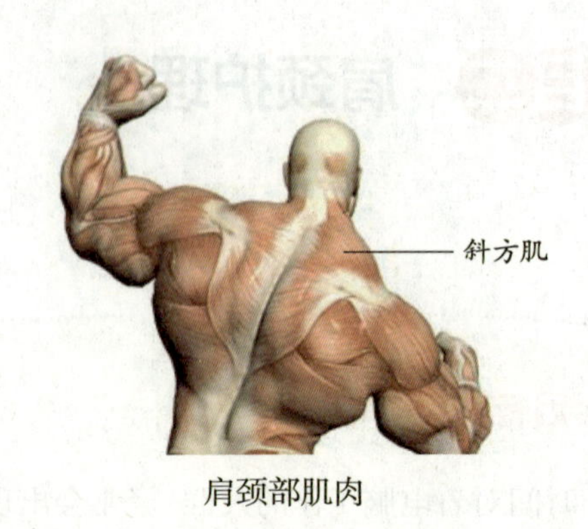

肩颈部肌肉

图1-2-1

（二）肩颈部按摩的功效

①消除疲劳；

②改善颈部的血液循环；

③增加颈部肌肉的力量；

④有效防治落枕、颈椎病、头痛头晕、颈肩臂疼痛麻木等病症。

（三）工具准备

肩颈部按摩需要准备的工具：75%酒精、棉球（片）、棉球容器、毛巾、美容床、基础按摩油。

二、工作过程

（一）工作标准（见表1-2-1）

表1-2-1 颈肩护理工作标准

内　容	标　准
准备工作	工作区域干净整齐，工具齐全且码放整齐，仪器设备安装正确，个人卫生仪表符合工作要求
操作步骤	能够独立对照操作标准，使用准确的技法按照规范的操作步骤完成实际操作
操作时间	在规定时间内完成任务
操作标准	肩颈部按摩穴位准确、到位、标准
	配合顾客要求，力度由轻到重

续表

内　容	标　准
操作标准	配合顾客呼吸，能以均匀的速度按摩肩颈部
	能够按照标准完成肩颈部按摩
整理工作	工作区域干净整洁无死角，工具仪器消毒到位，收放整齐

（二）关键技能

肩颈部的操作

请顾客俯卧位躺在床上。

刮肩颈

美容师站在头位，双手半握拳放在两侧肩部，从里向外，第一条先刮肩颈部；第二条线刮斜方肌。

注意：按摩位置准确；力度与速度适中，不宜过重、过快；刮时向外用力，向内不用力。

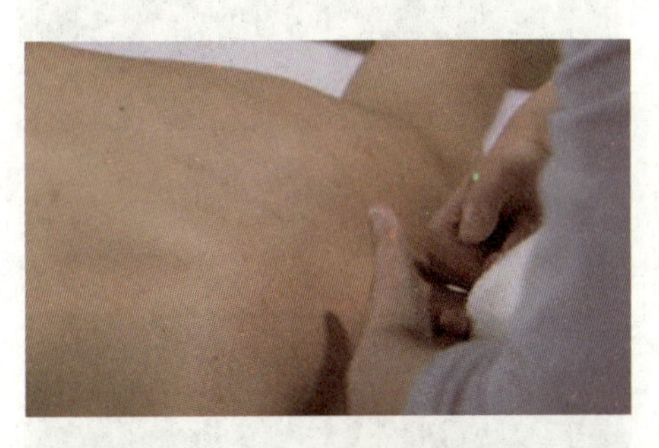
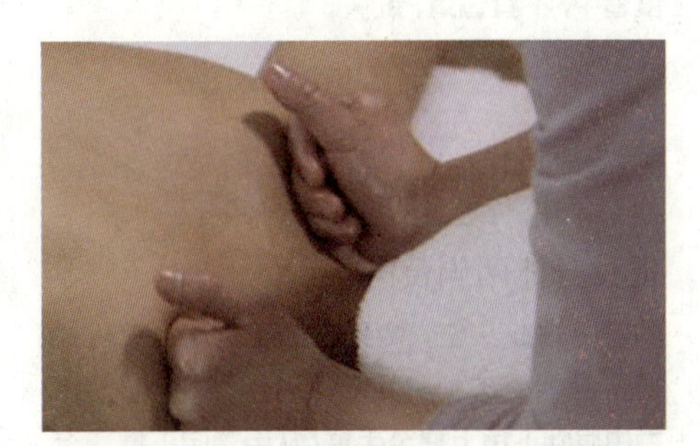
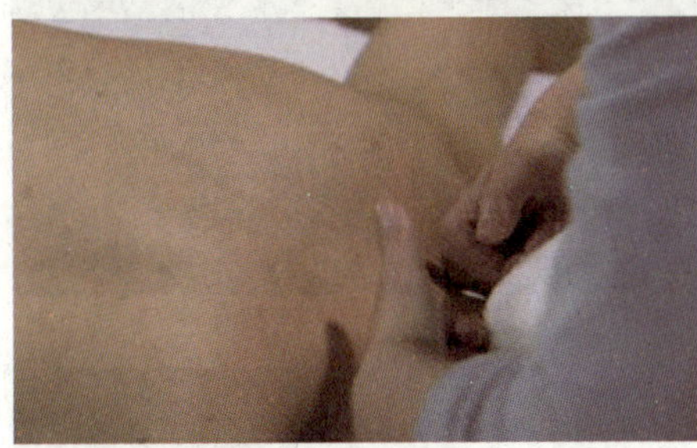
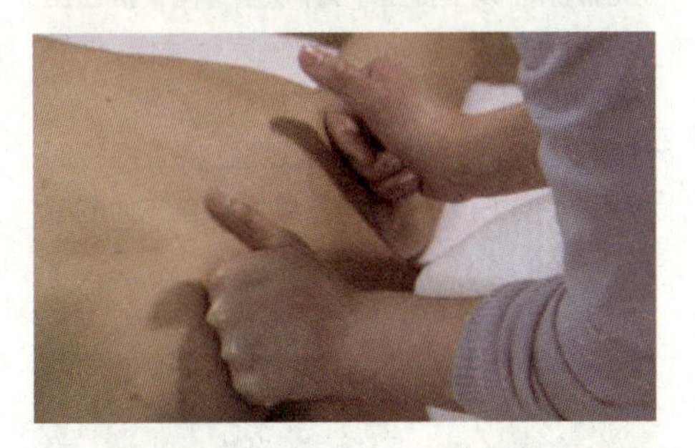

揉捏项肌

美容师站在美容床侧面，左手轻轻放在枕骨上，右手虎口卡在项部，五指揉捏项肌（重复动作5遍）。

注意：按摩位置准确；力度与速度适中，不宜过重、过快。

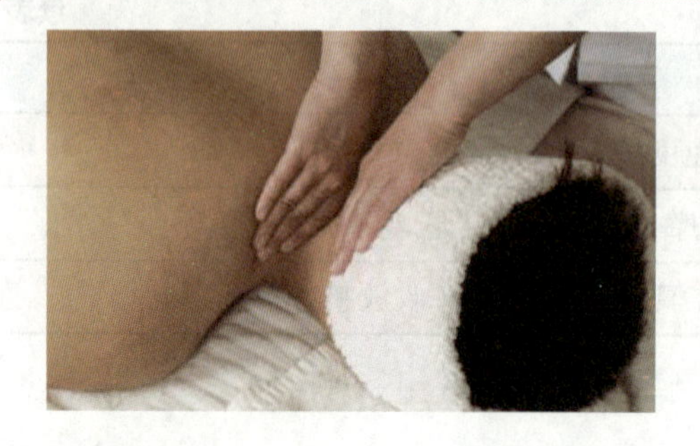

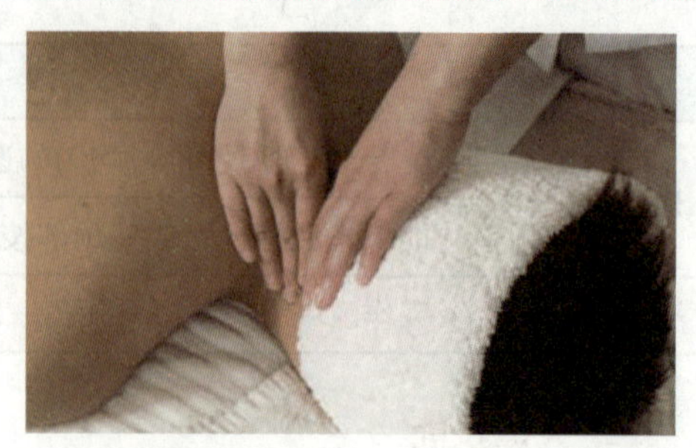

滑大板筋

美容师站在头位，双手虎口打开交替式滑肩胛骨边缘，做完一侧后按抚再做另一侧（重复动作10遍）。

注意：能够准确找到肩胛骨边缘；力度与速度适中，不宜过重、过快。

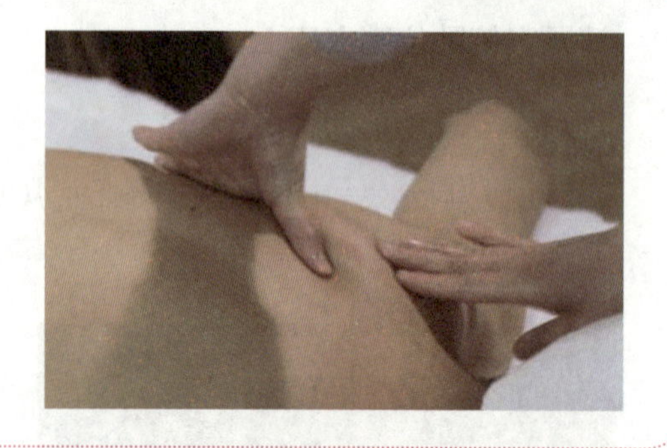

提拉身体两侧赘肉

美容师站在头位，双手掌从腰部开始交替式提拉身侧赘肉到肩胛下角，接着双手叠落带力由肩胛下角上提至手臂，从手臂向下推压至手掌滑到指尖，至此结束一侧完整操作。做完一侧再做另一侧（两侧各重复动作2遍）。

注意：力度适中，速度不能过快；向上提拉时要用力；向下推压手臂时，顾客应有充血的感觉。

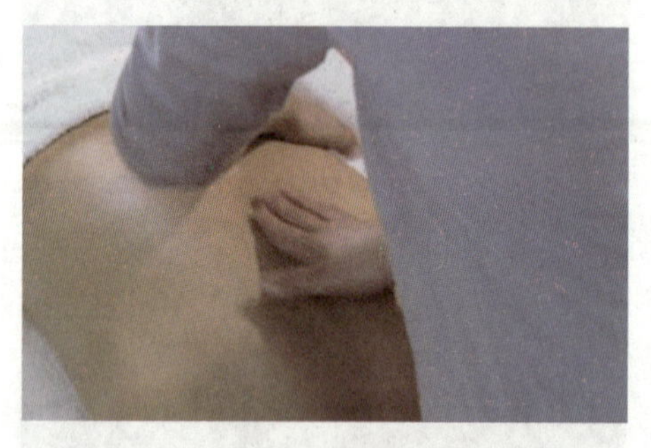

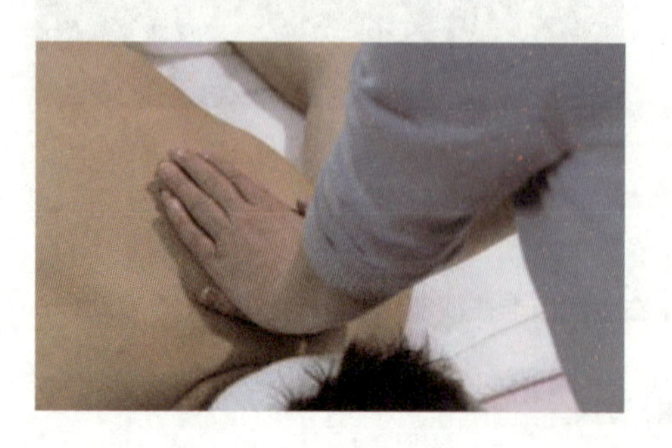

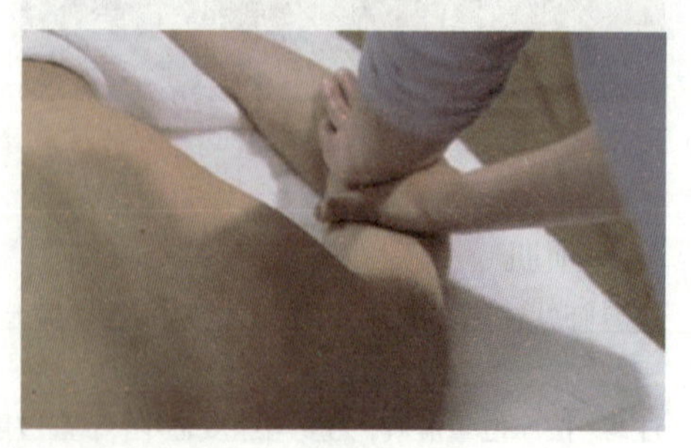

（三）操作程序

常规准备工作

按照肩颈护理操作需要的工具及产品进行准备。

消毒

戴上口罩，用酒精棉将双手消毒。

展油按抚

取适量基础按摩油放于掌心并展开。

从肩颈部将基础按摩油展开至腰部，在腰部分开后从腰部两侧向上提拉至胸部外侧，斜向上提拉至肩颈，从肩颈滑向两侧手臂。从手臂回来，包裹住肩，提拉到肩颈。

注意：双手不能冰凉；取油要因人而异。

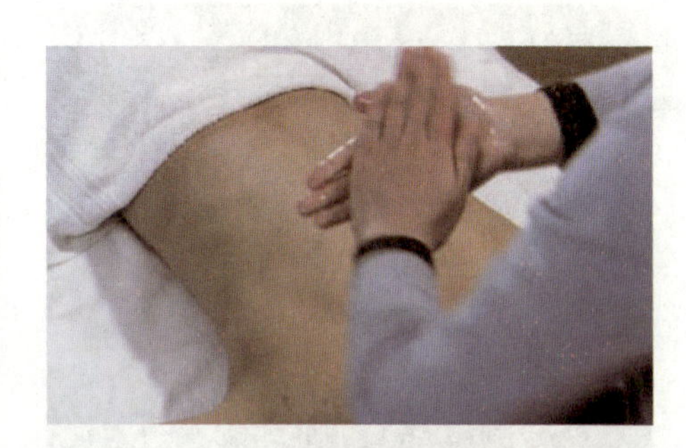

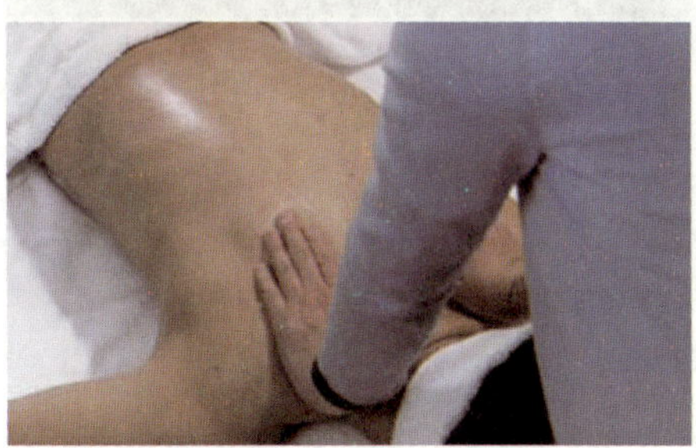

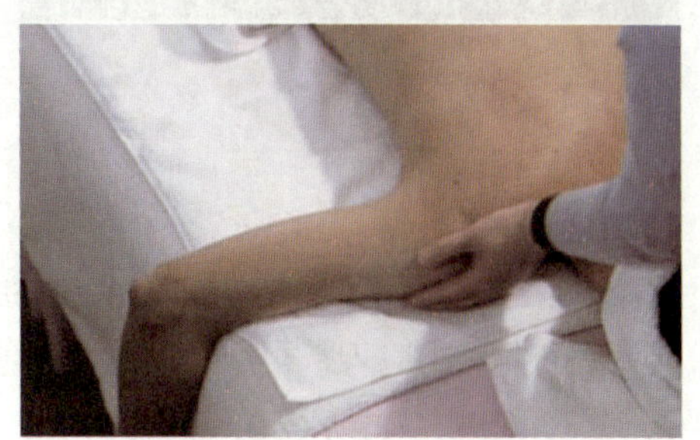

点穴

双手中指和无名指点按风池穴。

双手中指叠落点按风府穴（重复动作2遍）。

注意：点按穴位时手指要向上提着点按；点按穴位要由浅逐渐深，再由深逐渐变浅。

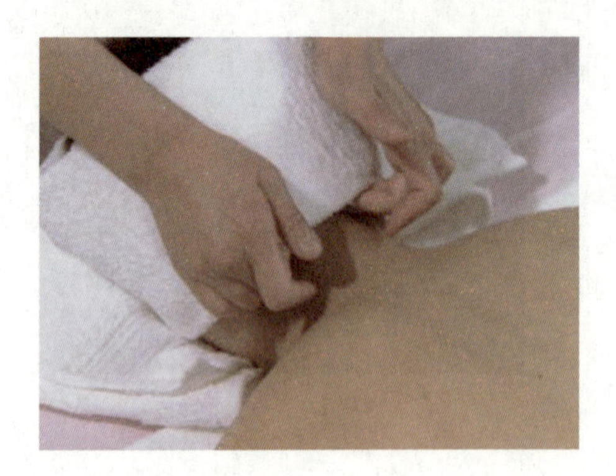

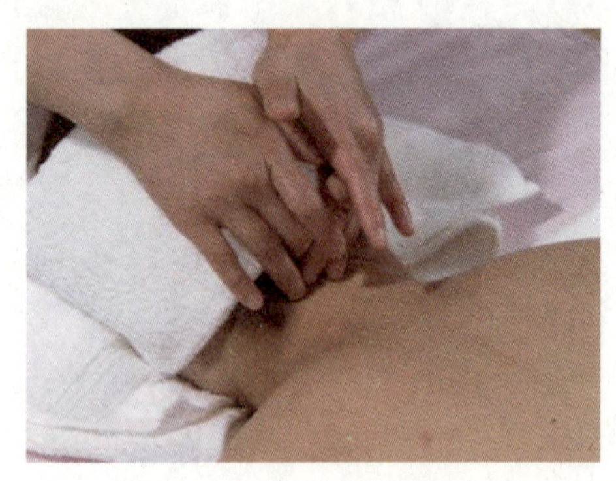

刮肩颈

按照刮肩颈的方法进行肩部操作（重复动作10遍）。

注意：按摩位置准；力度与速度适中，不宜过重、过快；操作时向外用力，向内不用力。

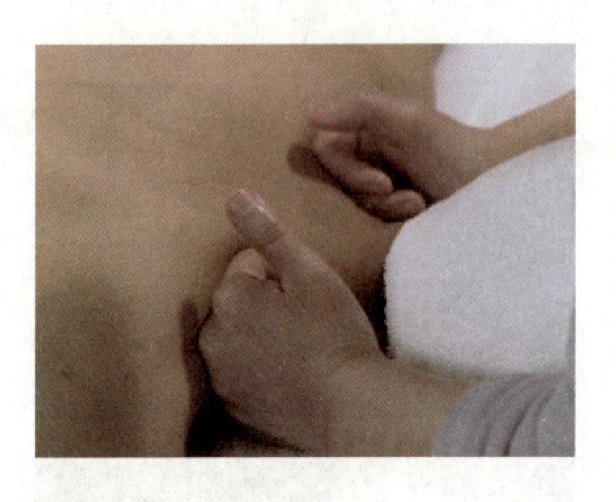

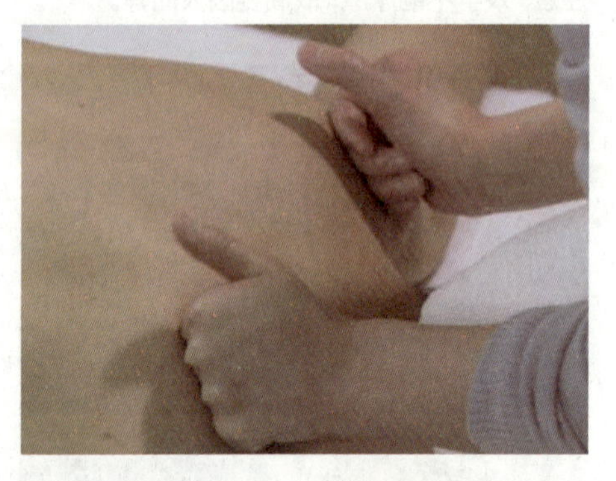

揉捏项肌

美容师站在美容床侧面，按照揉捏项肌的方法进行操作（重复动作5遍）。

注意：按摩位置准确；力度与速度适中，不宜过重、过快。

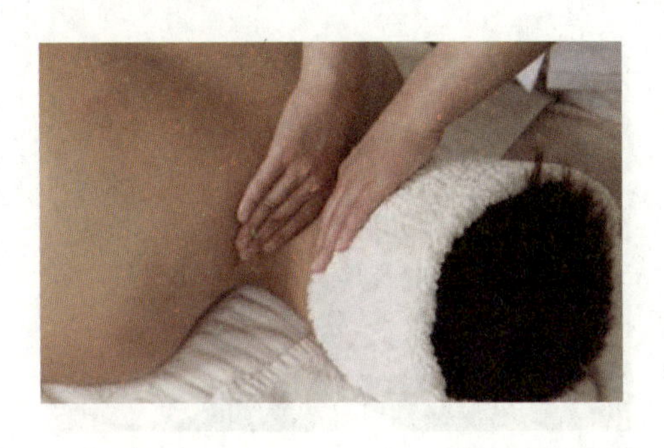
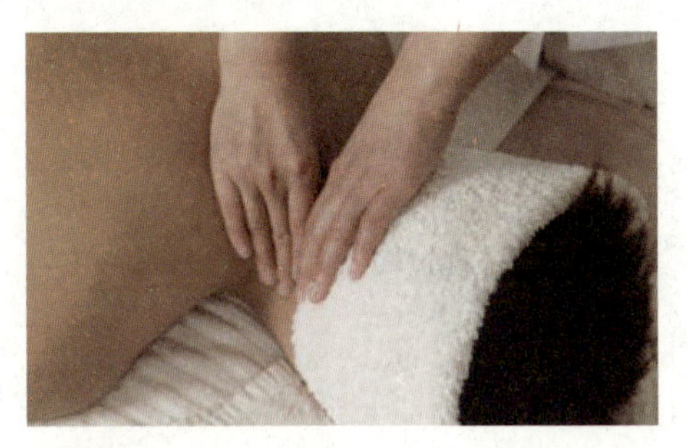

滑大板筋

美容师站在头位，按照滑大板筋的方法进行操作（重复动作10遍）。注意：能够准确找到肩胛骨边缘；力度与速度适中，不宜过重、过快。

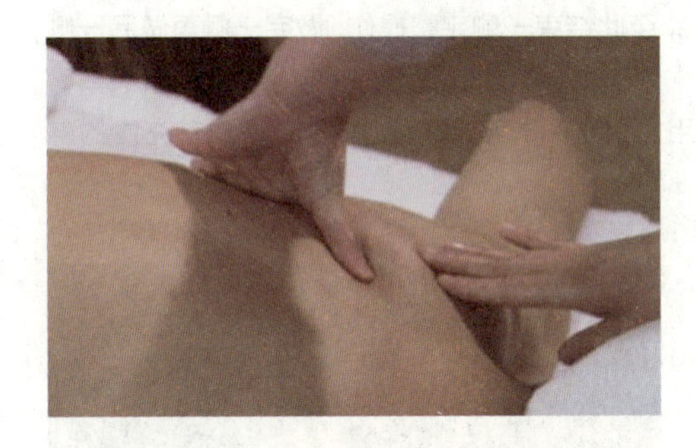
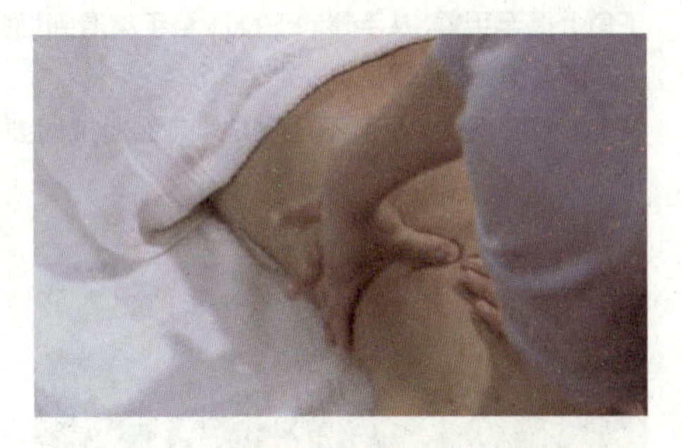

点按肩胛骨缝

美容师站在侧位双手拇指重叠，放在肩胛骨边缘正中点按。两拇指旁开1指点按。两拇指再旁开1指点按（重复动作3遍）。

注意：点按穴位时要由浅变深，松开时要由深变浅；穴位位置要找准确。

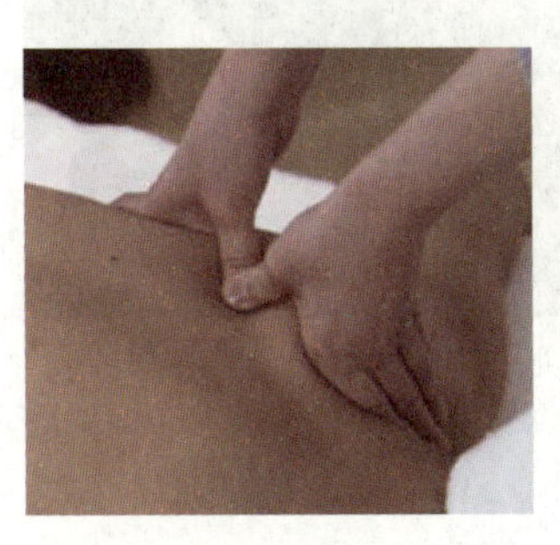
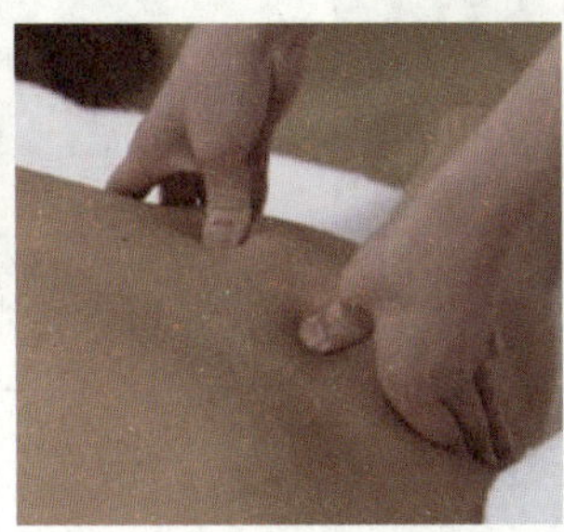
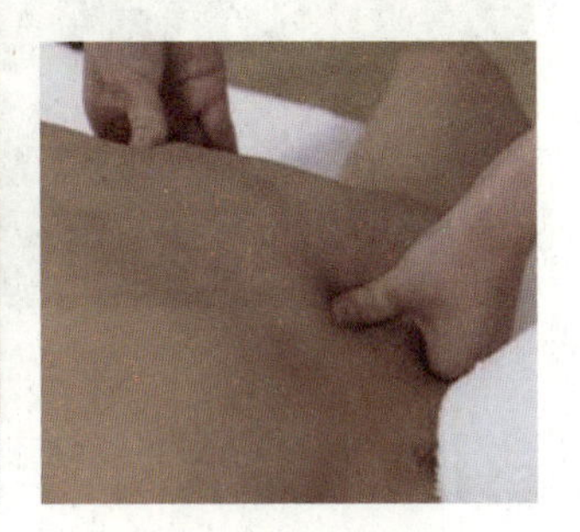

按抚肩胛

美容师站头位，双手叠落放在肩胛上，带力在肩胛骨周围打圈按抚。

注意：力度不能过轻，速度不能过快；腋下敏感者避开。

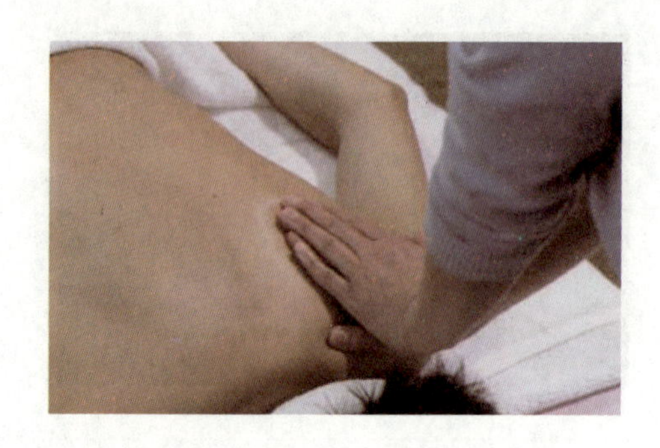

提拉身体两侧赘肉

美容师站在头位，双手掌从腰部开始交替式提拉身侧赘肉到肩胛下角，接着双手叠落带力由肩胛下角上提至手臂，从手臂向下推压至手掌滑到指尖，至此结束一侧完整操作。做完一侧再做另一侧（两侧各重复动作2遍）。

注意：力度适中，速度不能过快；向上提拉时要用力；向下推压手臂时，顾客应感到有充血的感觉。

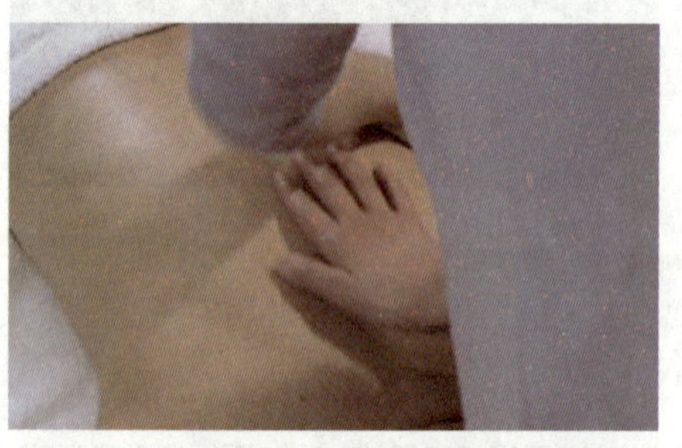
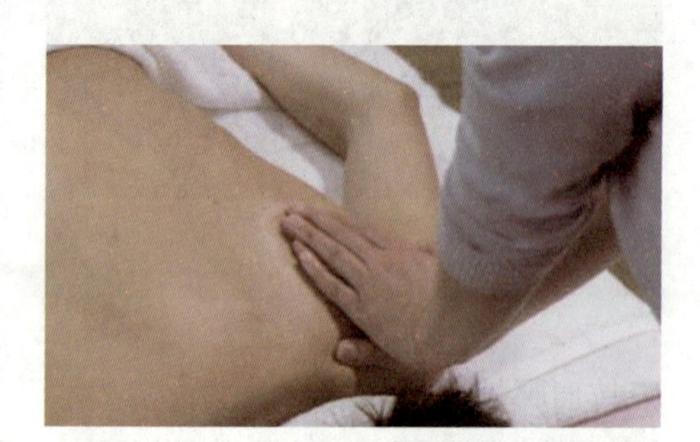
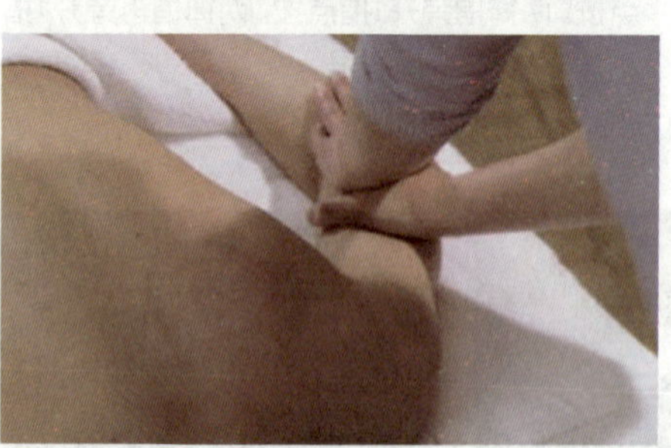
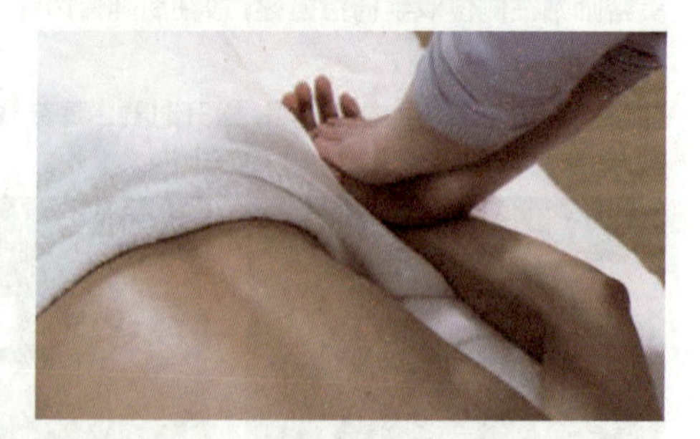

按抚整个背部

美容师回到头位，双手从肩颈开始向下推抹至腰部，双手分开从腰部两侧向上提拉至胸部外侧，斜向上提拉至项部，双手滑向两侧到手臂。双手返回项部点按风池穴和风府穴。做完整个按抚后再做一遍。做完后帮顾客盖好毛巾被，结束整个操作。

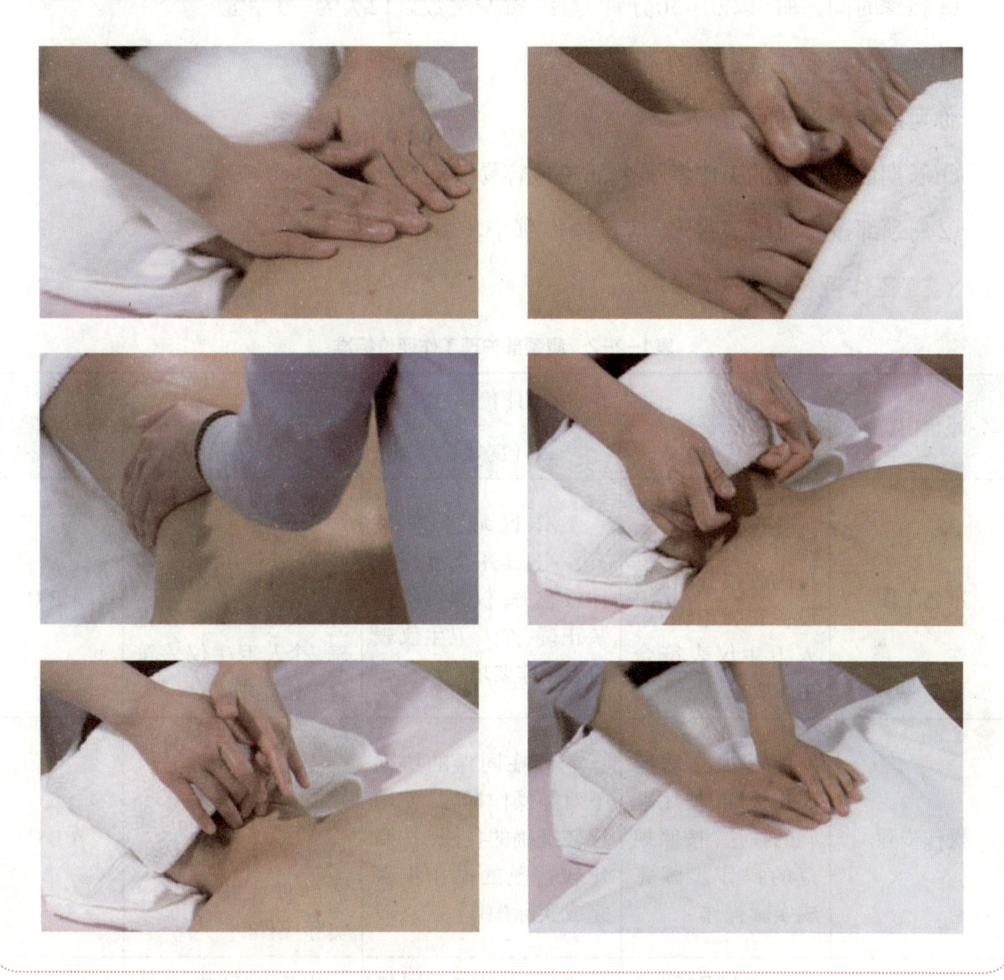

三、学生实践

(一) 布置任务

肩颈部按摩护理前准备工作

地点：学生两人一组在实习室进行肩颈部护理操作。

工具：75%酒精、棉球（片）、棉球容器、毛巾、美容床、基础按摩油。

要求：

①按摩前要修整指甲、热水洗手，同时，将指环等有碍操作的物品预先摘掉。

②顾客与美容师的位置要准确，尤其是顾客躺在床上的姿势，要便于美容师操作。

③按摩时间，每次以20~30分钟为宜，按摩次数以12次为一疗程。

④天冷时需要注意室内的温度。

你可能会遇到的问题：

①长期面对电脑的工作者哪个部位最容易酸痛？

②肩颈部按摩时结节很多，应该操作哪个步骤多一些？

（二）工作评价（见表1-2-2）

表1-2-2 肩颈部护理工作评价标准

评价内容	评价标准			评价等级
	A（优秀）	B（良好）	C（及格）	
准备工作	工作区域干净整齐，工具齐全且码放整齐，仪器设备安装正确，个人卫生仪表符合工作要求	工作区域干净整齐，工具齐全且码放比较整齐，仪器设备安装正确，个人卫生仪表符合工作要求	工作区域比较干净整齐，工具不齐全，且码放不够整齐，仪器设备安装正确，个人卫生仪表符合工作要求	A B C
操作步骤	能够独立对照操作标准，使用准确的技法，按照规范的操作步骤完成实际操作	能够在同伴的协助下对照操作标准，使用比较准确的技法，按照比较规范的操作步骤完成实际操作	能够在老师的指导帮助下，对照操作标准，使用比较准确的技法，按照比较规范的操作步骤完成实际操作	A B C
操作时间	在规定时间内完成任务	规定时间内在同伴的协助下完成任务	规定时间内在老师帮助下完成任务	A B C
操作标准	肩颈部按摩穴位准确、到位、标准	肩颈部按摩穴位比较准确、到位	肩颈部按摩穴位不准确	A B C
	配合顾客要求力度由轻到重	配合顾客要求力度比较适中	配合顾客要求力度有点偏轻	A B C
	配合顾客呼吸能以均匀的速度按摩肩颈部	配合顾客呼吸，速度掌握得比较好	速度掌握不流畅	A B C

续表

评价内容	评价标准			评价等级
	A(优秀)	B(良好)	C(及格)	
操作标准	能够按照标准完成肩颈部按摩	能够按照标准完成肩颈部按摩	能够按照标准完成肩颈部按摩	A B C
整理工作	工作区域干净整洁无死角，工具仪器消毒到位，收放整齐	工作区域干净整洁，工具仪器消毒到位，收放整齐	工作区域较凌乱，工具仪器消毒到位，收放不整齐	A B C
学生反思				

四、知识链接

肩颈部按摩须知

1. 肩颈保养适宜人群

①长期伏案工作、常面对电脑、常打麻将的人；

②容易肩颈酸痛、肌肉紧张的人群；

③患有颈椎病、肩周炎等肩颈病的患者；

④35 岁以上的人群。

2. 肩颈五问

(1) 什么是肩颈痛

肩颈痛在医学上称为肩颈部肌筋膜疼痛症候群(Myofasciai Pain Syndrome)。典型的肩颈部肌筋膜疼痛症候群，在临床的病症多表现为单侧或两侧的肩颈僵硬及疼痛，往往可以找到一个或数个压痛点，严重的更可诱发头痛。

(2) 什么是颈椎病

颈椎病是指颈椎骨质增生，刺激和压迫了颈神经根、脊髓、椎动脉和颈部的交感神经等而引起的一种症状复杂的综合症候群。可发生于任何年龄，患病者以40岁以上年龄人士为多，但现在新的“白领一族”因伏案时间增多，年轻发病者也越来越多。

（3）引起肩颈痛的原因

引起肩颈痛最常见的原因就是姿势不良。人的头相对于颈椎来说很重，而长期在办公室（或面对电脑）的工作通常又是坐着保持同一姿势很久，肩颈的负荷相对增大，肩颈肌肉一直处于紧张状态，无法休息，便会缺氧、缺血，继而僵硬、缺乏弹性。如果没有引起必要的注意，适当进行调整改善，肌肉的长度就会逐渐缩短，并引起脊椎的结构性改变，从而造成神经根或血管的压迫，导致疾病和痛症的产生，如头痛、手麻或下肢疼痛。

3. 肩颈香薰调养的作用

①活血化淤、祛风散寒、疏经活络、行气止痛；

②缓解颈椎压力，恢复椎间盘弹性，减轻因颈部血管、神经压迫引起的肩颈部及臂部疼痛或麻木、头昏、头痛等症状；

③缓解肩颈肌肉疲劳、僵硬、疼痛等症状。

项目三　背部护理

项目描述：

《黄帝内经》曾记载“久坐伤肉、久立伤骨、久行伤筋”，意思是说，长时间固定一种行为动作，会伤害到我们的肌肉、骨骼、筋骨。而长时间坐着工作的人群会造成对腰部的压力，时间长了会引起腰部酸痛，严重者达到腰肌劳损、腰部神经痛的程度等。背部护理可以帮助缓解腰部酸痛。

工作目标：

①能够说出背部骨骼与肌肉的名称及作用。

②能够掌握背部按摩的操作程序。

③能够按照标准完成背部按摩的护理操作。

④通过动手实践提高对技术的了解程度，锻炼自己的专业学习能力，同时提升了对顾客包容、尊重，对友伴团结、协作的职业素养。

一、知识准备

（一）背部骨骼与肌肉的组成

背部按摩主要部位是颈、肩、背三部分（与肩颈按摩部位一致，主要区别在于按摩手法不同），这三部分就是人体的躯干部分（见图1-3-1）。

（二）按摩背部主要改善的脏器

肾，为先天之本，是五脏之一，对人体健康长寿有着重要影响。父亲肾功能的好坏，会遗传给孩子。但有句话叫“先天不足，后天来补”。因此，肾功能不好的人，可以通过食用有补肾作用的食物和按摩背部来改善。

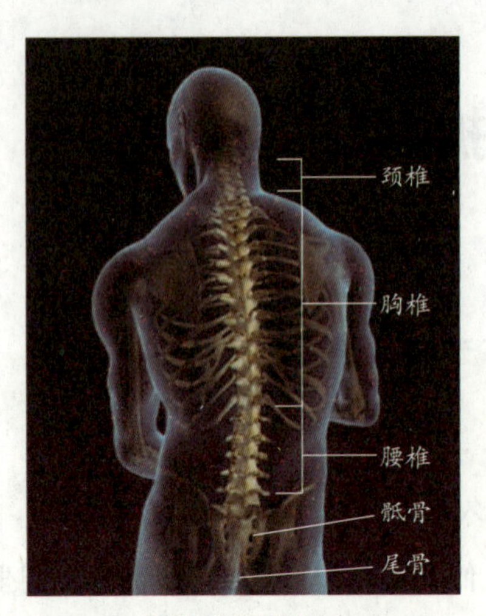

脊柱骨骼结构图

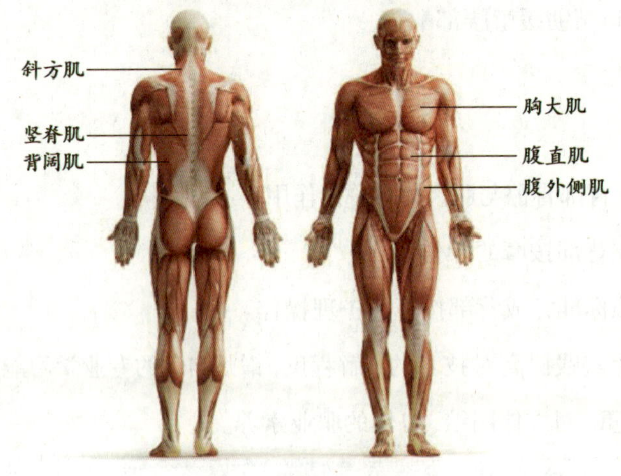

人体躯干部肌肉图

图1-3-1

(三) 背部按摩的功效

①舒缓肌肉疲劳；

②增强血液循环；

③缓解脊柱压力；

④有助于关节运动。

(四) 工具准备

背部护理前需要准备的工具：75%酒精、棉球（片）、棉球容器、毛巾、美容床、基础按摩油。

二、工作过程

(一) 工作标准 (见表1-3-1)

表1-3-1 背部按摩工作标准

内 容	标 准
准备工作	工作区域干净整齐，工具齐全且码放整齐，仪器设备安装正确，个人卫生仪表符合工作要求
操作步骤	能够独立对照操作标准，使用准确的技法，按照规范的操作步骤完成实际操作
操作时间	在规定时间内完成任务
操作标准	背部按摩穴位准确、到位、标准
	配合顾客要求，力度由轻到重
	配合顾客呼吸，能以均匀的速度按摩背部
	能够按照标准完成背部按摩
整理工作	工作区域干净整洁无死角，工具仪器消毒到位，收放整齐

(二) 关键技能

背部护理操作

推抹膀胱经

美容师双手拇指放在脊柱一侧旁开1.5寸的肩部位置上，双手拇指从肩部开始至腰臀部交替式推抹膀胱经；由肩颈部向下推抹到腰部，双手分开从体侧两边回来，然后按抚整个背部（重复动作2遍）。

注意：按摩位置准确；力度与速度适中，不宜过重、过快。

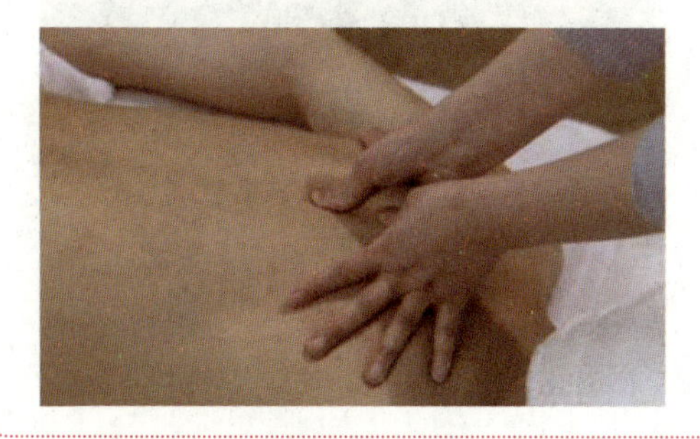

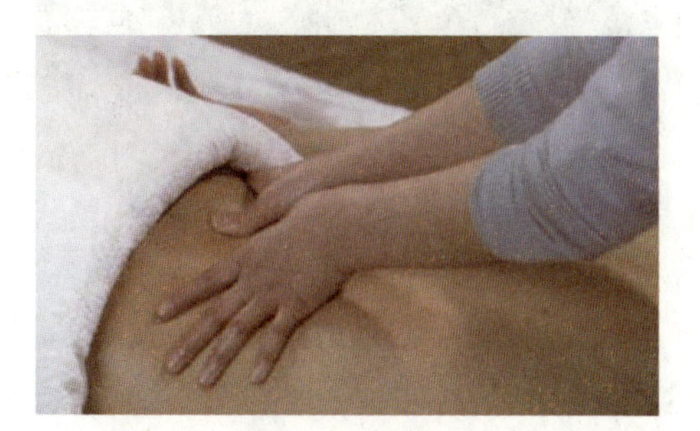

跪指拉抹竖脊肌

美容师右手食指和中指呈跪指式，左手握住右手手腕处，操作时两手指分开放在脊柱两侧，从大椎起至尾骨结束反复推抹（重复动作10遍）。

注意：按摩位置准确；力度与速度适中，不宜过重；操作时手指关节不要按压到脊椎；推去和回来的时候均要带力。

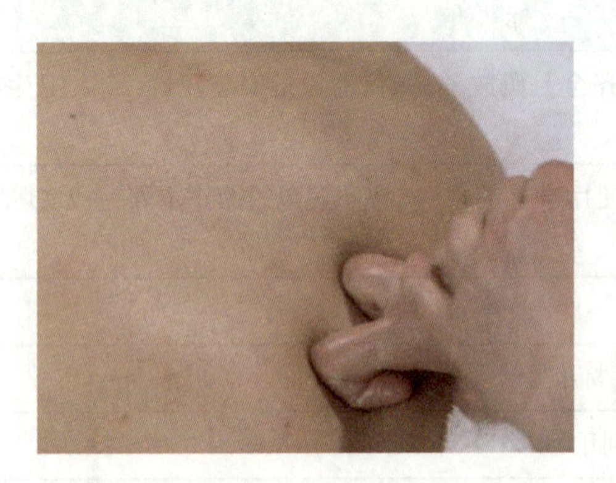

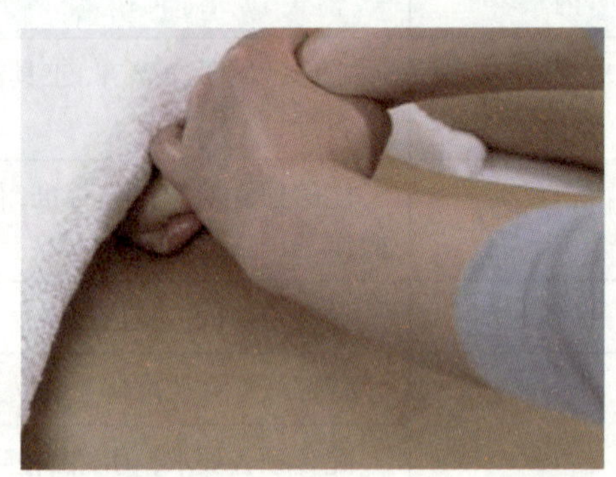

双手对掌推抹背部

美容师站在美容床侧位，双手掌对掌平行放在肩颈部向外推抹至肩部，再由肩部回到肩颈部，然后双手掌旋转指尖方向为腰部，向外推抹一收回一旋转，反复操作从肩部至腰部。

注意：旋转时不要挤压到顾客的皮肤；位置要找准确；力度和速度要一致。

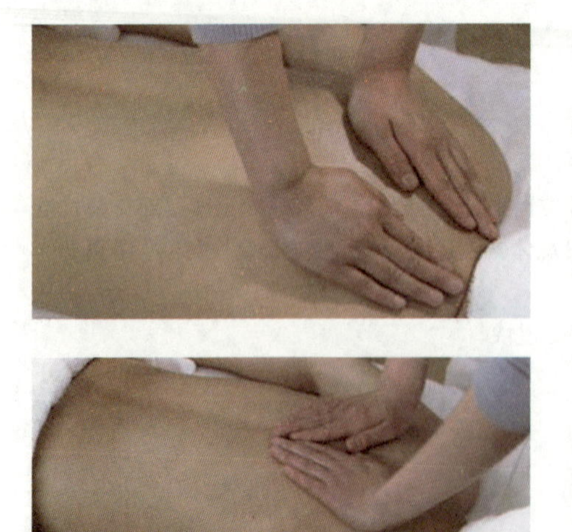

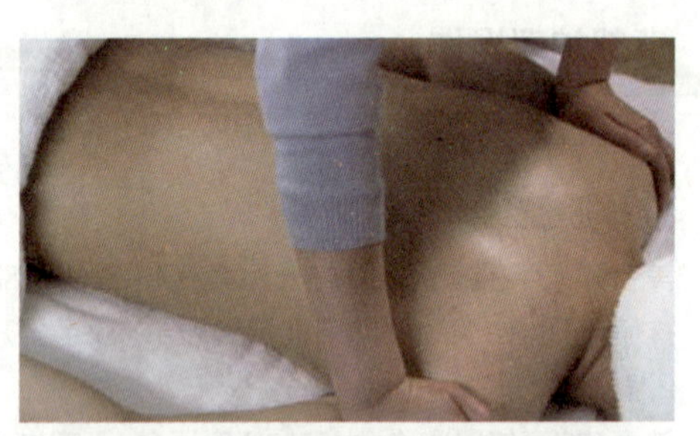

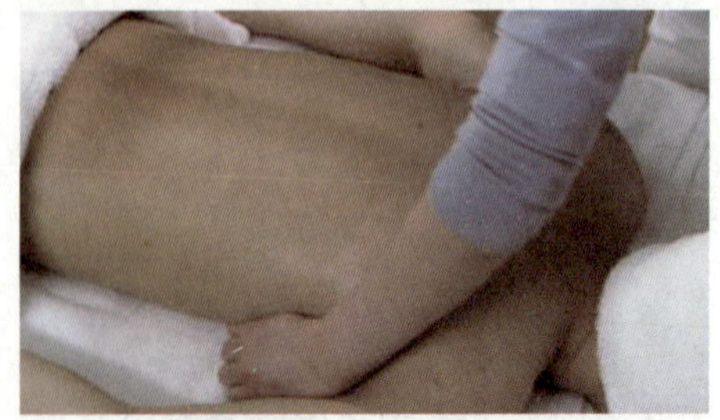

双手掌Z字形推抹背部

美容师双手掌对掌平行横向放在对侧肩部，从对侧肩颈部推抹到同侧肩部，然后斜向上推抹到背部外侧，再回到另一侧背部外侧，一直到腰部。以此类推，以Z字形从上至下反复推抹整个背部（重复动作2遍）。

注意：力度不能过轻，速度不能过快；腋下敏感者避开；手掌温度适宜；推抹时掌根一直滑到底。

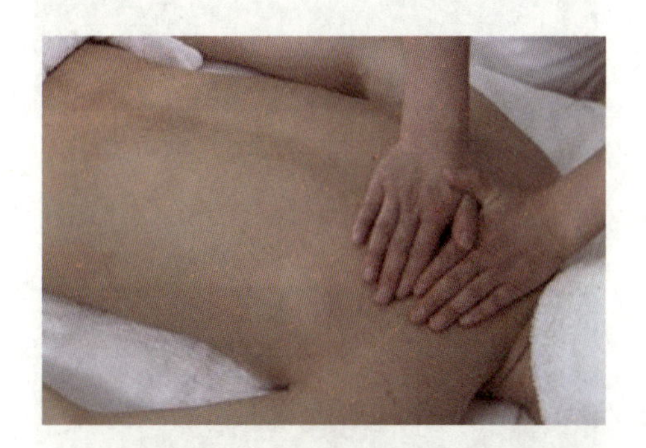
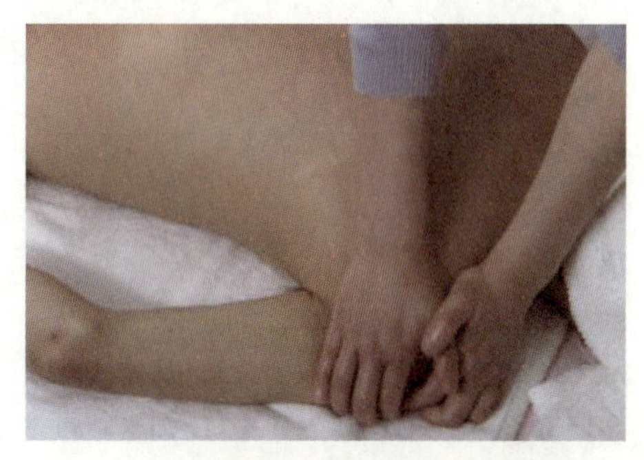
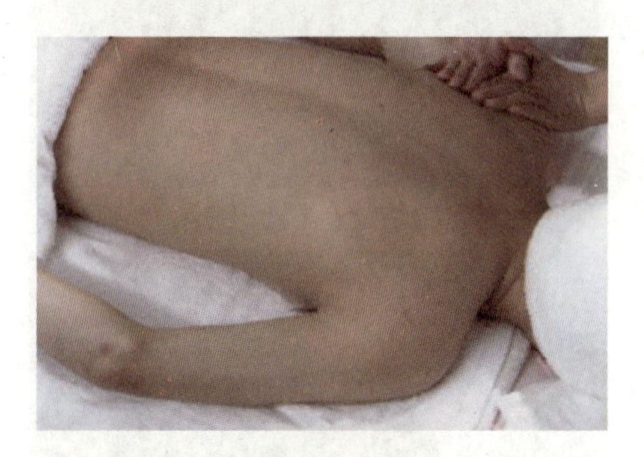
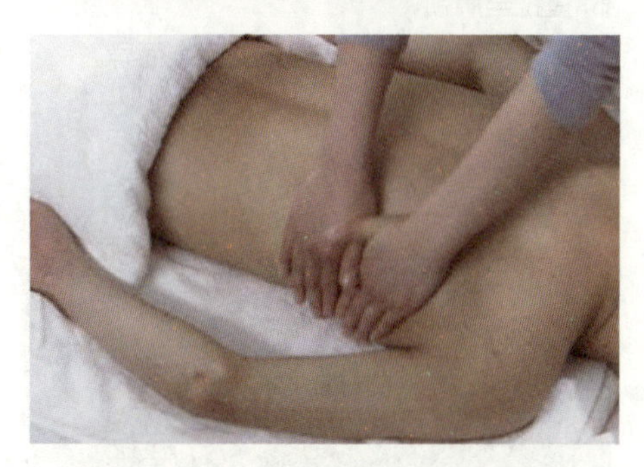

（三）操作程序

常规准备工作

美容师互相调整仪容仪表。
指甲整齐、干净、无指甲油。
操作者必须佩戴口罩。
准备好操作工具。
整理好美容床。

消毒

用酒精棉将双手进行消毒。

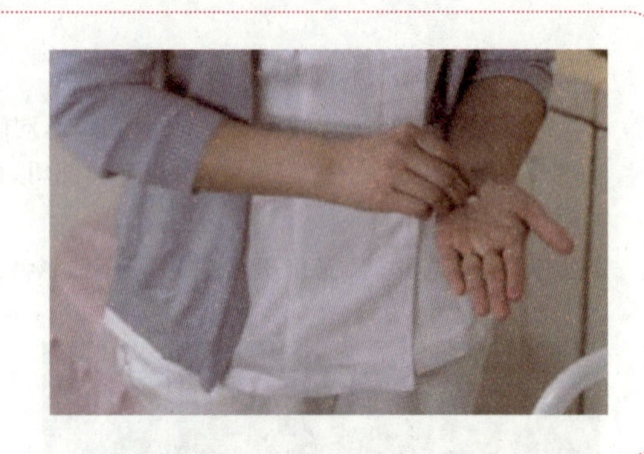

展油按抚

取适量基础按摩油放于掌心并展开。

从肩颈部向腰部展开，双手分开，从体侧两边提拉上来到手臂，包裹住手臂，回来到肩部，提拉至肩颈。

注意：双手不能冰凉；取油量要因人而异。

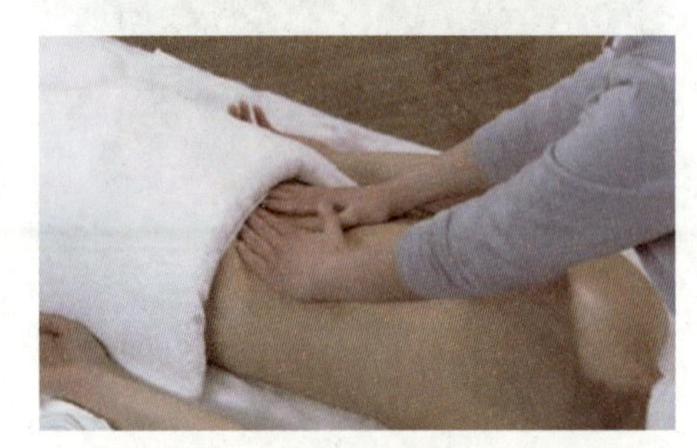

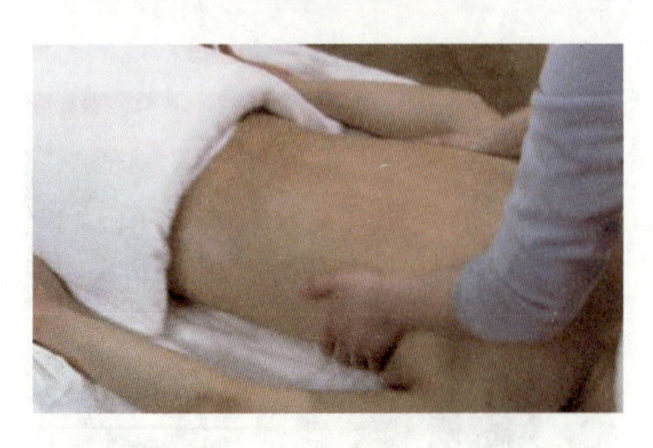

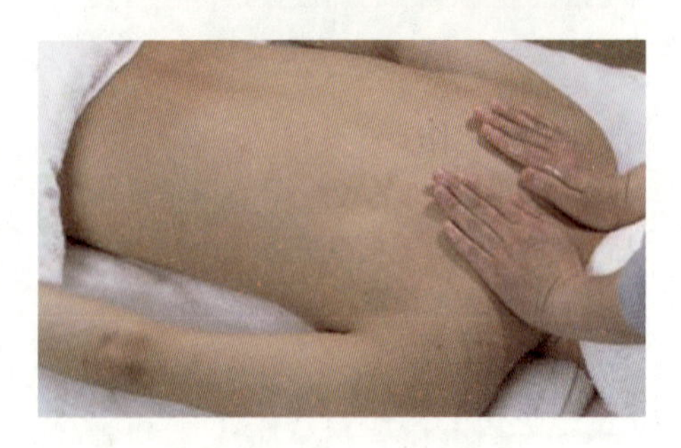

点穴

双手中指和拇指点按风池穴。双手中指重叠点按风府穴（重复动作2遍）。

注意：点按穴位时手指要向上提着点按；点按穴位要由浅逐渐变深，再由深逐渐变浅。

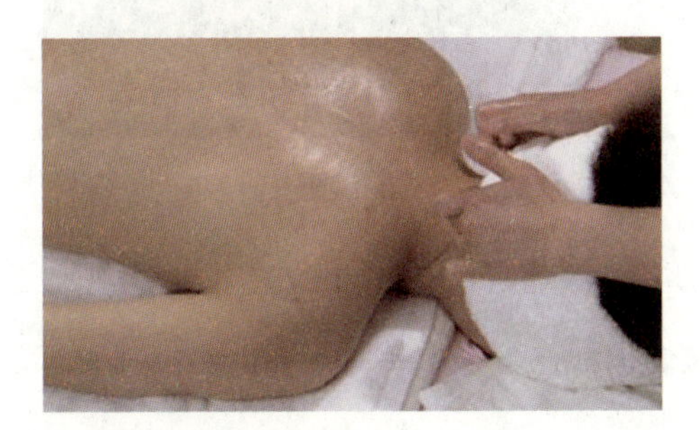

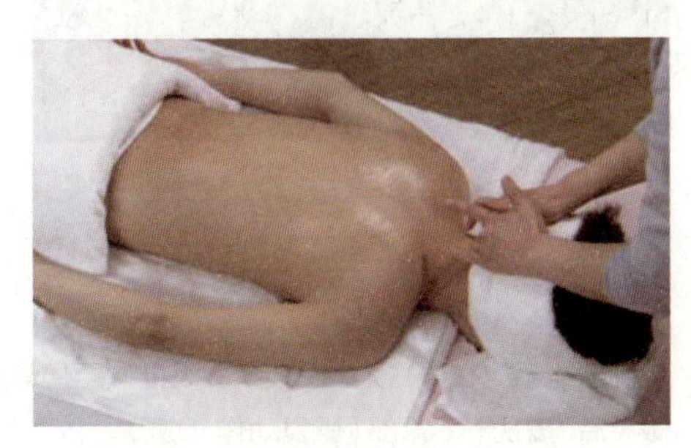

推抹膀胱经

按照推抹膀胱经的方法进行背部护理（重复动作2遍）。

注意：按摩位置准确；力度与速度适中，不宜过重、过快；一侧做完再做另外一侧。

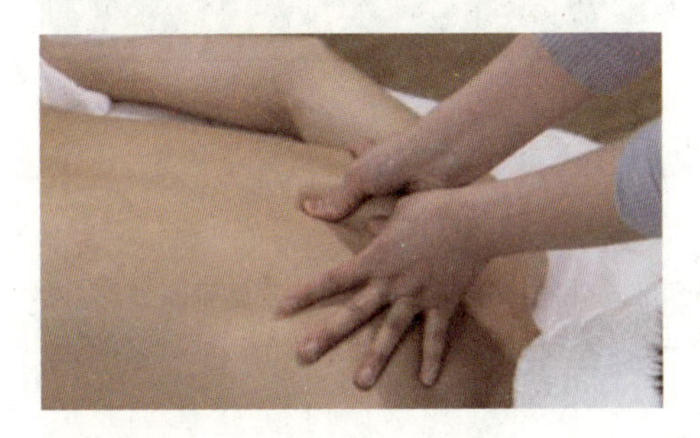

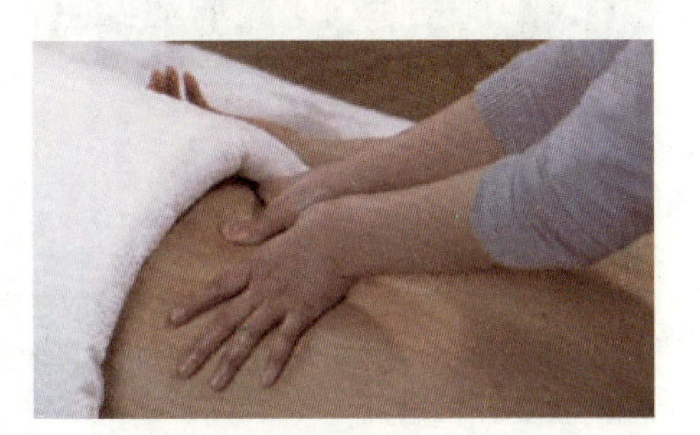

跪指拉抹竖脊肌

美容师右手食指和中指呈跪指式，左手握住右手手腕处，操作时两手指分开放在脊柱两侧，从大椎起至尾骨结束反复推抹（重复动作10遍）。

注意：按摩位置准确；力度与速度适中，不宜过重；操作时手指关节不要按压到脊椎。

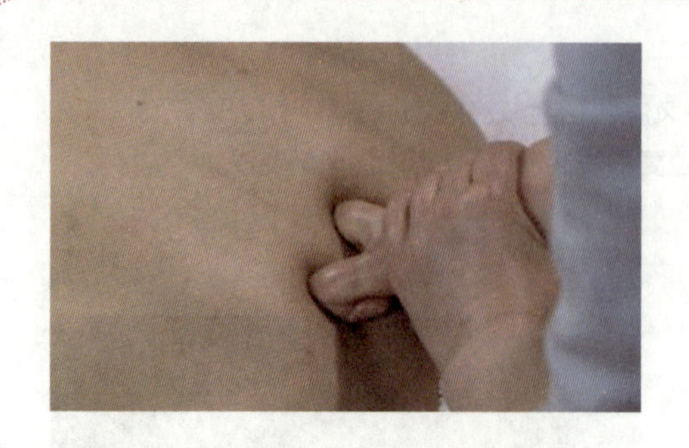

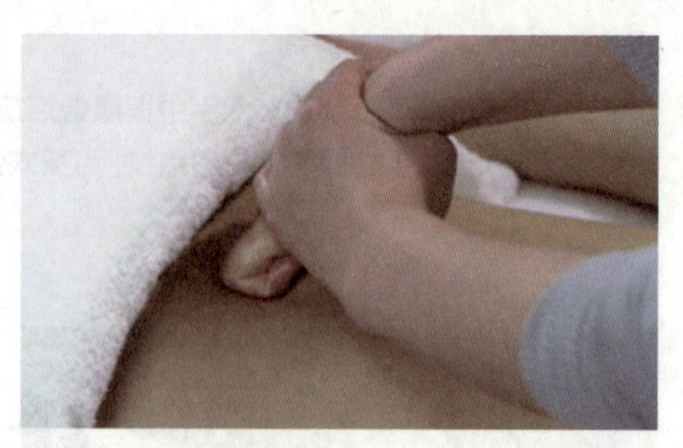

搓督脉

双手掌叠落放在脊柱大椎穴上，从大椎穴至尾骨反复推抹，速度一遍比一遍快，再由快逐渐变慢。做完后，按抚一下背部（重复动作10遍）。

注意：双手温度必须是温热的；掌控好力度与速度。

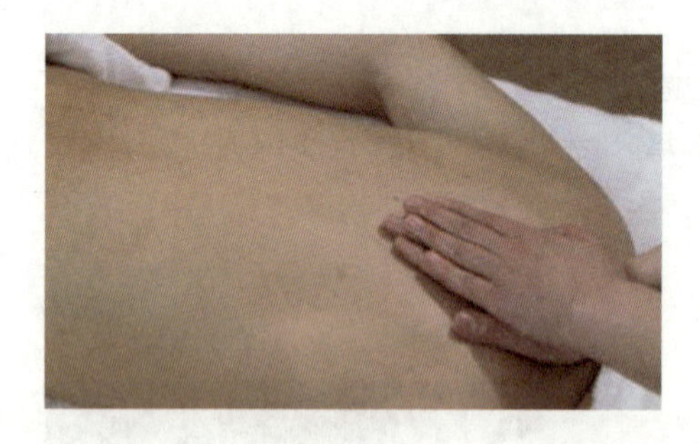

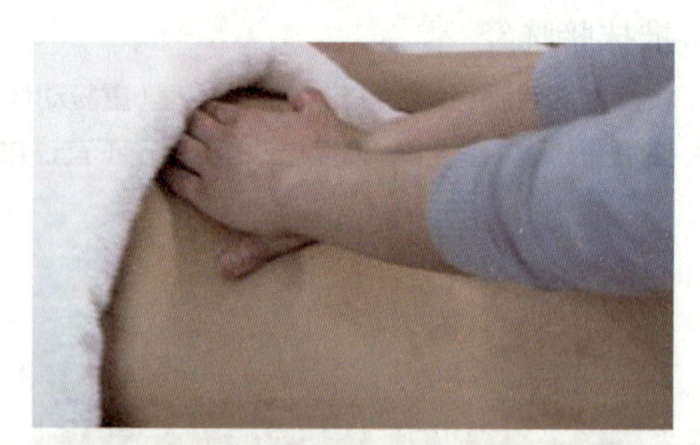

推抹背部

美容师站在美容床侧位，双手掌对掌平行放在肩颈部向外推抹至肩部，再由肩部回到肩颈部，然后双手掌旋转，指尖方向为腰部，向外推抹一收回一旋转，反复操作从肩部至腰部，再从腰部回到肩颈（重复动作2遍）。

注意：旋转时不要挤压到顾客的皮肤；位置要找准确；力度和速度要一致。

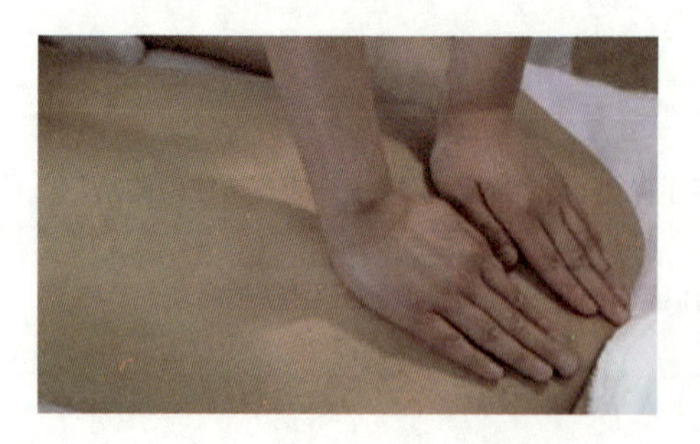

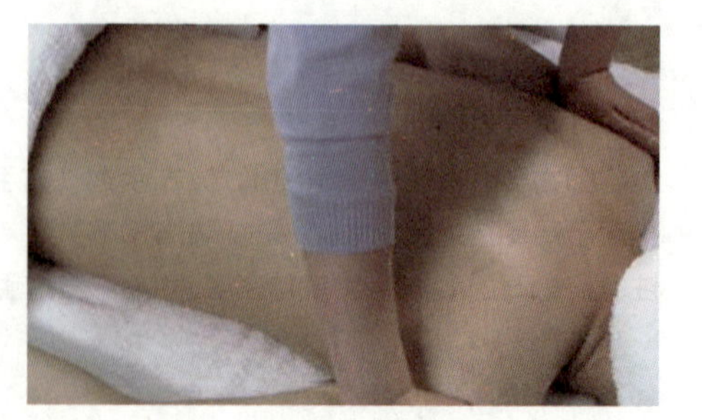

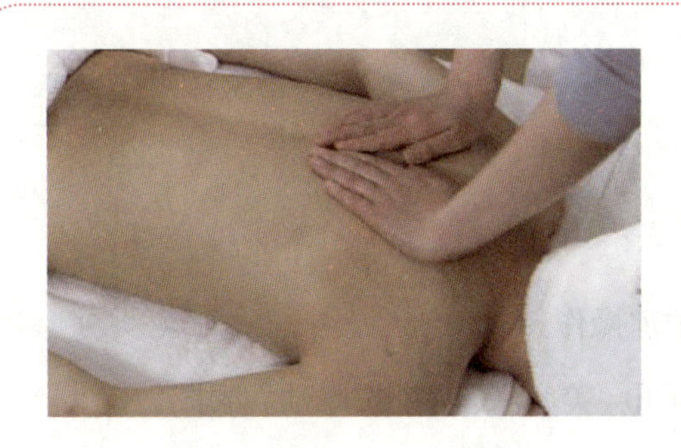
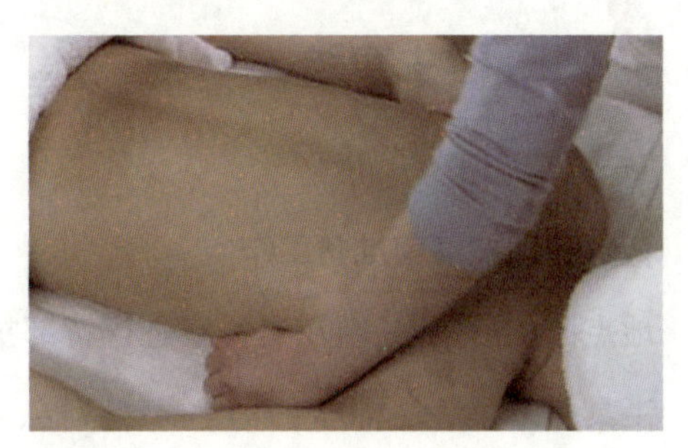

Z字推抹背部

美容师双手掌对掌平行横向放在对侧肩部，从对侧肩颈部推抹到同侧肩部，然后斜向上推抹到背部外侧，在回到另一侧背部外侧，一直到腰部。以此类推，以Z字形从上至下反复推抹整个背部（重复动作2遍）。

注意：力度不能过轻，速度不能过快；腋下敏感者避开；手掌温度适宜；推抹时掌根一直滑到底。

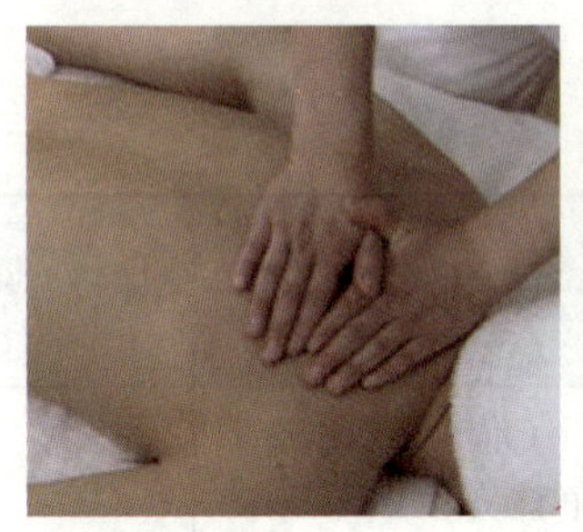
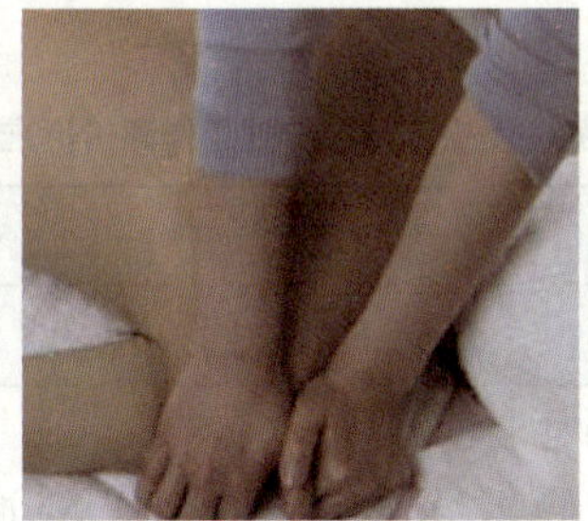
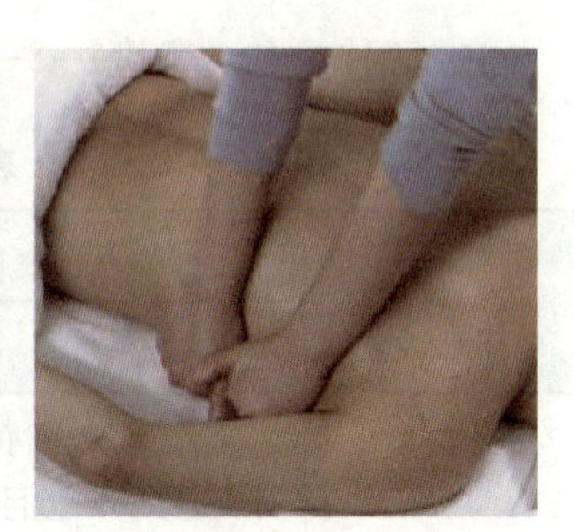

按抚背部

双手放在脊柱两侧，从肩颈开始向下推抹至腰部，双手分开从体侧两边向上提拉至胸部外侧，斜向上提拉至项部，点按风池穴和风府穴（重复动作2遍）。

将客户的浴巾盖好。

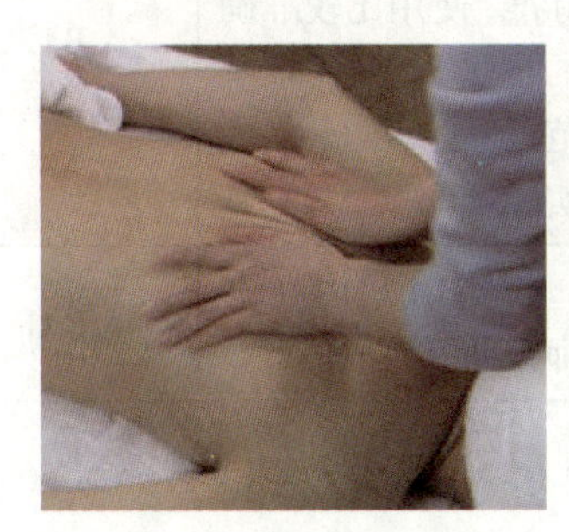
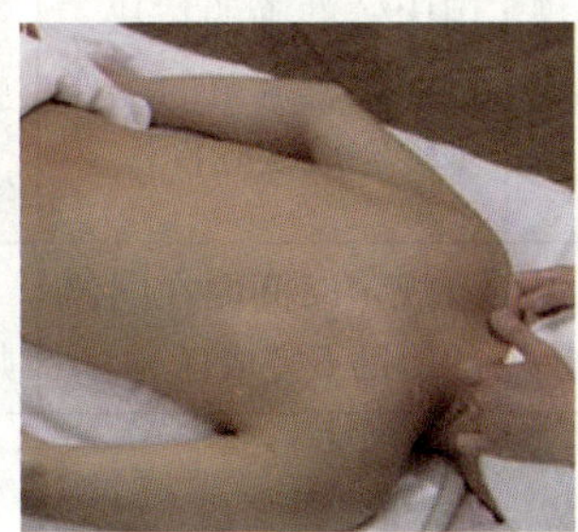
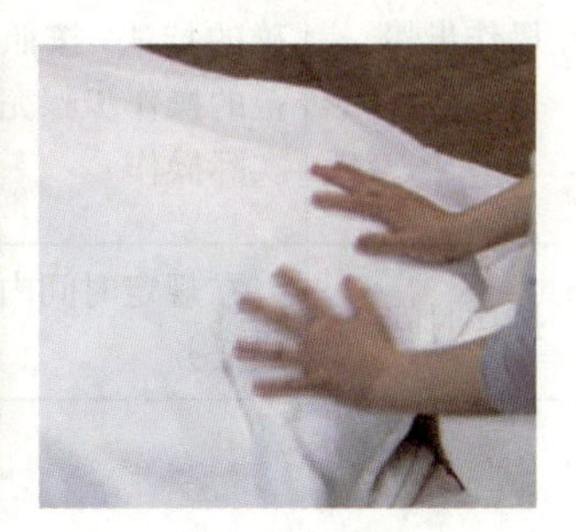

三、学生实践

(一) 布置任务

背部护理按摩前准备工作

地点:学生两人一组在实习室进行背部护理操作。

工具:75%酒精、棉球(片)、棉球容器、毛巾、美容床、基础按摩油。要求:

①按摩前要修整指甲、热水洗手,同时,将指环等有碍操作的物品,预先摘掉。

②顾客与美容师的位置要准确,尤其是顾客躺在床上的姿势,要便于美容师操作。

③能在规定时间内完成背部操作。

你可能会遇到的问题:

①脊柱弯曲者能否按摩?

②三个月内做过手术者能否按摩?

(二) 工作评价 (见表1-3-2)

表1-3-2 背部护理工作评价标准

评价内容	评价标准			评价等级
	A(优秀)	B(良好)	C(及格)	
准备工作	工作区域干净整齐,工具齐全且码放整齐,仪器设备安装正确,个人卫生仪表符合工作要求	工作区域干净整齐,工具齐全且码放比较整齐,仪器设备安装正确,个人卫生仪表符合工作要求	工作区域比较干净整齐,工具不齐全,且码放不够整齐,仪器设备安装正确,个人卫生仪表符合工作要求	A B C
操作步骤	能够独立对照操作标准,使用准确的技法,按照规范的操作步骤完成实际操作	能够在同伴的协助下对照操作标准,使用比较准确的技法,按照比较规范的操作步骤完成实际操作	能够在老师的指导帮助下,对照操作标准,使用比较准确的技法,按照比较规范的操作步骤完成实际操作	A B C
操作时间	在规定时间内完成任务	规定时间内在同伴的协助下完成任务	规定时间内在老师帮助下完成任务	A B C

续表

评价内容	评价标准			评价等级
	A(优秀)	B(良好)	C(及格)	
操作标准	背部按摩穴位准确、到位、标准	背部按摩穴位比较准确、到位	背部按摩穴位不准确	A B C
	配合顾客要求，力度由轻到重	配合顾客要求，力度比较适中	配合顾客要求，力度有点偏轻	A B C
	配合顾客呼吸，能以均匀的速度按摩背部	配合顾客呼吸，速度掌握的比较好	速度掌握不流畅	A B C
	能够按照标准完成背部按摩	能够按照标准完成背部按摩	能够按照标准完成背部按摩	A B C
整理工作	工作区域干净整洁无死角，工具仪器消毒到位，收放整齐	工作区域干净整洁，工具仪器消毒到位，收放整齐	工作区域较凌乱， 工具仪器消毒到位， 收放不整齐	A B C
学生反思				

四、知识链接

背部按摩的保健作用

你可能会有这样的感受，当你感到腰酸背痛、非常疲劳时，如果有人帮你捶捶背部或推拿、按摩一下背部，会感觉轻松许多。这说明人们早就知道刺激背部的穴位、经络有治病保健的功效。在医院里，背部的推拿按摩和小儿背部的捏脊法可以治疗许多病症。

中医认为，背部脊柱是主一身阳气的督脉所在，脊柱两旁是贯穿全身的足太阳膀胱经，背部脊柱两旁共有53个穴位。而且五脏六腑皆系于背部，如心、肝、脾、肺、肾、胆、大肠、小肠、膀胱、三焦、十二俞等穴位都集中在背部，这些经穴是运行气血、联络脏腑的通路，按摩可以刺激这些穴位，起到疏通经气、促进气血运行、振奋阳气、活血通络、养心安神、平衡阴阳、调和五脏六腑的功能，从而达到阴阳平衡、健康长寿的目的。

现代医学证明：人的背部皮下有大量功能很强的免疫细胞处于“休眠”状态，背部按摩可以刺激这些细胞，激活它们的功能。于是它们就“醒”过来奔向全身各处，投入战斗行列，促进背部乃至全身的血液循环，再通过神经系统和经络传导，促进局部乃至全身的血液循环，增强内分泌与神经系统的功能，提高机体免疫力和抗病能力，进而调和全身的内脏器官与组织，达到祛病强身的目的。因此，背部按摩可达到有病治病、无病强身的目的。

项目四　四肢护理

项目描述:

经常行走，容易造成下肢血液循环不畅，时间久了，难免会出现乏力、肿痛等症状。尤其是中老年人，腿脚乏力会导致平衡能力减退。每天逆向按摩腿部可疏通整个腿脚的经络，促进血液循环，起到活血化淤的作用，并能有效增强腿力和关节韧带柔韧性，增强四肢协调能力，减少老人跌伤的概率。

工作目标:

①能够说出四肢骨骼与肌肉的名称及作用。

②能够说出腿部与上肢阴经的名称。

③能够掌握四肢按摩的操作程序。

④能够按照标准完成四肢按摩的护理操作。

⑤通过动手实践能够使学生积极参与教学活动，利用沟通环节的训练，培养学生实事求是、讲信用的职业素养。

一、知识准备

(一) 四肢骨骼的定义

除去头部、躯干部剩下的部分就是四肢，四肢又分上肢和下肢两部分。

上肢骨骼由上肢游离骨和上肢带骨组成。上肢游离骨包括：肱骨、尺骨、桡骨、腕骨、掌骨、指骨；上肢带骨包括：锁骨、肩胛骨（形成整体是“肩”）（如图1-4-1所示）。

上肢骨骼肌主要包括：肱二头肌、肱三头肌、三角肌、前臂前肌群、前臂后肌群。

下肢骨骼是由下肢游离骨和下肢带骨组成。下肢游离骨包括：股骨、髌骨、胫骨、腓骨、跗骨、跖骨、趾骨;下肢带骨包括: 髂骨、坐骨、耻骨联合(形成整体是“骨盆”,见图1-4-1)。

下肢骨骼肌主要包括: 缝匠肌、股四头肌、小腿外侧腓肠肌。上肢骨骼的作用是: 能够曲腕、曲肘。

下肢骨骼的作用是: 曲膝、支撑、固定,骨盆部的骨骼可以保护内脏(盆腔、泌尿系统)。

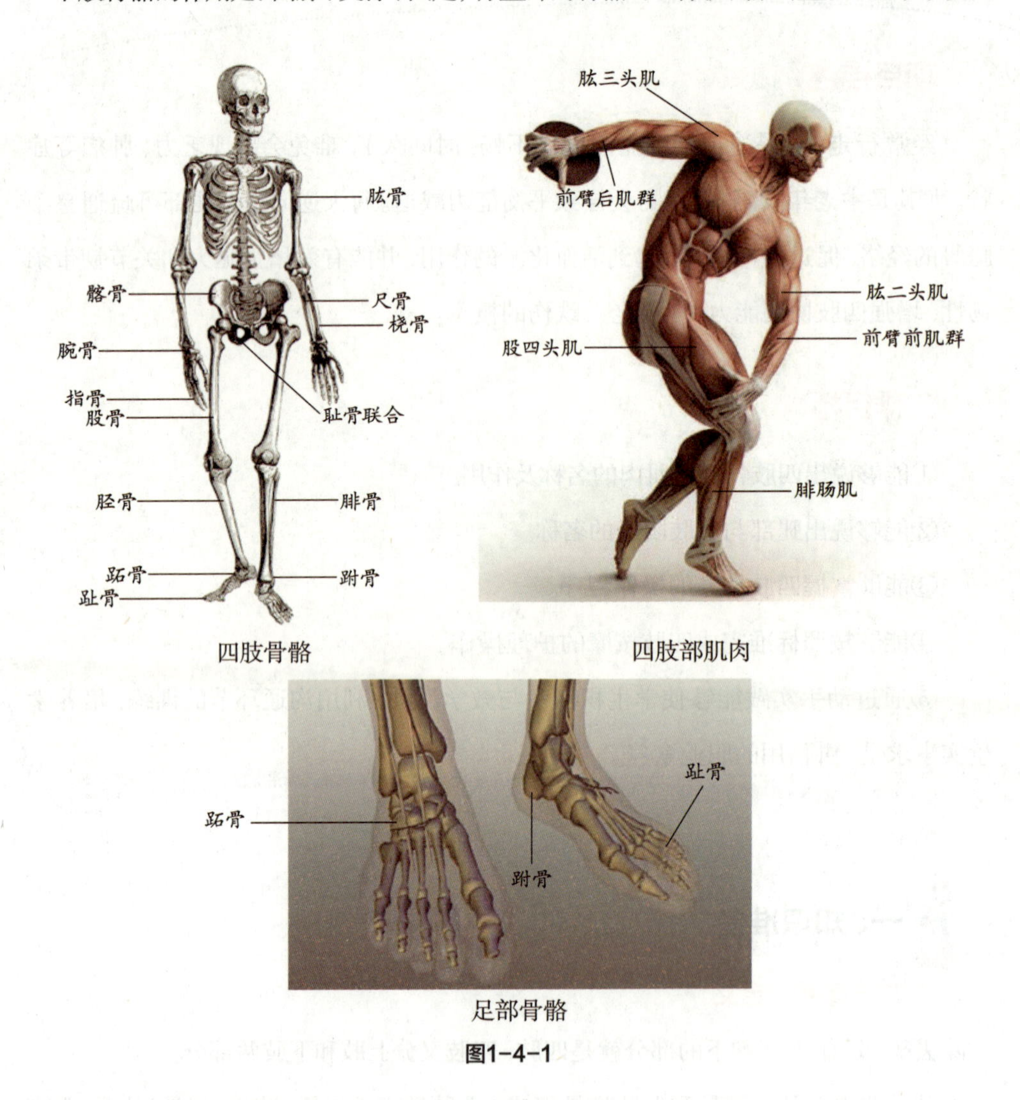

四肢骨骼 四肢部肌肉

足部骨骼

图1-4-1

(二)人体十二条经络

脏腑定义——中医把人体内脏分为脏和腑两部分,脏指的是心、肝、脾、肺、肾,腑指的是大肠、小肠、胃、胆、膀胱和三焦。

经络定义——经络是气血运行的通路,是经脉和络脉的总称,见图1-4-2。

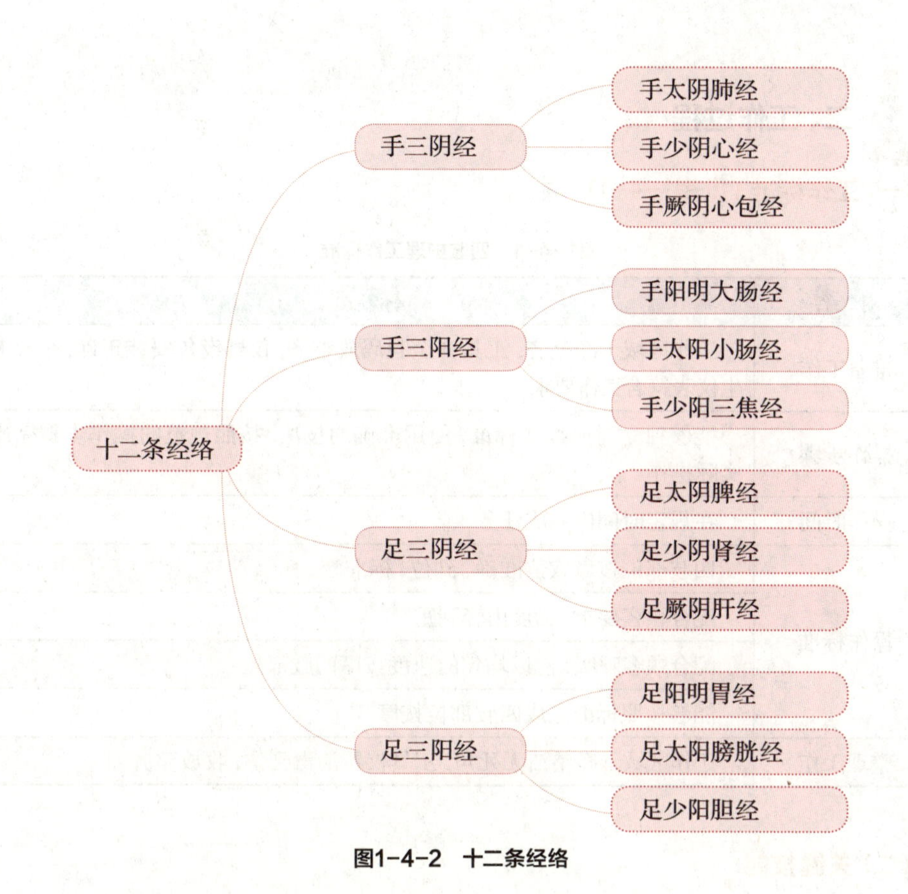

图1-4-2 十二条经络

（三）十二条经络流注图及各经络旺盛时间（见图1-4-3）

图1-4-3 十二条经络流注图及旺盛时间

（四）工具准备

四肢按摩需要准备的工具：75%酒精、棉球（片）、棉球容器、毛巾、美容床、基础按摩油。

二、工作过程

(一) 工作标准 (见表1-4-1)

表1-4-1　四肢护理工作标准

内　容	标　准
准备工作	工作区域干净整齐,工具齐全且码放整齐,仪器设备安装正确,个人卫生仪表符合工作要求
操作步骤	能够独立对照操作标准,使用准确的技法,按照规范的操作步骤完成实际操作
操作时间	在规定时间内完成任务
操作标准	四肢部位按摩穴位准确、到位、标准
	配合顾客要求,力度由轻到重
	配合顾客呼吸,能以均匀的速度按摩四肢部位
	能够按照标准完成四肢部位按摩
整理工作	工作区域干净整洁无死角,工具仪器消毒到位,收放整齐

(二) 关键技能

四肢按摩

手太阴肺经按摩

从锁骨下2寸,双手拇指从中府至手臂外侧交替式推抹,一直推抹到大拇指外侧0.1寸(少商穴)。最后用大拇指指尖点按少商穴。

注意:点按穴位要由浅逐渐深,再由深逐渐变浅;推抹时双手拇指竖位,不要横向推抹;推抹路线在手臂外侧;如果顾客的手臂有颗粒或者沙粒状的感觉的话,可以重复推抹。

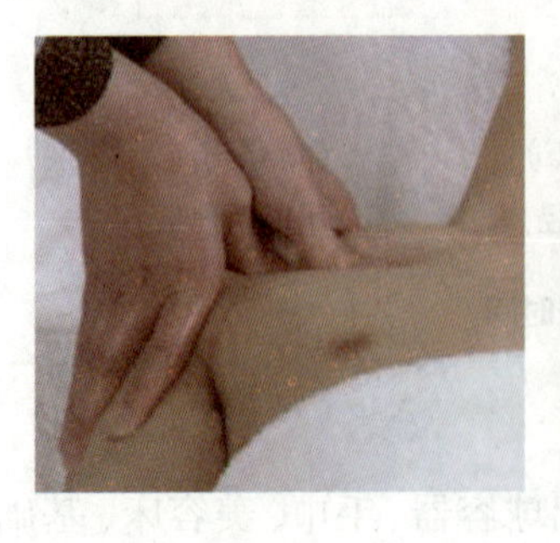
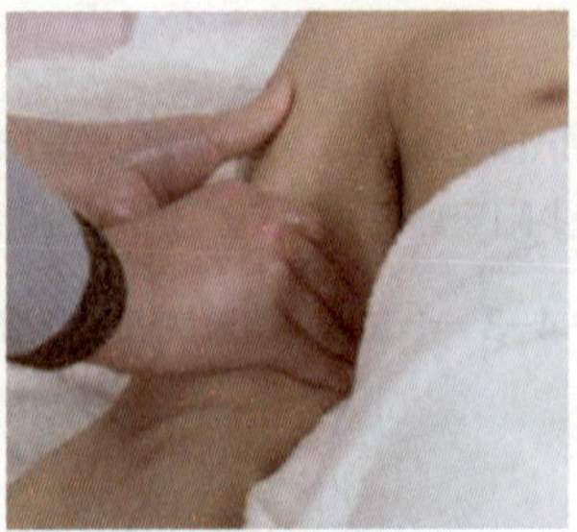
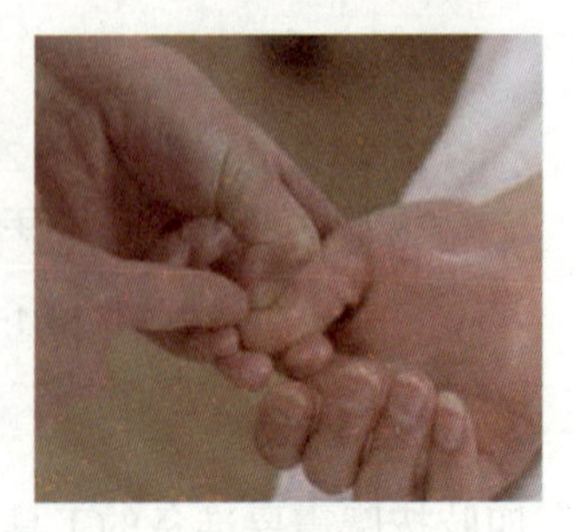

手少阴心经按摩

美容师站在侧位，将双手拇指从腋窝下定点（极泉穴）向下推抹至小指指尖外侧0.1寸（少冲穴），然后用指尖点按少冲穴。

注意：点按穴位要由浅逐渐深，再由深逐渐变浅；推抹时双手拇指竖位，不要横向推抹；推抹路线在手臂内侧。

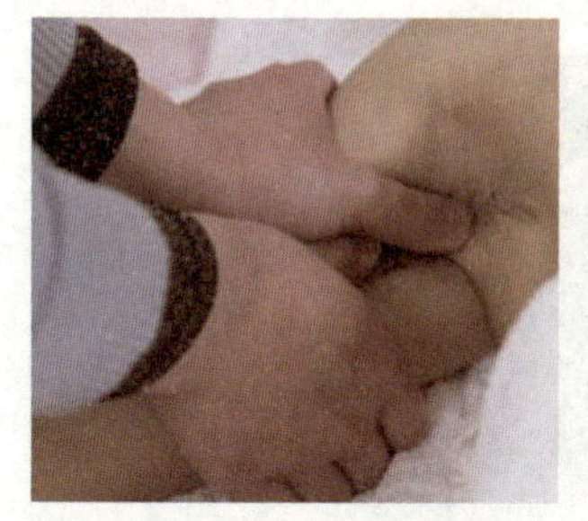
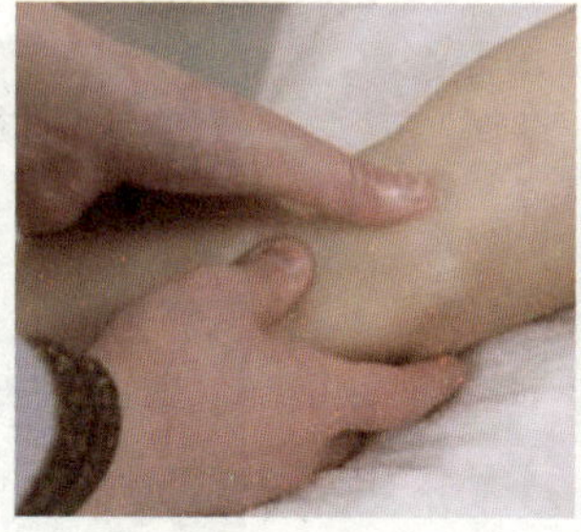
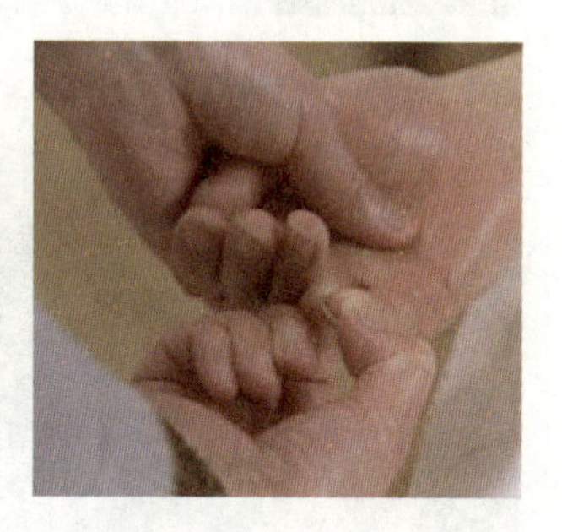

手厥阴心包经按摩

美容师站在侧位，将双手拇指从乳头外侧1寸处（天池穴）向上推抹至手臂正中线后，向下继续推抹至中指指端0.1寸（中冲穴），并用指尖点按中冲穴。

注意：点按穴位要由浅逐渐深，再由深逐渐变浅；推抹时双手拇指竖位，不要横向推抹抹；推抹路线在手臂正中线。

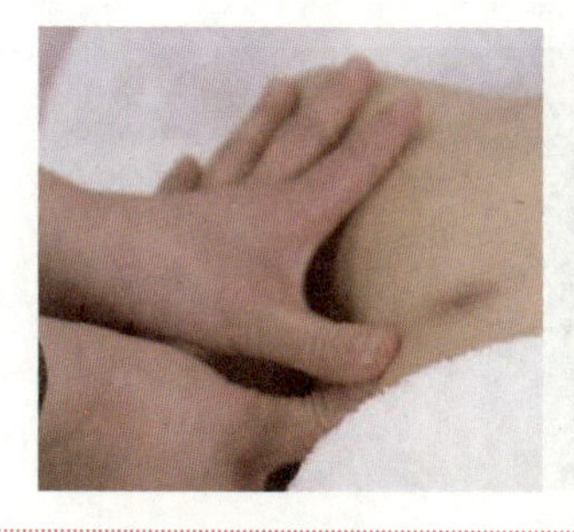
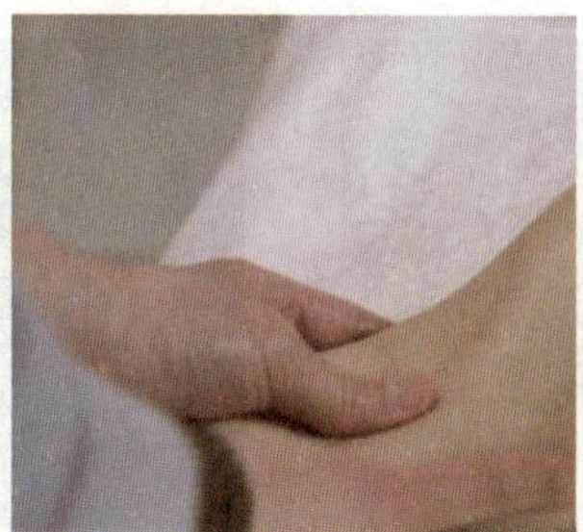
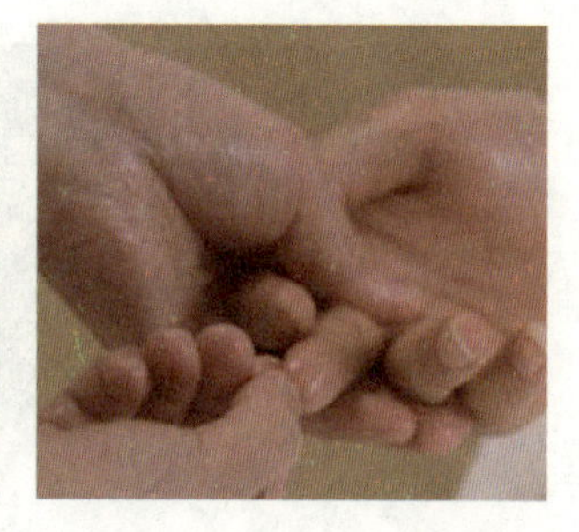

足太阴脾经按摩

美容师站在顾客脚下位置，轻轻抬起顾客的脚，用大拇指指端点按隐白穴，然后从脚踝开始，两手交替式向上推抹至大腿内侧，并点按肌门穴。

注意：力度不能过轻，速度不能过快；推抹位置准确，推抹路线在大腿内侧。

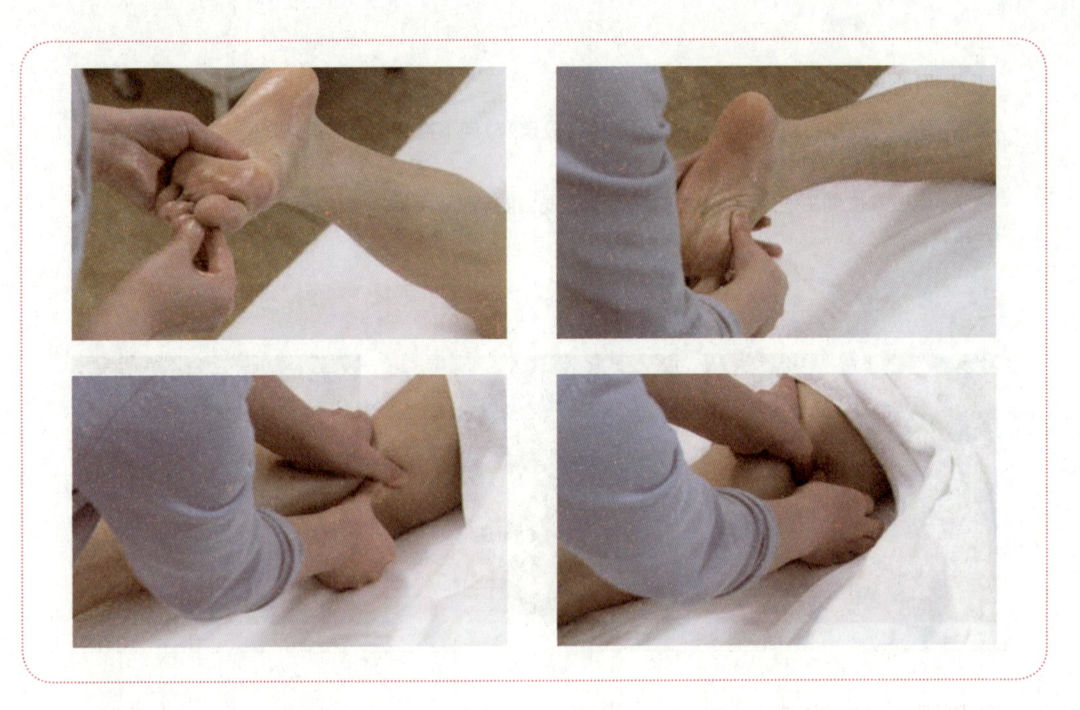

足少阴肾经按摩

美容师站在脚下位置，将双手大拇指重叠点按涌泉穴，然后从涌泉穴开始向上推抹，两手拇指交替式沿腿部正中线（足少阴肾经）向上推抹，至大腿内侧止，然后从两边滑下。

注意：点按穴位要由浅逐渐深，再由深逐渐变浅；推抹时双手拇指竖位，不要横向推抹，推抹路线在大腿内侧。

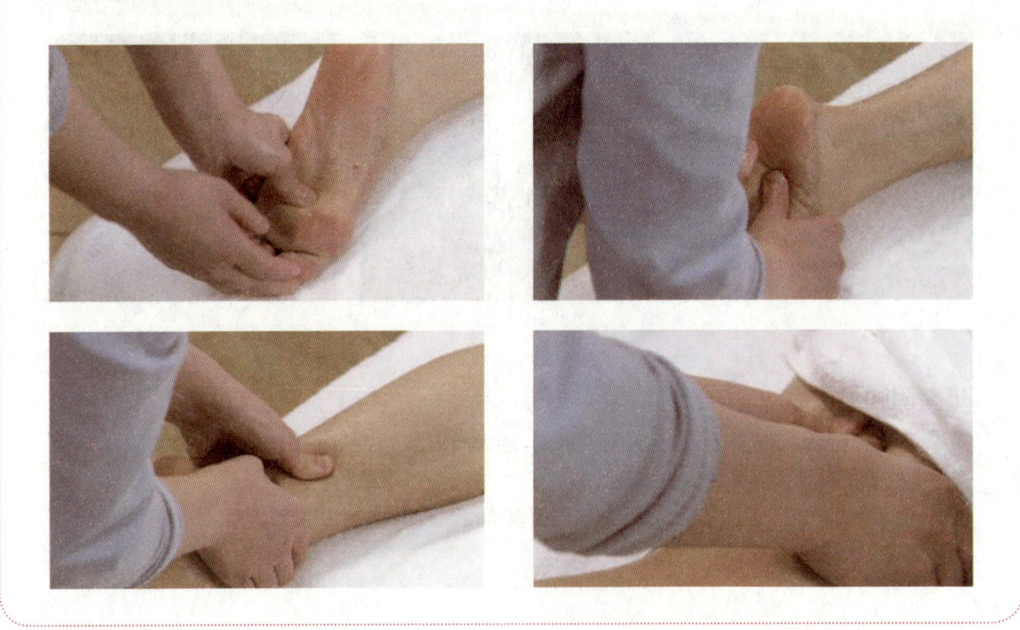

足厥阴肝经按摩

美容师站侧位，从足五里沿大腿内侧正中间向下推抹，一直到脚内侧，抬起右脚，用左手大拇指指端点按顾客足大拇趾下缘的大冬穴。

注意：点按穴位要由浅逐渐深，再由深逐渐变浅；推抹位置准确；推抹路线在大腿内侧。

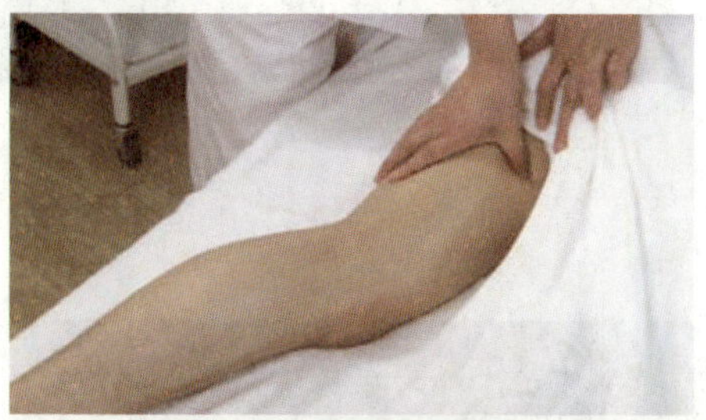
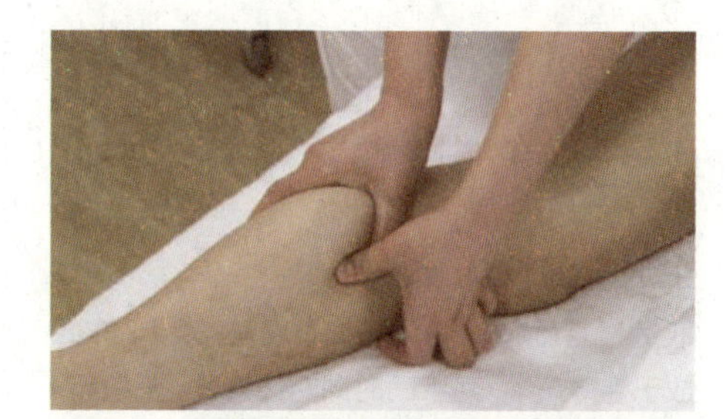
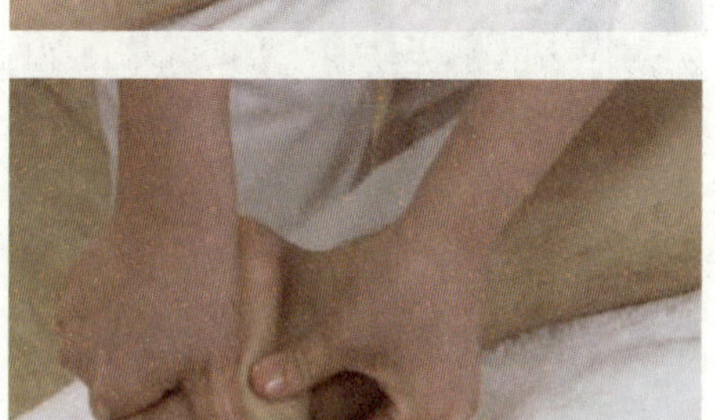
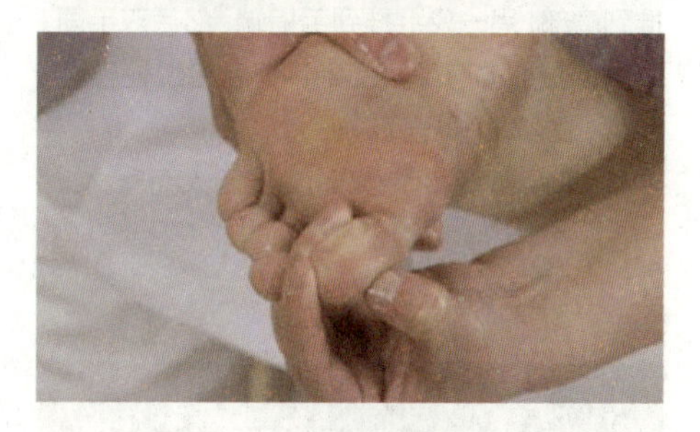

（三）操作程序

常规准备工作

按照护理需要准备四肢护理的工具和产品。

消毒

用酒精棉擦拭自己双手进行消毒。

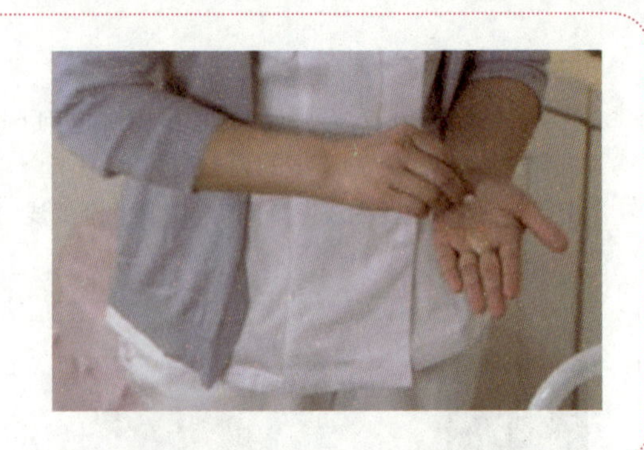

上肢展油按抚

取适量基础按摩油放于掌心展开，双手横向放于手臂正中，两手同时向两边推抹，一只手推到肩部，另一只手推到手指端，然后双手同时由手腕推向肩部再回到手臂后包裹住整个手掌（重复动作3遍）。

注意：双手不能冰凉；取油量要因人而异。

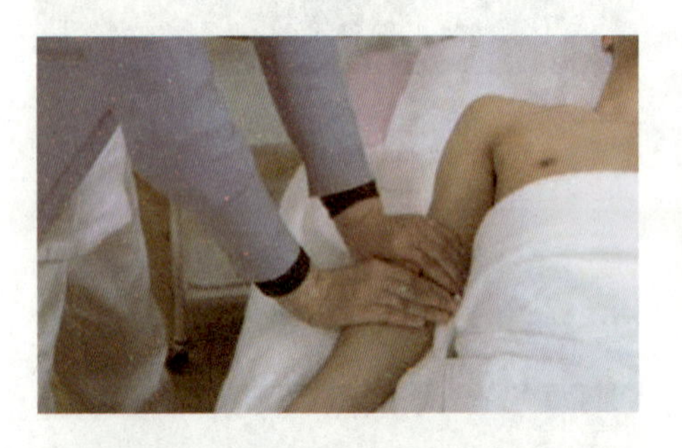

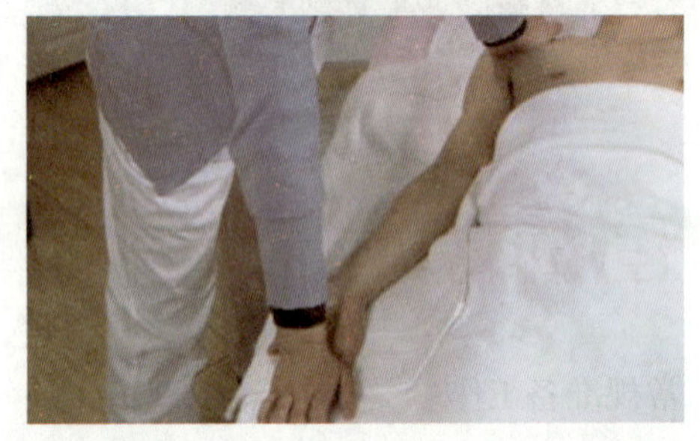

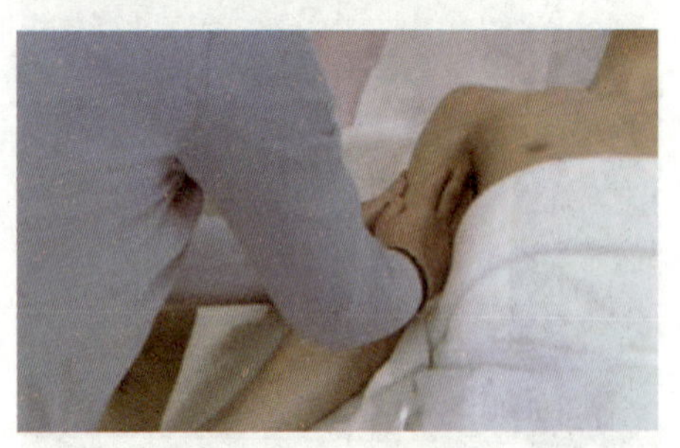

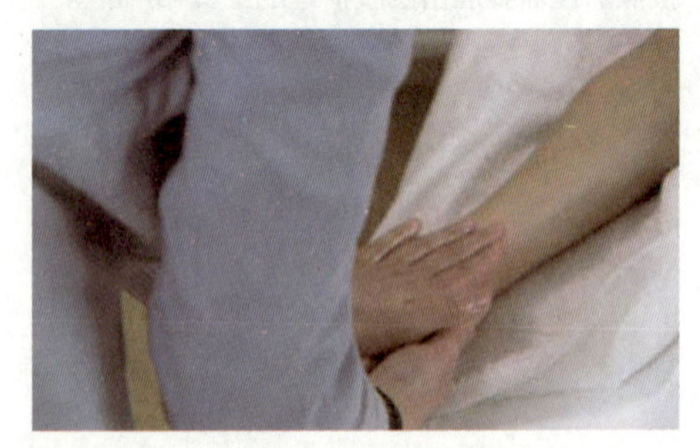

手太阴肺经按摩

美容师站在侧位，按照手太阴肺经的手法进行操作（重复动作2遍）。

注意：点按穴位要由浅逐渐深，再由深逐渐变浅；推抹时双手拇指竖位，不要横向推抹。

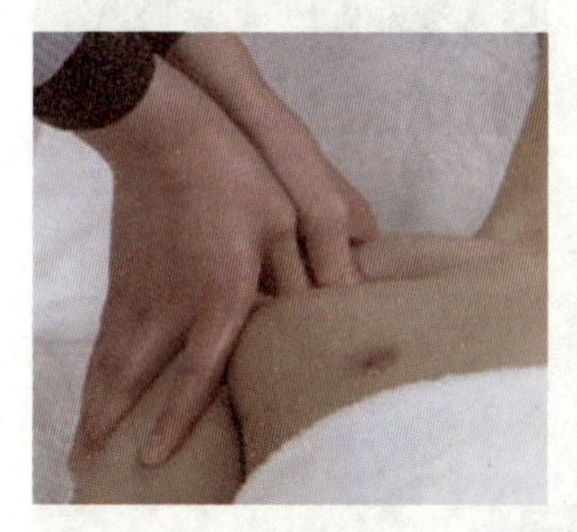
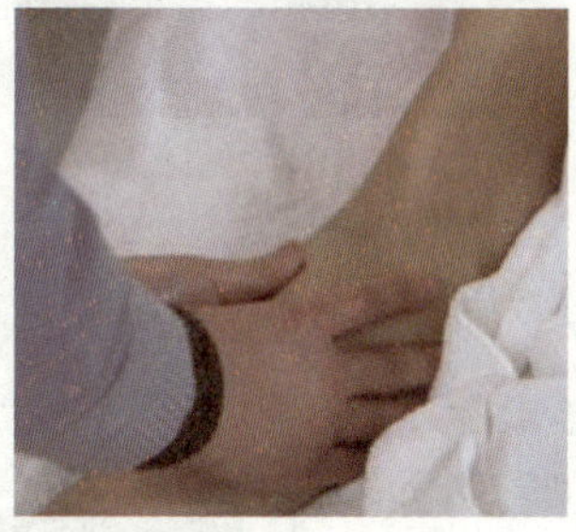
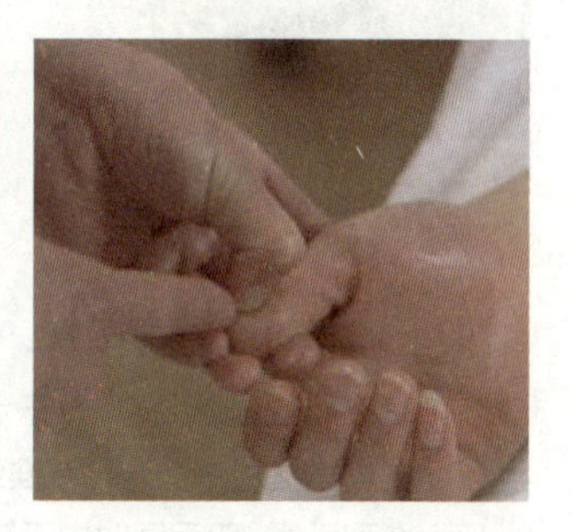

手少阴心经按摩

美容师站在侧位，按照手太阴心经手法操作（重复动作2遍）。

注意：点按穴位要由浅逐渐至深，再由深逐渐至浅；推抹时双手拇指竖位，不要横向推抹。

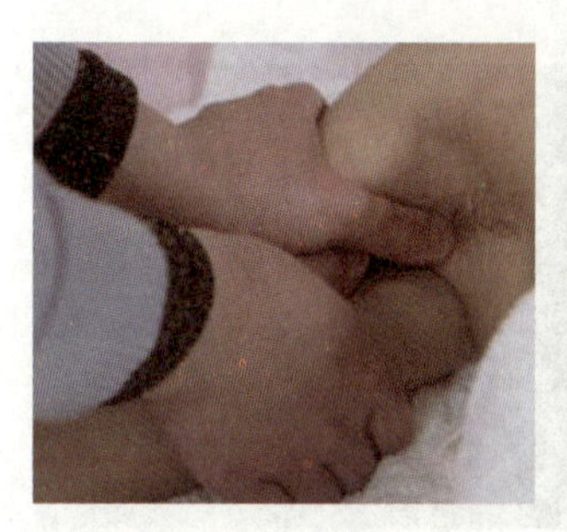
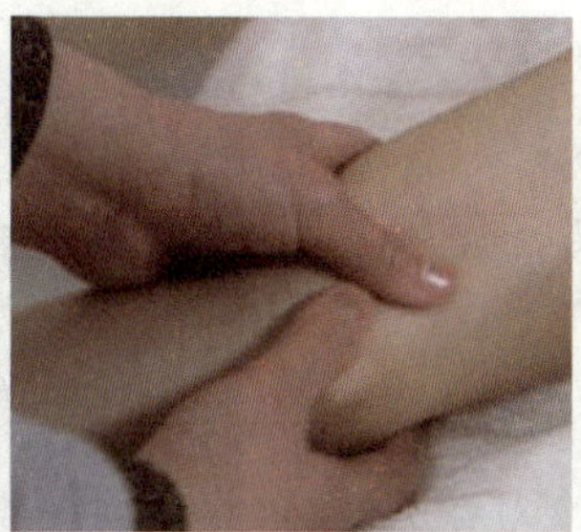
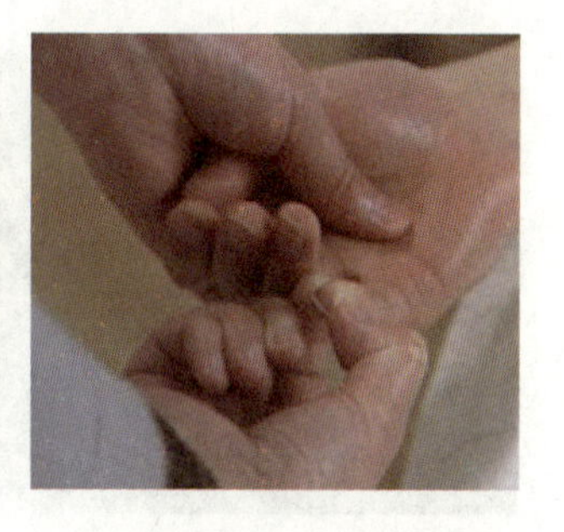

手厥阴心包经按摩

美容师站在侧位，按照手厥阴心包经的手法进行操作（重复动作2遍）。

注意：点按穴位要由浅逐渐至深，再由深逐渐至浅；推抹时双手拇指竖位，不要横向推抹。

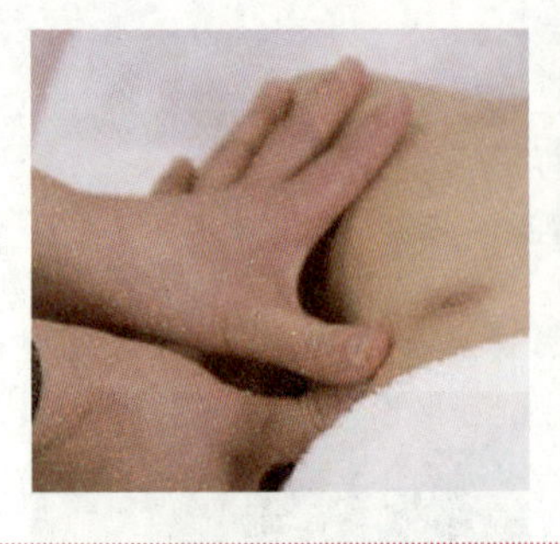
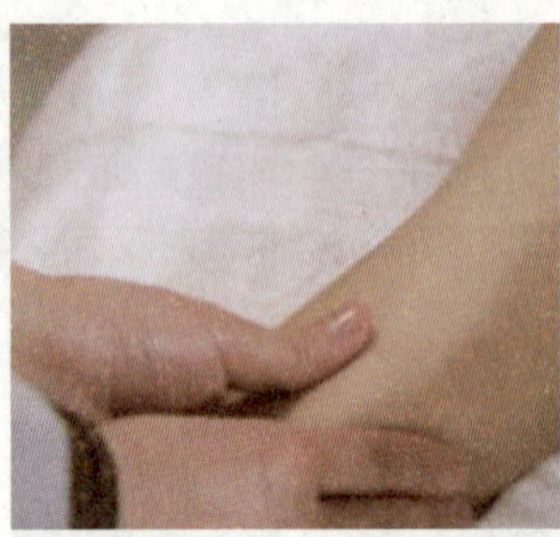

结束上肢按摩，进行按抚

美容师站在侧位，双手横向放于手臂正中，两手同时向两边推抹，一只手推到肩部，另一只手推到手掌，双手同时由手腕推向肩部再包住手臂返回直至回到手掌。

结束按抚后，帮顾客用毛巾包裹住手臂（重复动作2遍）。

注意：双手温度必须是温热的；掌控好力度与速度。

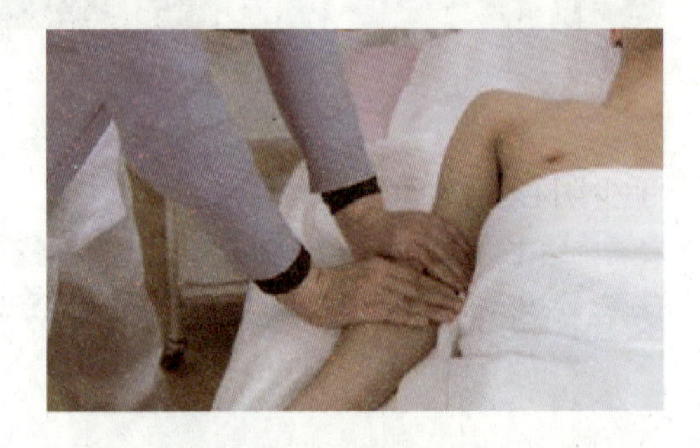
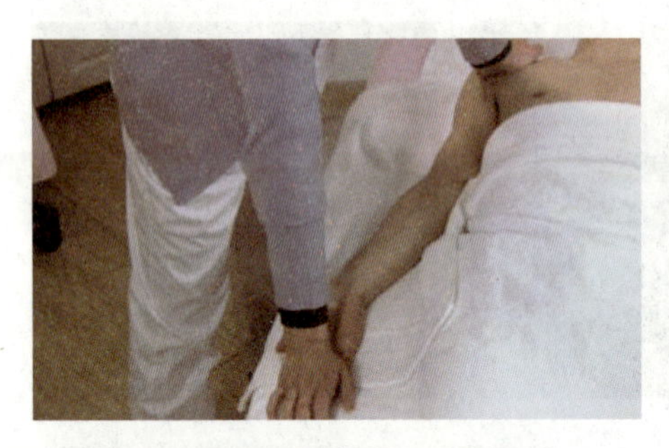
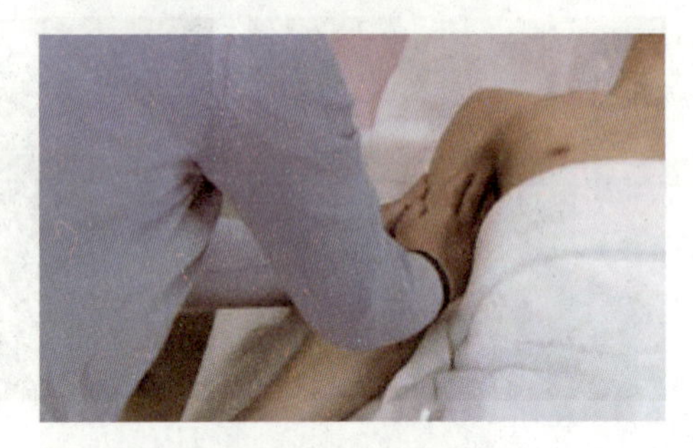
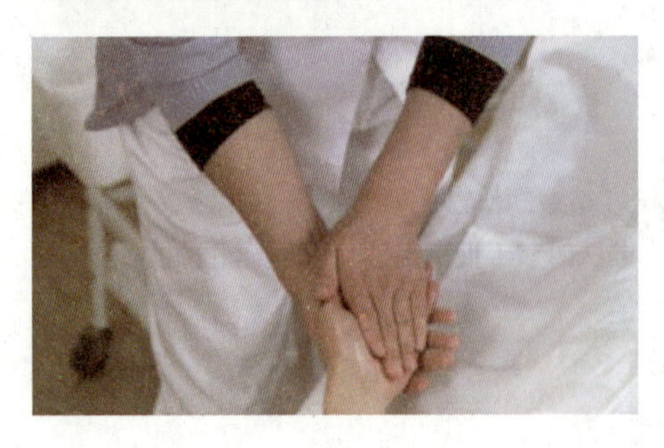
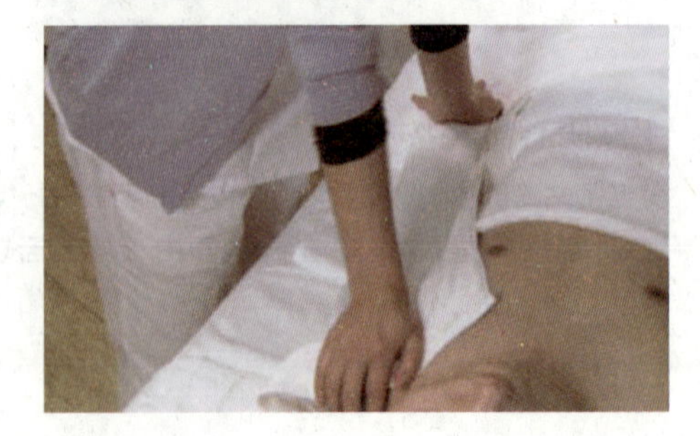

下肢展油按抚

美容师站在侧位，取适量基础按摩油放于掌心展开，将双手横向放于膝盖后缘正中，两手同时向两边推抹，一只手推到大腿根部，另一只手推到足腕部，双手同时由足腕推向大腿根部，然后双手从大腿根部分开，再回到足掌，包裹住脚心后滑下（重复动作2遍）。

注意：双手动作必须轻柔；取油量要因人而异。

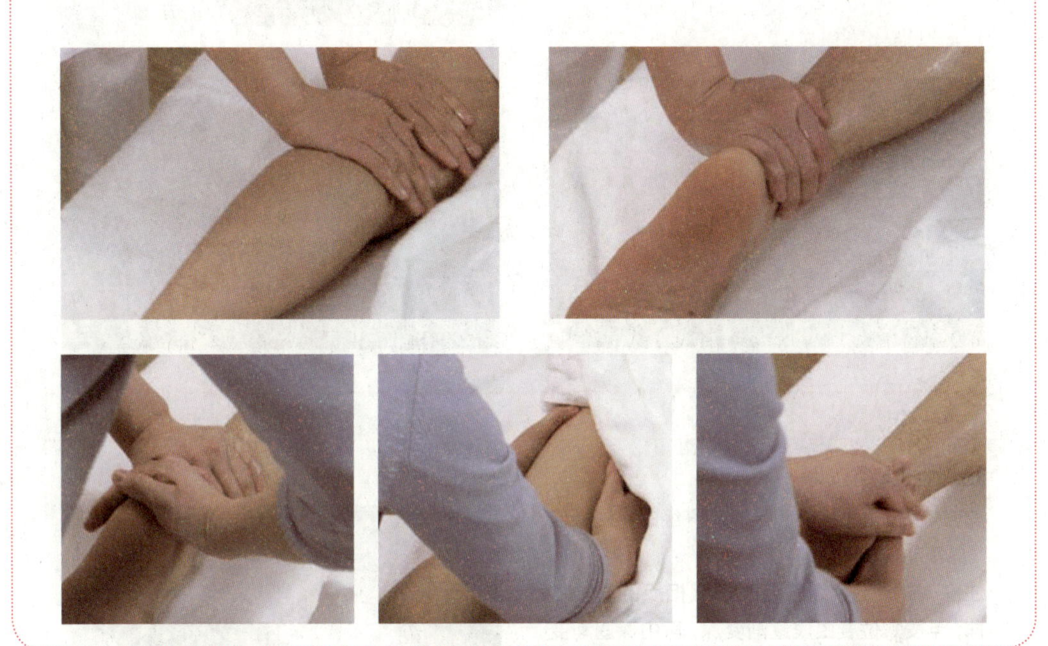

足太阴脾经按摩

美容师站在脚下位，按照足太阴脾经手法按摩（重复动作2遍）。

注意：力度不能过轻，速度不能过快；手掌温度必须温热；推抹位置准确。

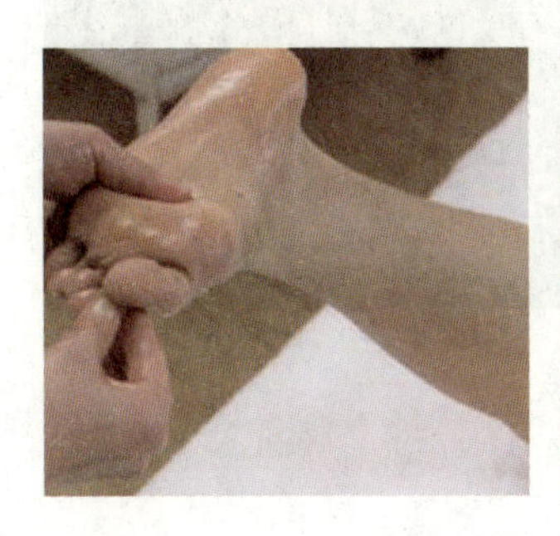

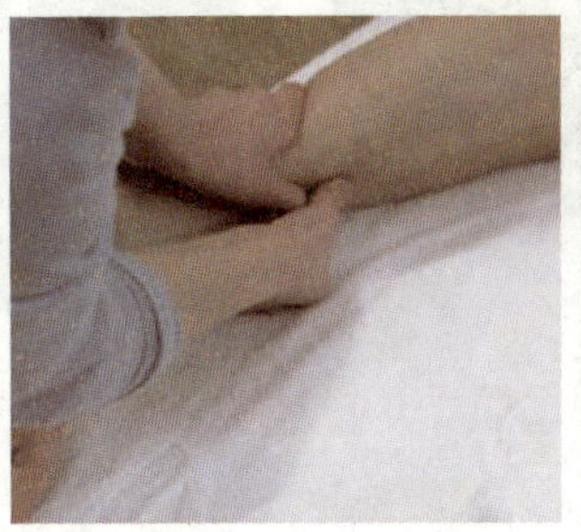

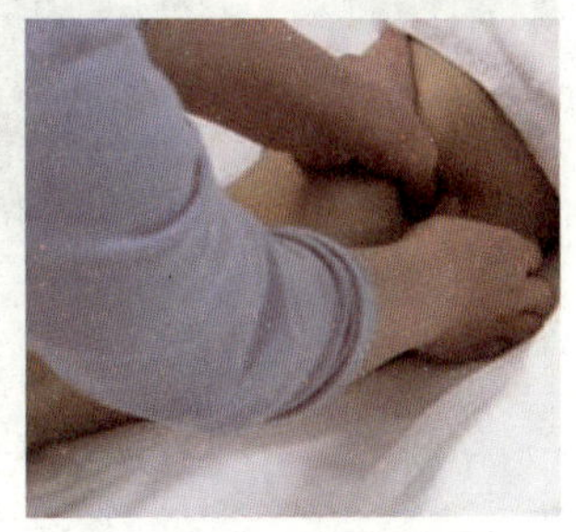

足少阴肾经按摩

美容师站在顾客脚下位，按照足少阴肾经手法按摩（重复动作2遍）。

注意：点按穴位要由浅逐渐变深，再由深逐渐变浅；推抹时双手拇指竖位，不要横向推抹。

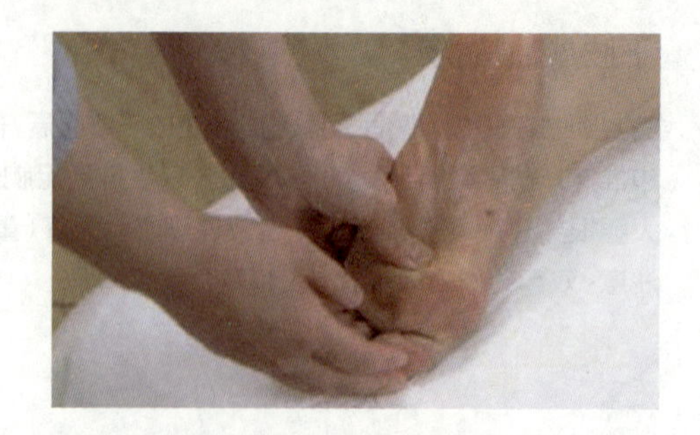

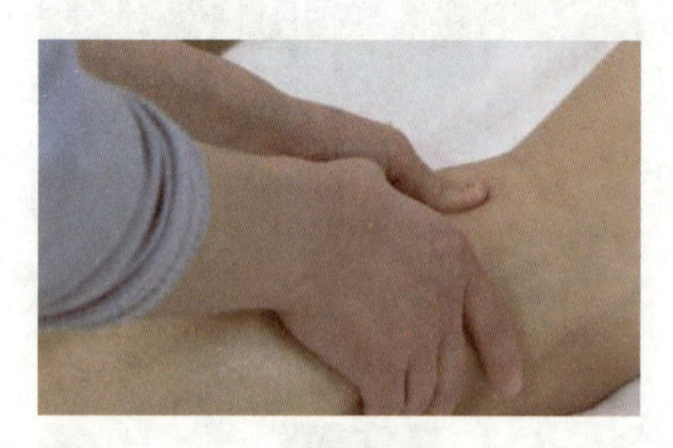

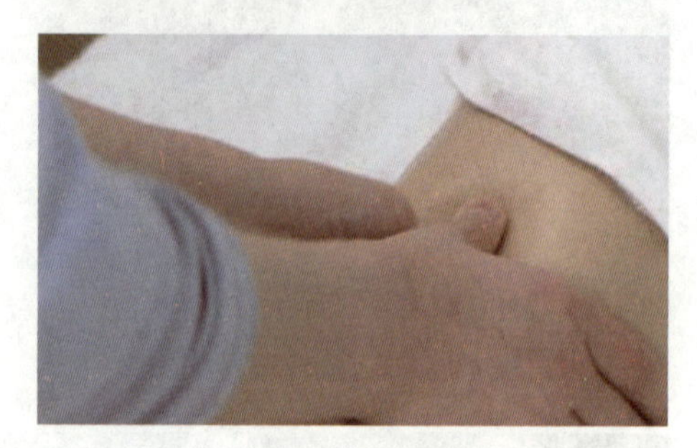

足厥阴肝经按摩

美容师站在侧位，按照足厥阴肝经的手法操作（重复动作2遍）。

注意：推抹足厥阴肝经时按照相反的方向推抹；点按穴位要由浅逐渐变深，再由深逐渐变浅。

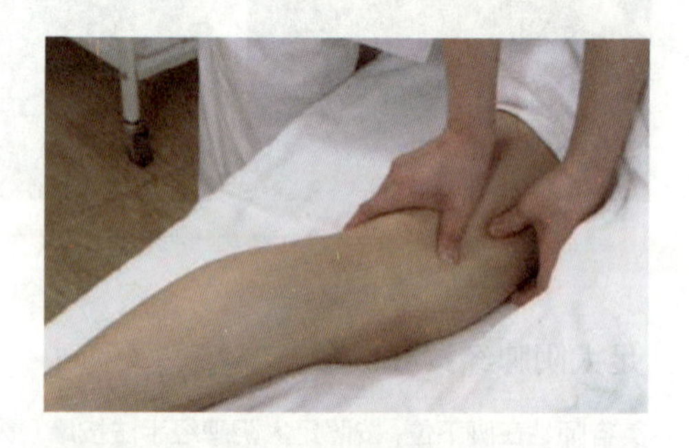

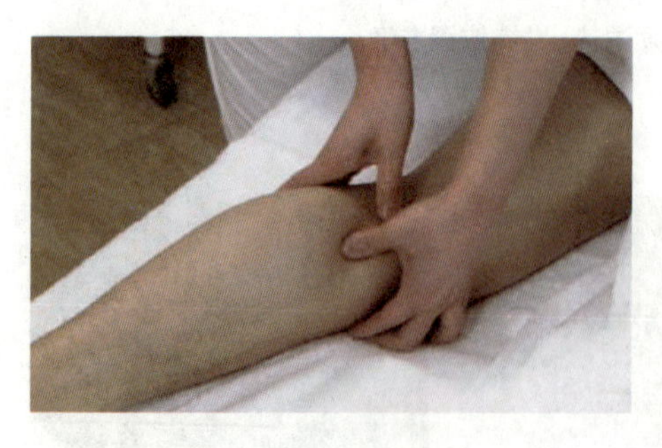

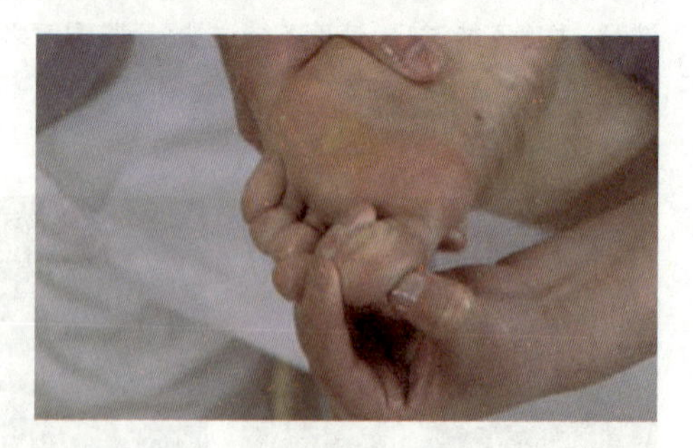

安抚

美容师站在侧位，双手横向放足腕部向上推抹至大腿根部，再从大腿根部回到足腕部。一侧腿部护理完后，为顾客盖上毛巾被并按抚（重复动作3遍）。

注意：双手必须是温热的；掌控好力度与速度。

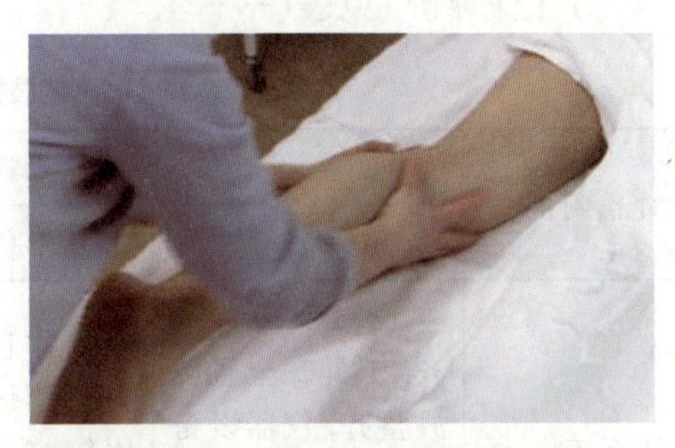

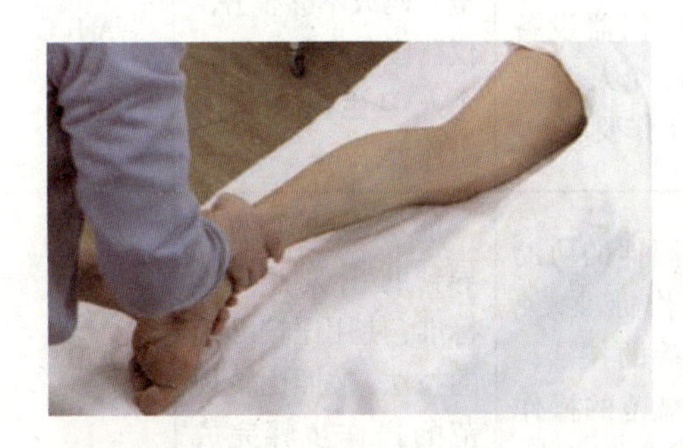

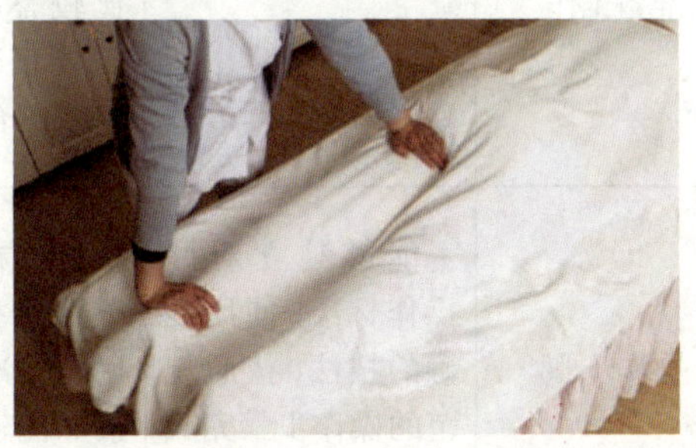

三、学生实践

（一）布置任务

四肢护理前准备工作

地点：学生两人一组在实习室进行四肢护理操作。

工具：75%酒精、棉球（片）、棉球容器、毛巾、美容床、基础按摩油。要求：

①腿部上足厥阴肝经一定要逆行推抹。原因是：春、秋、冬三个季节天气干燥，容易上火，而肺火是最容上升的，所以在推抹时要逆经而上，起到泻火的作用。

②在做经络按摩时，要根据顾客的状态按摩。如正在感冒者推抹手太阴肺经时可逆经推抹（顺经为补，逆经为泻）。

③天冷时需要注意室内的温度。

你可能会遇到的问题：

①在做腿部的经络按摩时经常推着推着就推到另一条经络上怎么办？

②腿部有轻微静脉曲张能按摩吗？

(二)工作评价(见表1-4-2)

表1-4-2 四肢护理工作评价标准

评价内容	评价标准			评价等级
	A(优秀)	B(良好)	C(及格)	
准备工作	工作区域干净整齐,工具齐全且码放整齐,仪器设备安装正确,个人卫生仪表符合工作要求	工作区域干净整齐,工具齐全且码放比较整齐,仪器设备安装正确,个人卫生仪表符合工作要求	工作区域比较干净整齐,工具不齐全且码放不够整齐,仪器设备安装正确,个人卫生仪表符合工作要求	A B C
操作步骤	能够独立对照操作标准,使用准确的技法,按照规范的操作步骤完成实际操作	能够在同伴的协助下对照操作标准,使用比较准确的技法,按照比较规范的操作步骤完成实际操作	能够在老师的指导帮助下,对照操作标准,使用比较准确的技法,按照比较规范的操作步骤完成实际操作	A B C
操作时间	在规定时间内完成任务	规定时间内在同伴的协助下完成任务	在规定时间内在老师帮助下完成任务	A B C
操作标准	四肢部位按摩穴位准确、到位、标准	四肢部位按摩穴位比较准确、到位	四肢部位按摩穴位不准确	A B C
	配合顾客要求,力度由轻到重	配合顾客要求,力度比较适中	配合顾客要求,力度有点偏轻	A B C
	配合顾客呼吸,能以均匀的速度按摩四肢部位	配合顾客呼吸,速度掌握得比较好	速度掌握不流畅	A B C
	能够按照标准完成四肢部位按摩	能够按照标准完成四肢部位按摩	能够按照标准完成四肢部位按摩	A B C
整理工作	工作区域干净整洁无死角,工具仪器消毒到位,收放整齐	工作区域干净整洁,工具仪器消毒到位,收放整齐	工作区域较凌乱,工具仪器消毒到位,收放不整齐	A B C
学生反思				

四、知识链接

改善手脚冰冷的足浴方

冬季天气寒冷，很多人都会有手脚冰冷的问题出现。这些人无论穿多厚的袜子、戴多厚的手套，手脚就是无法暖起来，甚至睡觉时一整晚都是手脚冷冰冷冰的，有时候甚至一整晚因为手脚冰冷而无法入睡。那么手脚冰冷的人该怎么办呢?其实手脚冰冷不妨试一下足浴，虽不能马上显效，但是睡前泡一泡脚，可以改善因手脚冰冷无法入眠的症状。下面就为大家介绍几个驱寒的足浴方。

1. 艾草、苍术、鸡血藤各50克

此方子中艾草驱寒温经，苍术祛风化湿，鸡血藤活血行瘀。用这三味中药煮水用来泡脚可以预防感冒，帮助睡眠，增进气血运行。

2. 生姜15～30克

生姜在中医上属于辛温解表药，有祛寒解表的作用，而且毒副作用较小。现代医学认为生姜能够刺激毛细血管，改善局部血液循环和新陈代谢，怕冷、容易手脚冰凉的人可以用生姜泡脚。

3. 桂枝15～30克

桂枝在中医上属于辛温解表药，有温经散寒的作用，用之泡脚可以温经通络，改善血液循环，从而起到改善手脚冰冷的症状。

4. 艾草15～30克

据《本草纲目》记载，艾草是性温、味苦、无毒的一味药。它具有回阳、理气血、逐湿寒、止血安胎等功效，也常用于针灸，故又被称为“医草”。用艾草泡脚还能够改善肺功能，对于患有慢性支气管炎和容易咳白痰的人很有好处。

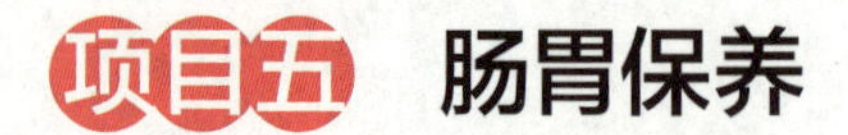

项目五 肠胃保养

项目描述:

人们在日常生活中饮食的不规律与不卫生、工作生活的不规律、睡眠质量不好等多种因素破坏肠胃黏膜，使肠胃功能减弱，从而引起多种肠胃疾病，如：胃胀、胃热、胃不消化等。通过肠胃保养可以使肠胃功能增强，促进食物的消化、吸收和代谢。

工作目标:

①能够说出消化系统的组成。

②能够说出肠胃保养的功效。

③能够熟练掌握肠胃保养护理的技巧与方法。

④能够按照标准流程完成肠胃保养。

⑤通过动手实践能够使学生积极参与教学活动，提高了学生理论联系实际、与时俱进的工作理念，培养了学生在实践中检验真理和发展真理的方法的职业能力。

一、知识准备

(一)消化系统的组成

(1)消化管

口腔—咽—食管—胃—十二指肠—空肠—回肠—盲肠—升结肠—横结肠—降结肠—乙状结肠—直肠—肛门。

(2)消化腺

肝：肝是第一大消化腺，主要部分在右肋区和腹上区，大部分为肋弓所覆盖，只有小部分延伸到左肋区，仅在腹上区处，成年人腹上区剑突下3~5cm范围能触及肝前缘，右肋弓下缘不应触及。小孩位置较低，露出右肋弓属正常。

肝的功能包括：分泌胆汁，帮助消化吸收脂肪，储存糖原。饮食中的淀粉和糖类消化后变成葡萄糖经肠道吸收，肝脏将它合成肝糖原储存起来；当机体需要时，肝细胞又能把肝糖原分解为葡萄糖供机体利用，用以解毒（解酒精、体内不溶物、重金属）。

胰腺：人体第二大消化腺。位于胃后方第1、2腰椎的高处，横贴左壁位置较深。功能包括：外分泌腺分泌胰液，分解蛋白、糖类、脂肪，帮助消化；内分泌腺分泌胰岛素、调节血糖代谢。

胆：位于右肋骨下肝脏后方，为梨形囊袋构造。作用是浓缩和储存胆汁。消化系统整体见图1-5-1。

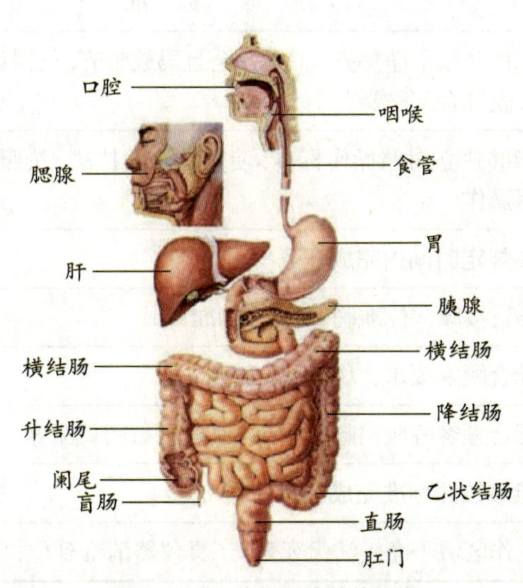

图1-5-1　消化系统整体示意

（二）消化系统的功能

人体在整个生命活动中，必须从外界摄取营养物质作为生命活动能量的来源，满足人体发育、生长、生殖、组织修补等一系列新陈代谢活动的需要。人体消化系统各器官协调合作，对从外界摄取的食物进行物理性、化学性的消化，吸收其营养物质，并将食物残渣排出体外，它是保证人体新陈代谢正常进行的一个重要系统。

（三）肠胃保养按摩的功效

①促进消化；

②帮助肠道蠕动，有利于代谢；

③改善胃肠道功能，增强血管的通透性；

④改善皮肤微循环，加强皮肤新陈代谢，增加皮肤弹性与韧性。

(四) 工具准备

肠胃保养需要准备的工具：75%酒精、棉球（片）、棉球容器、毛巾、美容床、专用按摩油。

二、工作过程

(一) 工作标准（见表1-5-1）

表1-5-1 肠胃保养工作标准

内 容	标 准
准备工作	工作区域干净整齐，工具齐全且码放整齐，仪器设备安装正确，个人卫生仪表符合工作要求
操作步骤	能够独立对照操作标准，使用准确的技法，按照规范的操作步骤完成实际操作
操作时间	在规定时间内完成任务
操作标准	肠胃按摩穴位准确、到位、标准
	配合顾客要求，力度由轻到重
	配合顾客呼吸，能以均匀的速度进行肠胃保养
	能够按照标准完成肠胃保养
整理工作	工作区域干净整洁无死角，工具仪器消毒到位，收放整齐

(二) 关键技能

肠胃按摩

展油及八卦按抚

美容师站在侧位，取适量专用按摩油放于掌心展开，将双手放在肚脐两侧，双手以顺时针八卦方式按抚腹部（重复动作5遍）。

注意：美容师双手温度适中，不能是凉的；八卦按抚时要围绕肚脐周围，避开肚脐。

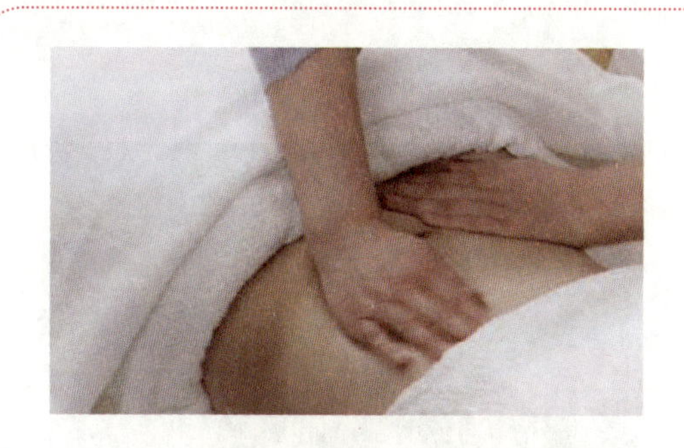
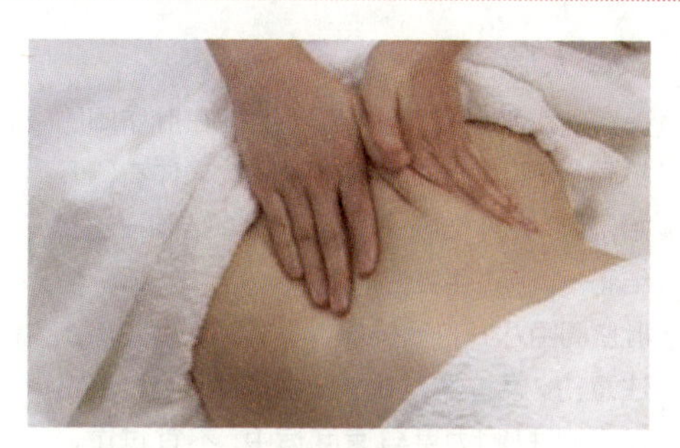

提拉腰部赘肉

美容师站在美容床右侧，双手放在左侧腰部，双手交替式将左侧腰部赘肉向右侧提拉至肚脐，然后双手放在右侧腰部，交替式向左侧推抹至肚脐（重复动作5遍）。

注意：操作时，美容师双脚分开与肩同宽，方便带力；操作时，美容师双手紧贴于皮肤上。

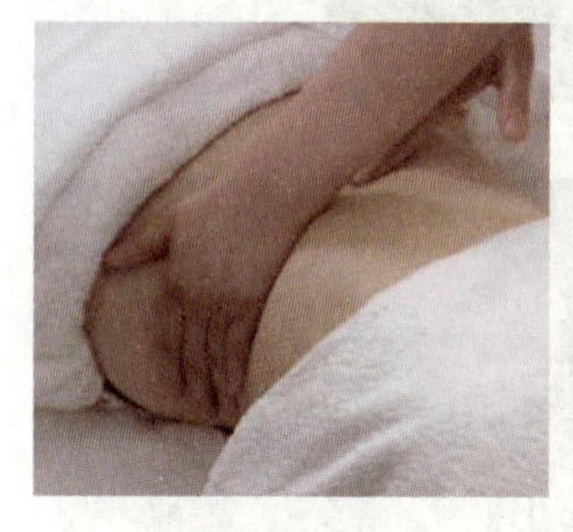
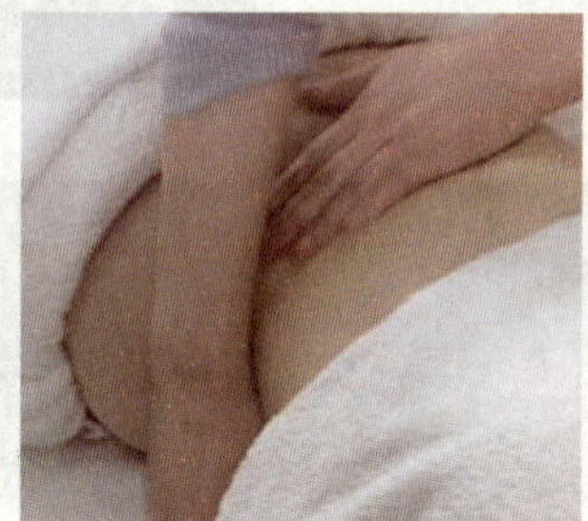
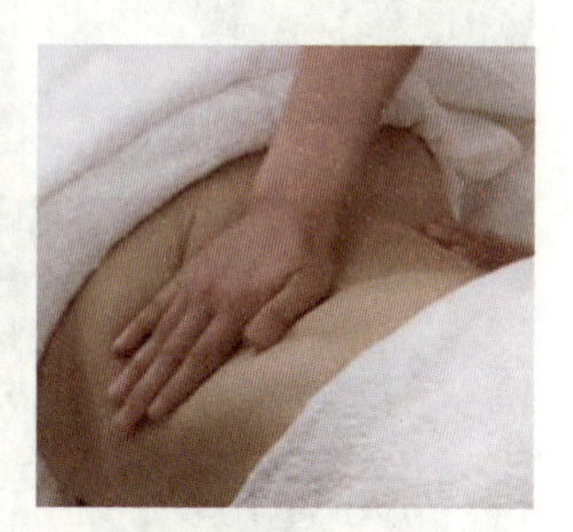

波浪式推抹腹部

美容师双手交错重叠横向放在肚脐上（即小肠部位），双手四指向内侧搂，然后双手掌根轻轻向外侧推（重复动作10遍）。

注意：双手推、搂时力度不要太重。

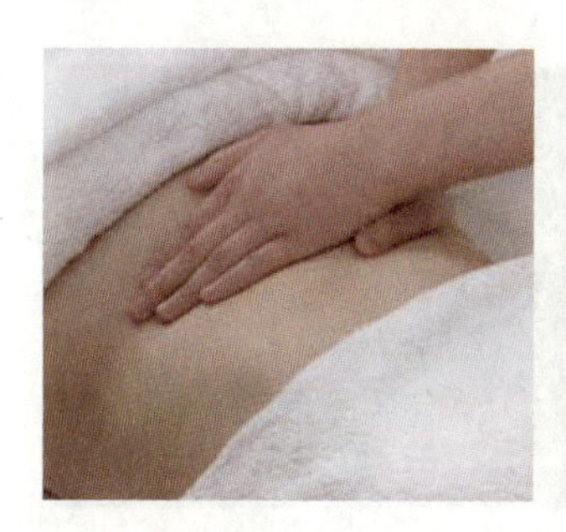
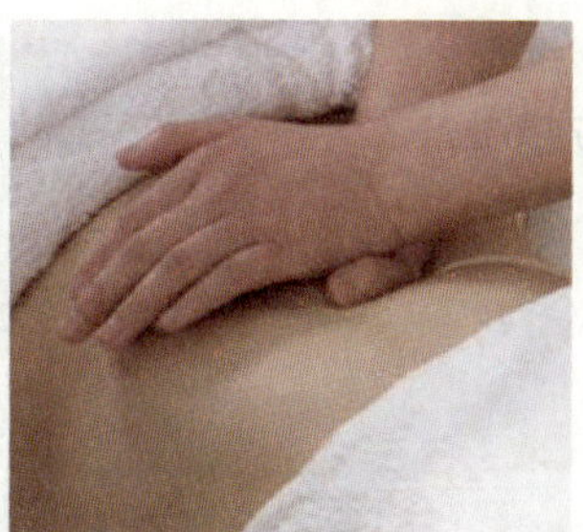
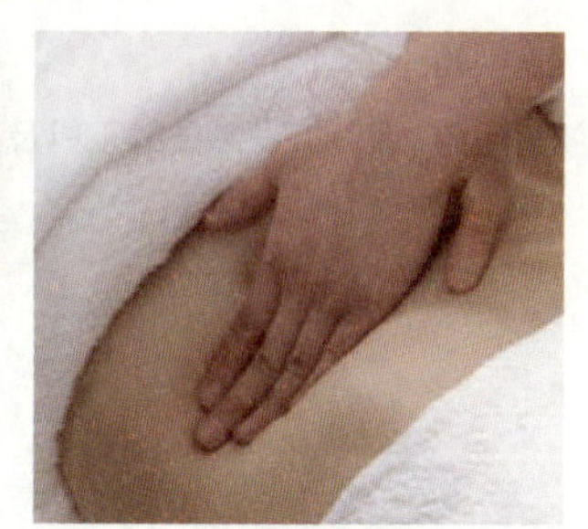

按摩大肠

美容师双手叠摞，利用双手四指在肚脐周围打圈（按照大肠的顺序打圈）从人体右侧开始，顺序为升结肠一横结肠一降结肠一乙状结肠一直肠。手竖位滑下。

肚脐周围八卦打圈按抚。

注意：按摩位置准确（打圈范围要大，不宜过小）；打圈力度与速度适中，不宜过重、过快。

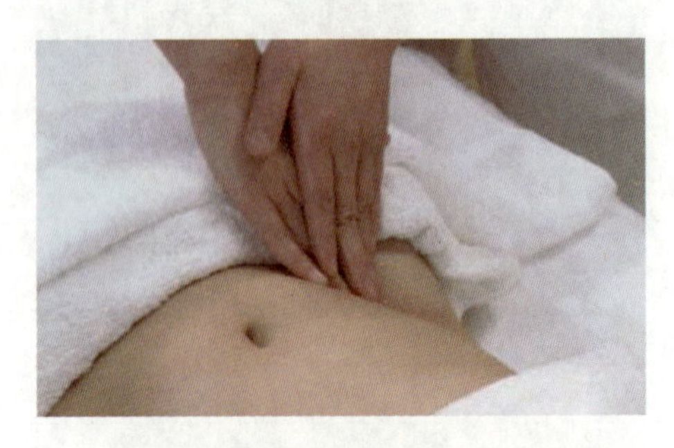

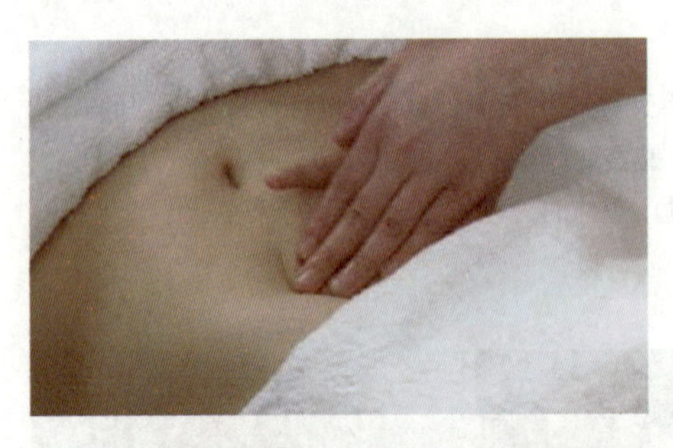

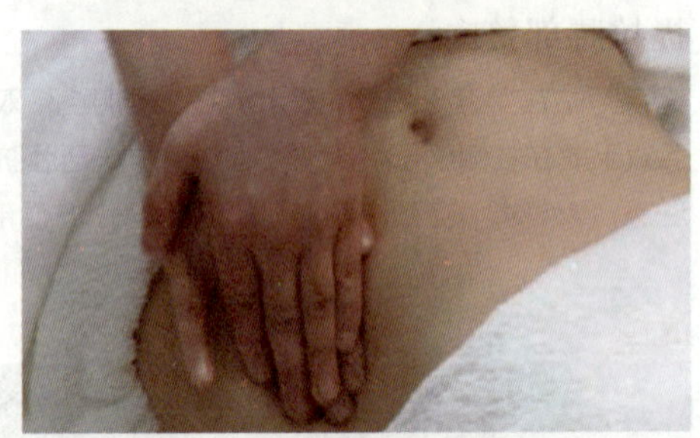

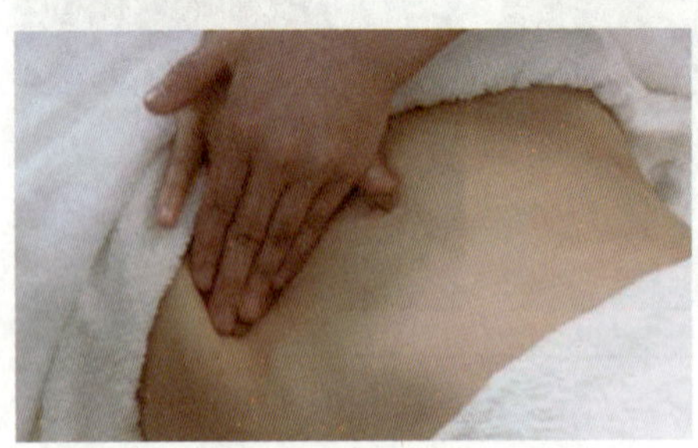

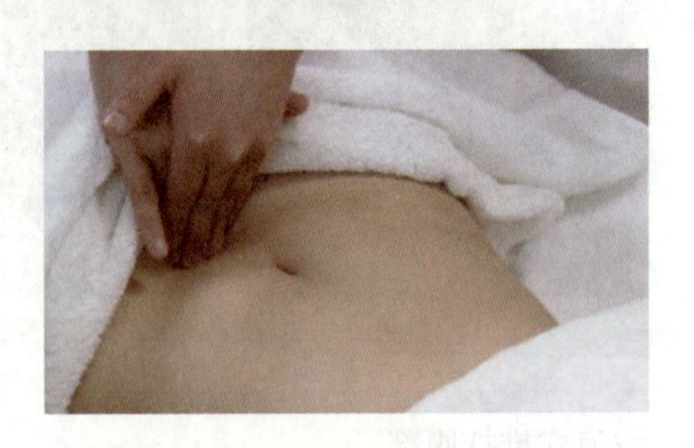

（三）操作程序

常规准备工作

按照肠胃保养护理需要的工具及产品准备。

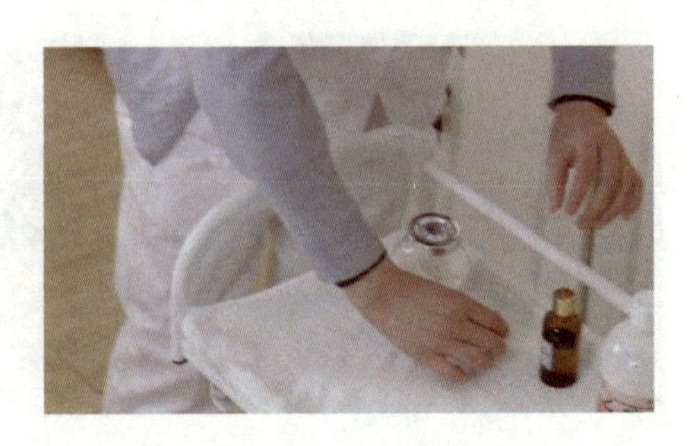

消毒

用酒精棉给双手进行消毒。

展油及八卦按抚

美容师站在侧位，按照展油及八卦按抚的手法进行腹部按摩（重复动作2遍）。

注意：美容师双手必须保持温度，切忌冰凉。

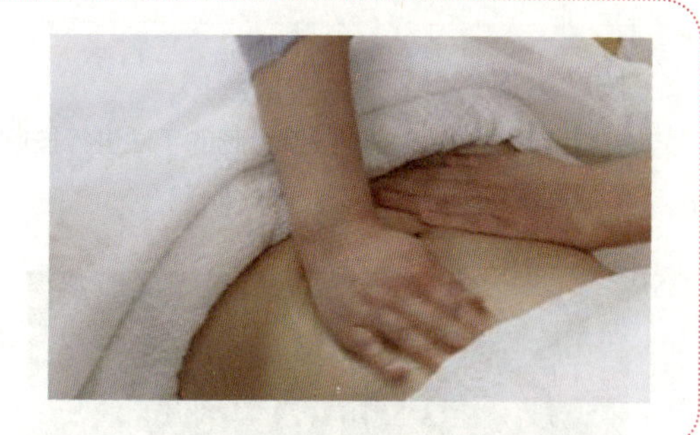

提拉腰部赘肉

按照提拉腰部赘肉的手法进行操作（重复动作20遍）。

注意：按摩位置准确；力度与速度适中，不宜过重、过快；双手必须紧贴皮肤，不得翘指或中途离开顾客皮肤。

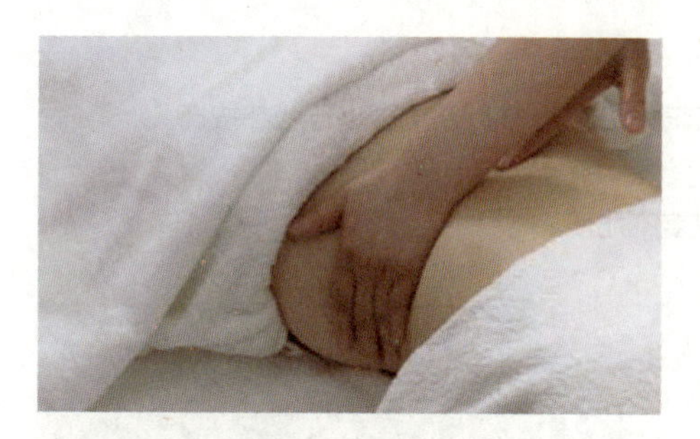

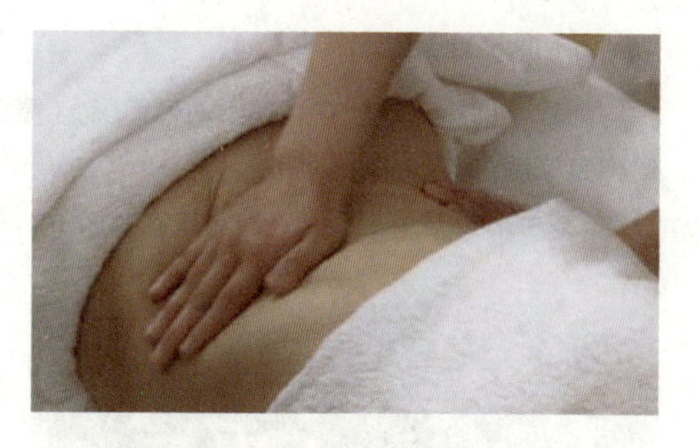

波浪式推抹腹部

美容师站在侧位，按照波浪式推抹腹部的手法进行小肠部位的按摩（重复动作10遍）。

注意：按摩位置准确；推拉力度与速度适中，不宜过重、过快；推拉时双手掌面紧贴顾客腹部，不要在皮肤表面推拉。

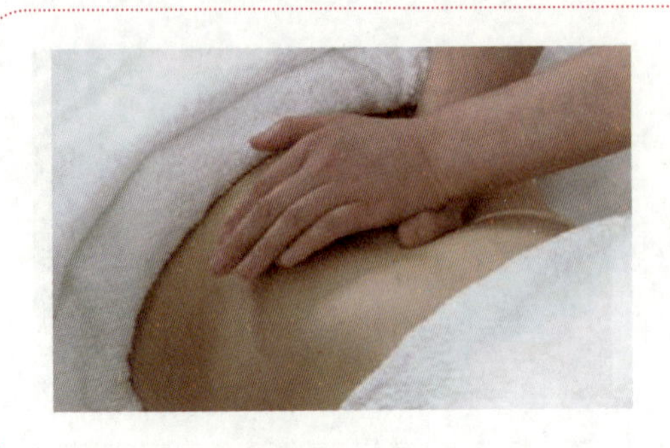
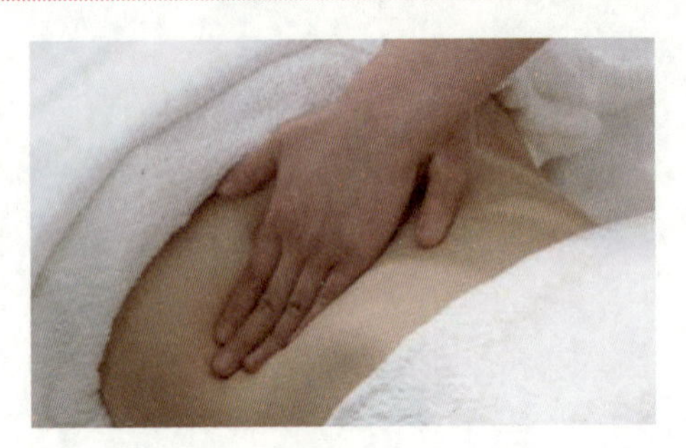

按摩大肠

美容师站在侧位，按照按摩大肠的手法进行按摩（重复动作3遍）。注意：打圈的范围要大，不要在肚脐周围打圈。

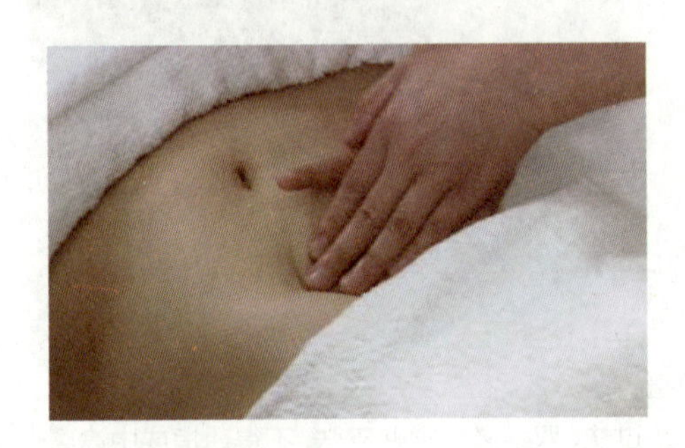
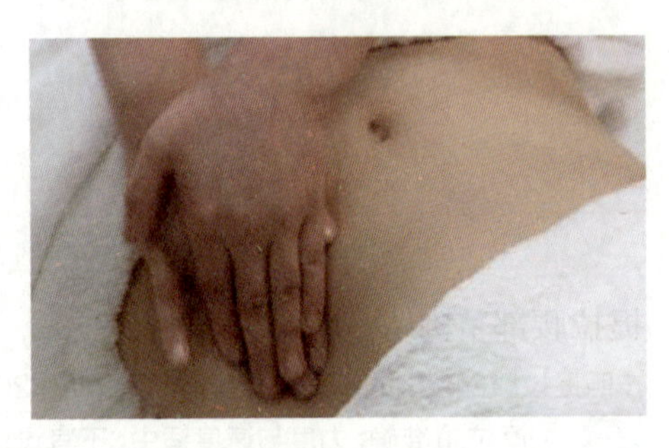

热敷肚脐（神阙穴）

美容师双手搓热迅速放在肚脐上方停留5秒（重复动作2遍）。在肚脐周围进行八卦按抚。

动作完毕后，为客人盖好毛巾被。

注意：双手必须搓到发热后，迅速放到肚脐上，速度不能慢。

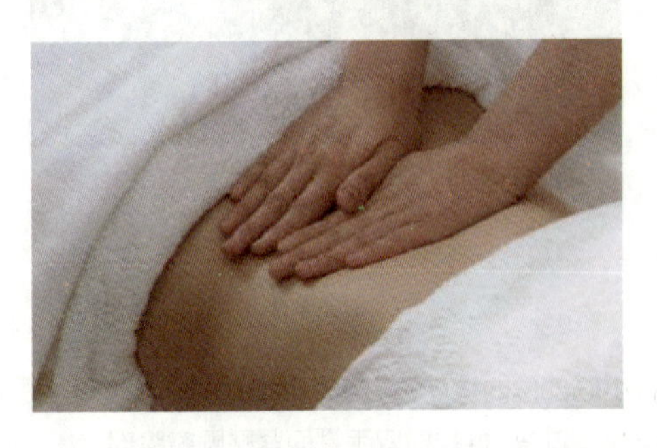
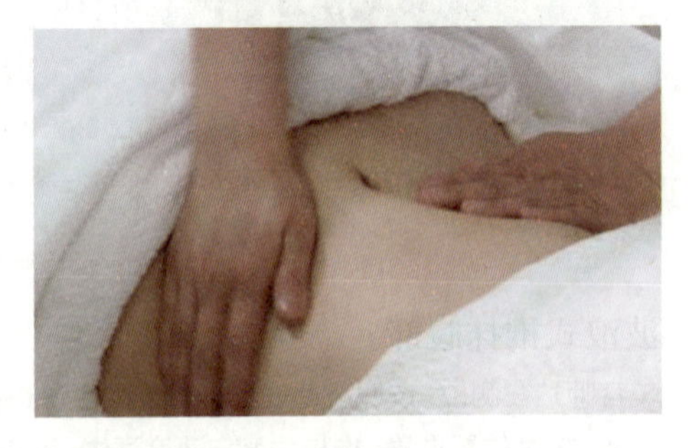

三、学生实践

(一) 布置任务

肠胃保养按摩前准备工作

地点：学生两人一组在实习室进行肠胃保养操作。

工具：75%酒精、棉球（片）、棉球容器、毛巾、美容床、专用按摩油。要求：

①正在月经期的学生禁止操作此护理按摩。

②在操作前学生互相检查对方的服装是否整齐、指甲是否合格。

③按照接待流程完成护理前的准备工作。

你可能会遇到的问题：

①按摩时，顾客腹部感觉胀气怎么办？

②打圈按摩大肠时，位置容易找不准怎么办？

(二) 工作评价 (见表1-5-2)

表1-5-2 肠胃保养工作评价标准

评价内容	评价标准			评价等级
	A（优秀）	B（良好）	C（及格）	
准备工作	工作区域干净整齐，工具齐全且码放整齐，仪器设备安装正确，个人卫生仪表符合工作要求	工作区域干净整齐，工具齐全且码放比较整齐，仪器设备安装正确，个人卫生仪表符合工作要求	工作区域比较干净整齐，工具 不齐全，且码放不够 整齐，仪器设备安装正确，个人卫生仪表符合工作要求	A B C
操作步骤	能够独立对照操作标准，使用准确的技法，按照规范的操作步骤完成实际操作	能够在同伴的协助下对照操作标准，使用比较准确的技法，按照比较规范的操作步骤完成实际操作	能够在老师的指导帮助下，对照操作标准，使用比较准确的技法，按照比较规范的操作步骤完成实际操作	A B C
操作时间	在规定时间内完成任务	规定时间内在同伴的协助下完成任务	规定时间内在老师帮助下完成任务	A B C

续表

评价内容	评价标准			评价等级
	A（优秀）	B（良好）	C（及格）	
操作标准	肠胃按摩穴位准确、到位、标准	肠胃按摩穴位比较准确、到位	肠胃按摩穴位不准确	A B C
	配合顾客要求，力度由轻到重	配合顾客要求，力度比较适中	配合顾客要求，力度有点偏轻	A B C
	配合顾客呼吸，能以均匀的速度进行肠胃保养护理	配合顾客呼吸，速度掌握得比较好	速度掌握不流畅	A B C
	能够按照标准完成肠胃保养按摩	能够按照标准完成肠胃保养按摩	能够按照标准完成肠胃保养按摩	A B C
整理工作	工作区域干净整洁无死角，工具仪器消毒到位，收放整齐	工作区域干净整洁，工具仪器消毒到位，收放整齐	工作区域较凌乱，工具仪器消毒到位，收放不整齐	A B C
学生反思				

四、知识链接

肠胃保养的作用

重视自我保健对祛病延年有着积极意义。患有胃炎和便秘的患者，如日常重视定期进行肠胃保养，则胃炎、便秘易痊愈。

定期肠胃保养可改善肠胃功能，重建健康的肠腔环境，恢复人体排毒系统的正常机能，令肠胃恢复年轻态。肠胃好，毒素、便秘就远离，身体自然健康有活力！

肠胃保养有助于排除体内毒素、净化体内环境、抑制有害物质的吸收、防止毒素侵害健康和容颜；激活微循环，加快新陈代谢，促进毒素排出体外；刺激大肠壁自律神经，增加肠动力，保持肠腔湿润，防止大便干燥秘结、腹胀、青春痘发生等。能快速清空胃肠道食物残渣宿便及多余脂肪，减少肠道吸收。可令腰腹迅速变小，同时，加快食物在消化道通过的速度，有效减少吸收，从源头提高瘦身效果。

改善胃肠道功能（润肠通便）能增强皮肤血管的通透性，改善皮肤微循环，加速皮肤的新陈代谢，增强表皮的弹性和韧性，减少并预防皱纹的产生，使皮肤不再粗糙，皮肤变得更加光滑细腻，提高免疫力；长期调理具有美容养颜的效果。

项目六 女性保养之子宫保养

项目描述：

有句话叫“十女九寒”，说明很多女性的体质都偏向寒性。寒性体质的特点是四肢容易冰冷、对气候转冷特别敏感，脸色比一般人苍白，喜欢喝热水，很少口渴，冬天怕冷， 夏天耐热。寒性体质大多是后天造成的。女性宫寒容易导致不孕不育、痛经、月经不调、白带多等症状，通过外在的子宫保养，再加上平时的生活与饮食的注意，可以帮助女性改善宫寒现象。

工作目标：

①能够说出子宫的结构及功能。

②能够说出子宫按摩的好处。

③能够掌握子宫按摩的技巧与手法。

④能够按照标准流程完成子宫保养按摩。

⑤通过实践活动不断积累工作经验，提升自身综合职业能力，培养学生对专业得深刻掌握。

一、知识准备

(一) 女性生殖系统结构的组成

子宫结构包括卵巢—输卵管—子宫—子宫内膜—阴道（见图1–6–1）。

(二) 女性生殖系统各结构的功能

卵巢功能：产生卵细胞，分泌雌性激素。

输卵管功能：具有输送精子、卵子和受精卵以及提供精子储存、提供受精场所等生理功能。

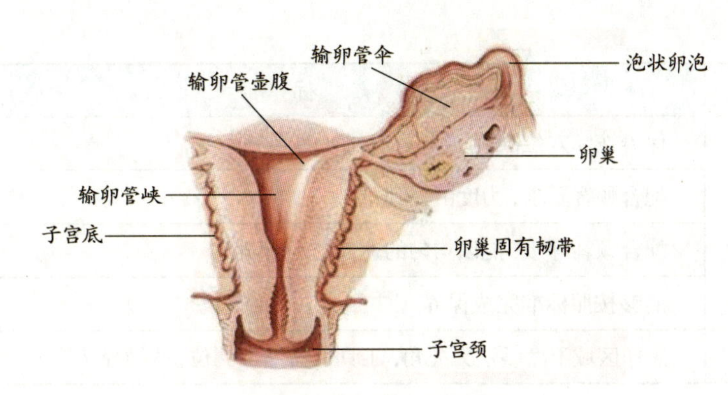

图1-6-1　子宫结构组成

子宫内膜功能：为粉红色的黏膜组织，受卵巢激素的影响而发生周期性的内膜脱落，而子宫内膜脱落的过程就是“月经”。

阴道功能：精子进入和胎儿分娩出口。

（三）子宫保养的功效

①减少女性月经疼痛；

②缓解月经不调；

③调解微循环，暖宫；

④缓解小腹的坠涨。

（四）工具准备

子宫保养需要准备的工具：75%酒精、棉球（片）、棉球容器、毛巾、美容床、专用按摩油。

二、工作过程

（一）工作标准（见表1-6-1）

表1-6-1　子宫保养工作标准

内　容	标　准
准备工作	工作区域干净整齐，工具齐全且码放整齐，仪器设备安装正确，个人卫生仪表符合工作要求
操作步骤	能够独立对照操作标准，使用准确的技法，按照规范的操作步骤完成实际操作
操作时间	在规定时间内完成任务

续表

内 容	标 准
操作标准	保养按摩穴位准确、到位、标准
	配合顾客要求，力度由轻到重
	配合顾客呼吸，能以均匀的速度进行保养
	能够按照标准完成保养
整理工作	工作区域干净整洁无死角，工具仪器消毒到位，收放整齐

（二）关键技能

子宫按摩

点穴

第一个穴位：双手拇指点按肚脐两侧约1.5寸（天枢穴）。

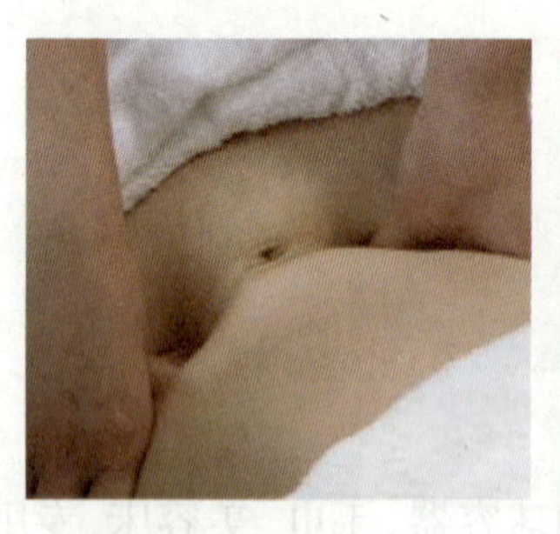

第二个穴位：双手拇指重叠点按肚脐下1.5寸（气海穴）。

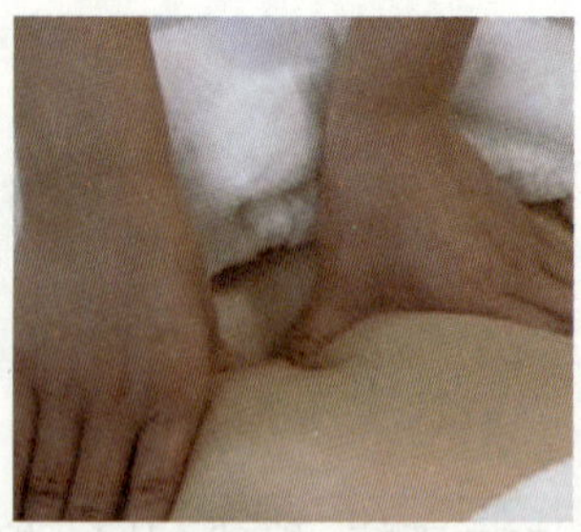

第三个穴位：双手拇指重叠点按肚脐下2寸（关元穴）。

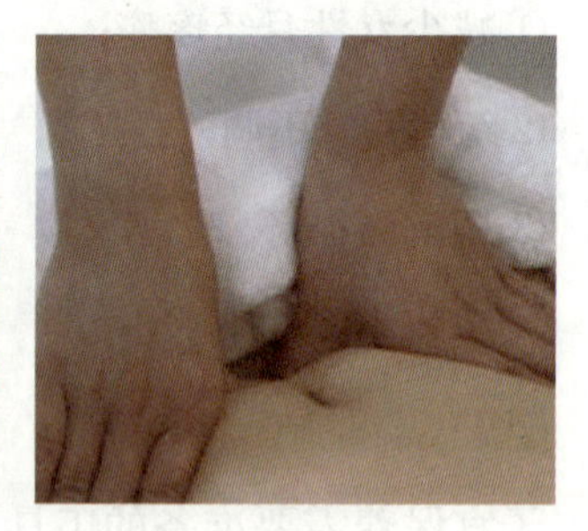

注意：双手一定要保持温度；点按时力度由轻逐渐变重，收回时由重慢慢变轻，速度不宜过快。

热敷肚脐

双手搓热迅速放在肚脐上方停留5秒后，再重复动作一遍。

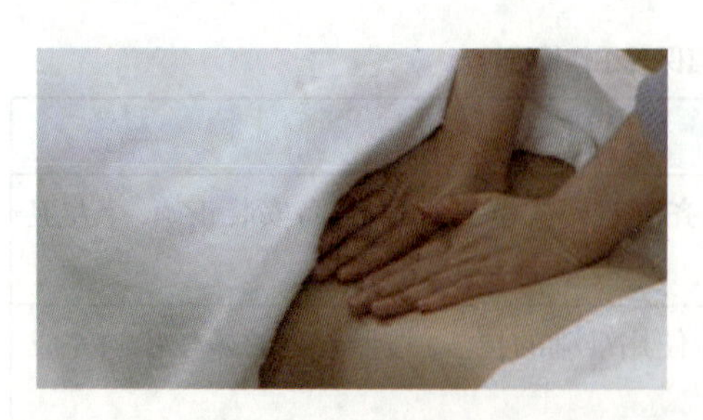

在肚脐周围进行八卦打圈按抚。

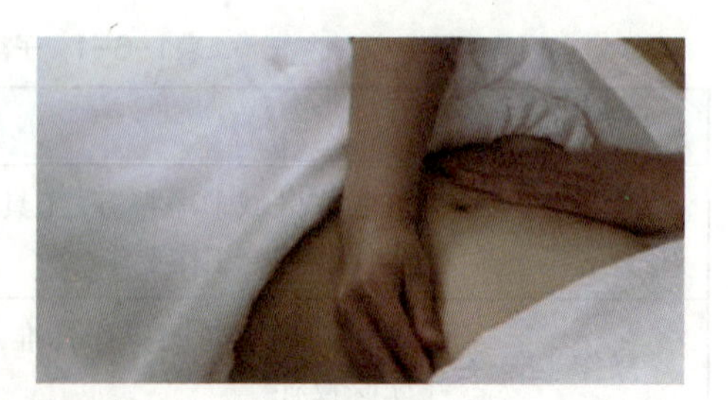

注意：双手必须搓到热后，迅速放到肚脐上，速度不能慢。

（三）操作程序

常规准备工作

按照常规准备工作将仪容仪表、工具、产品准备齐全。

消毒

用酒精棉将双手消毒。

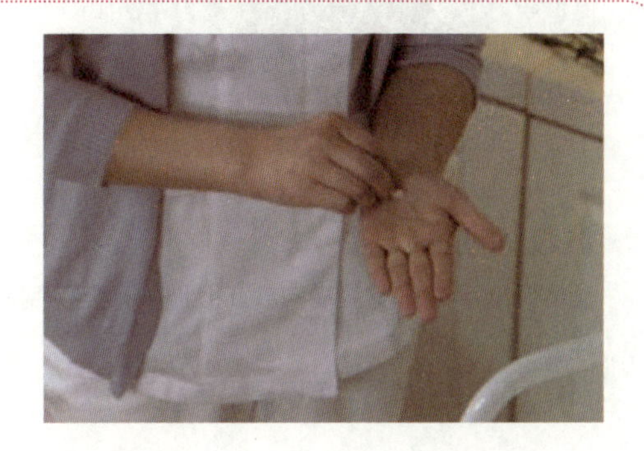

展油及八卦按抚

美容师站在侧位，取适量专用按摩油放于掌心展开，双手八卦式在肚脐周围顺时针打圈按抚（重复动作2遍）。

注意：指甲不能过长，避免抓伤皮肤；双手必须保持温度，切忌冰凉。

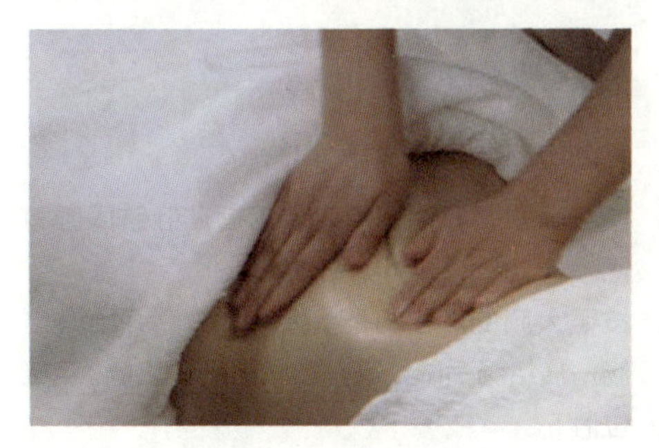

提拉腰部赘肉

美容师站在美容床右侧，双手放在左侧腰部，双手交替式将左侧腰部赘肉向右侧提拉至肚脐，然后双手放在右侧腰部，交替式向左侧推拉至肚脐（重复动作5遍）。

注意：两手交替式提拉时，美容师双脚分开与肩同宽，方便带力；操作时，美容师双手紧贴于顾客皮肤上。

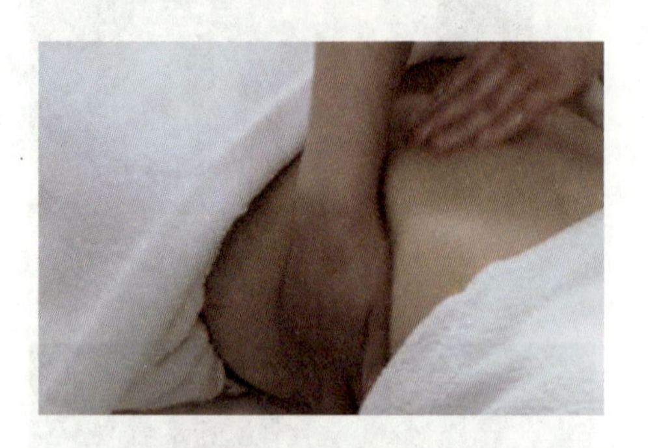

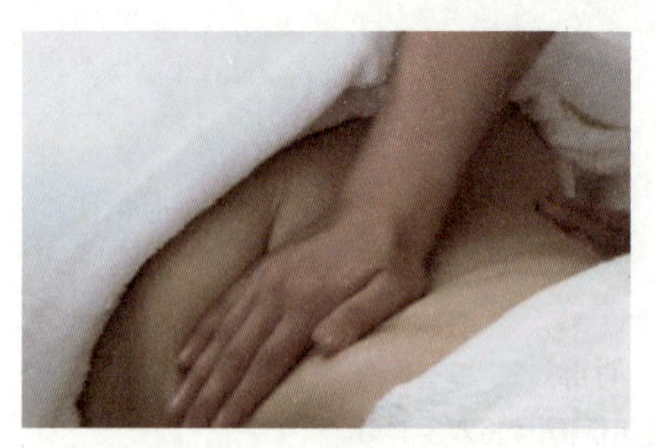

波浪式推抹腹部

美容师双手交错重叠横向放在肚脐上，双手四指向内侧搂，然后双手掌根轻轻向外侧推（重复动作10遍）。

注意：双手推、搂时力度不要太重。

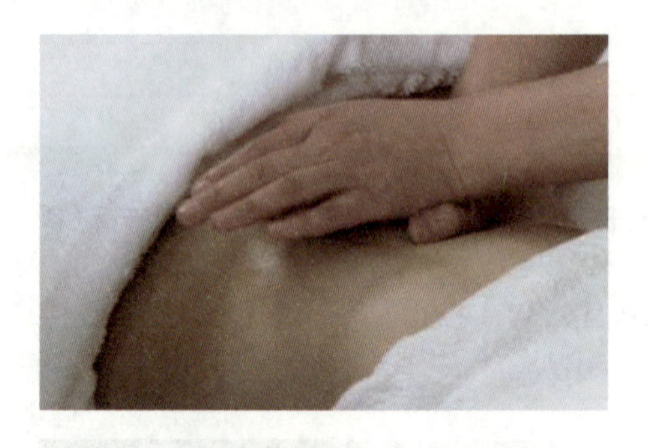

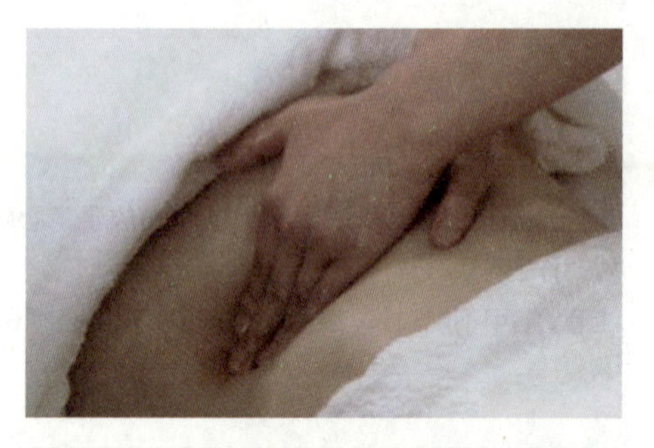

按摩大肠

美容师双手叠摞利用双手四指在肚脐周围打圈。

按照大肠的顺序打圈：从人体右侧开始升结肠—横结肠—降结肠—乙状结肠—直肠。手竖位滑下。

在肚脐周围进行八卦打圈按抚。

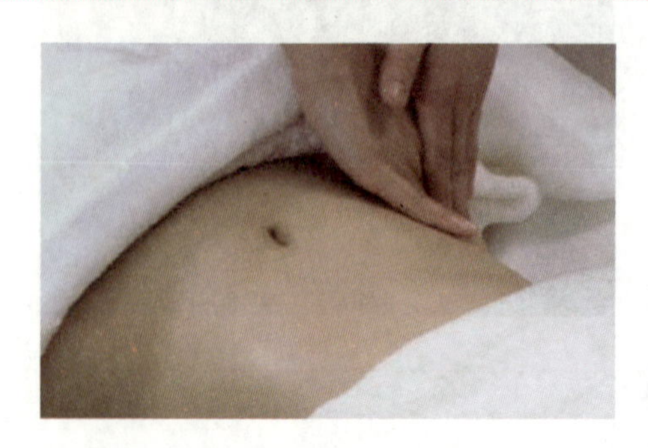

注意：按摩位置准确，打圈范围要大，不宜过小；打圈力度与速度适中，不宜过重、过快。

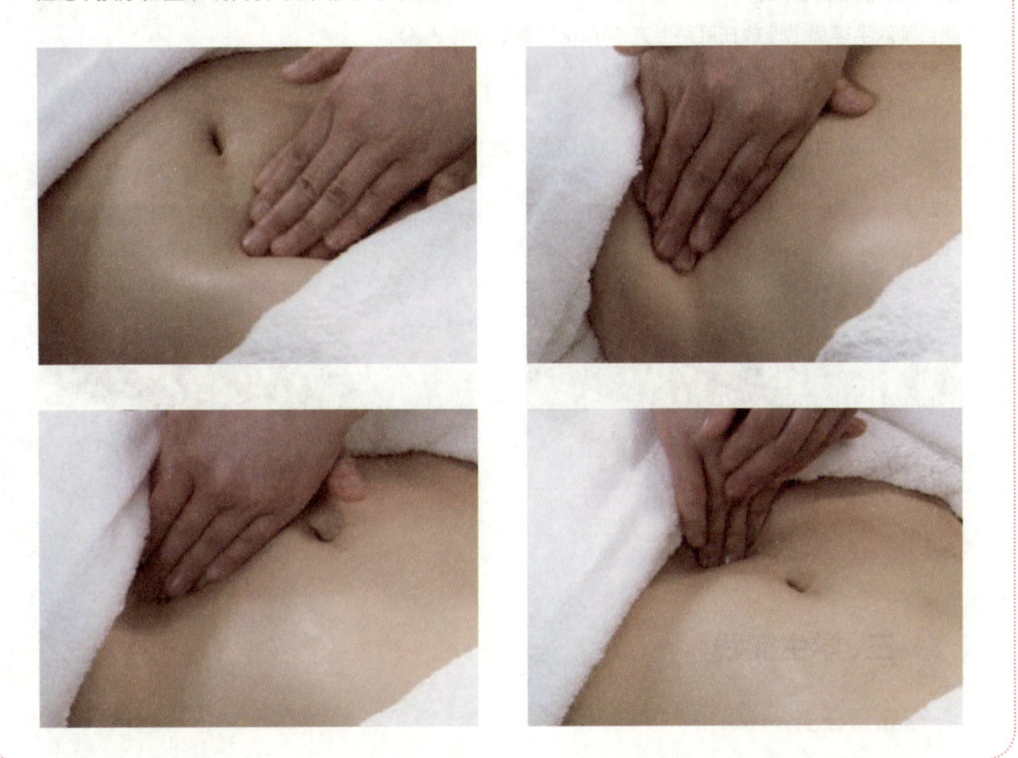

点穴

第一个穴位双手拇指点按肚脐两侧约1.5寸（天枢穴）。

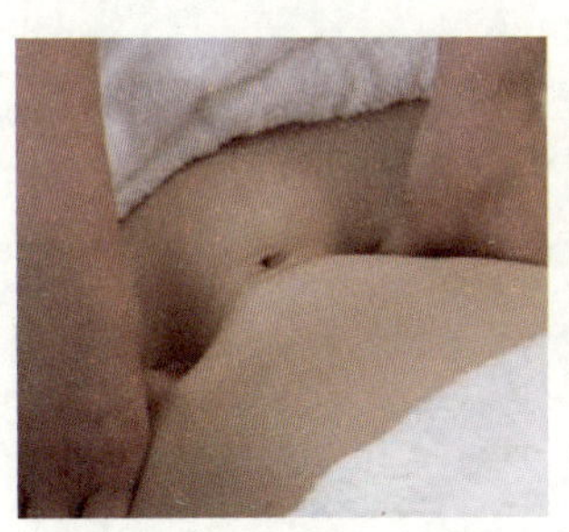

第二个穴位：双手拇指重叠点按肚脐下1.5寸（气海穴）。

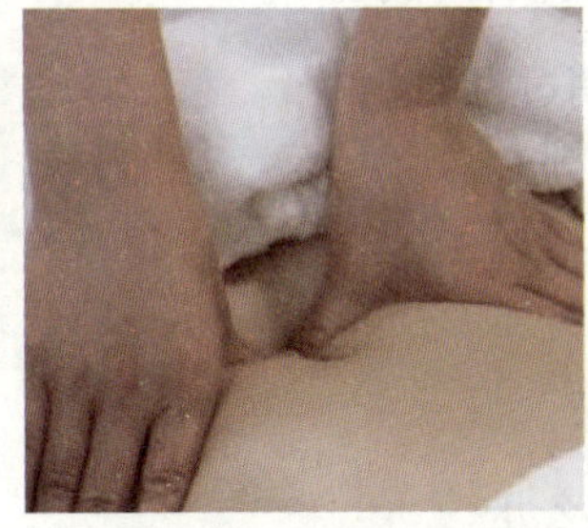

第三个穴位：双手拇指重叠点按肚脐下2寸（关元穴）。

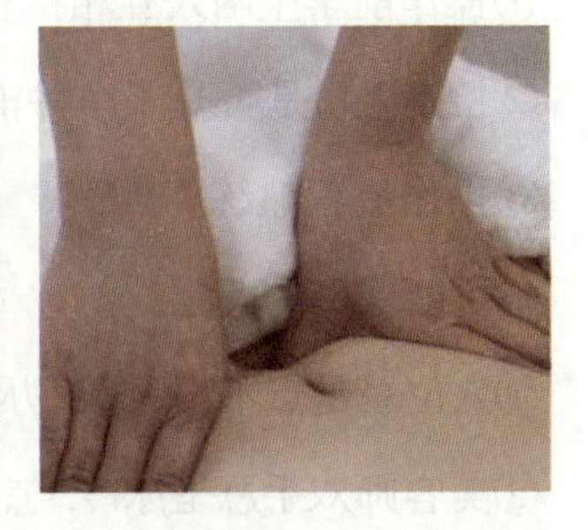

注意：双手一定要保持温度；点按时力度由轻逐渐变重，收回时由重慢慢变轻，速度不宜过快。

热敷肚脐（神阙穴）

美容师双手搓热迅速放在肚脐上方停留5秒（重复动作2遍）。

在肚脐周围进行八卦打圈按抚。

操作完后，为顾客盖上毛巾被。

注意：双手必须搓到发热后，迅速放到肚脐上，速度不能慢。

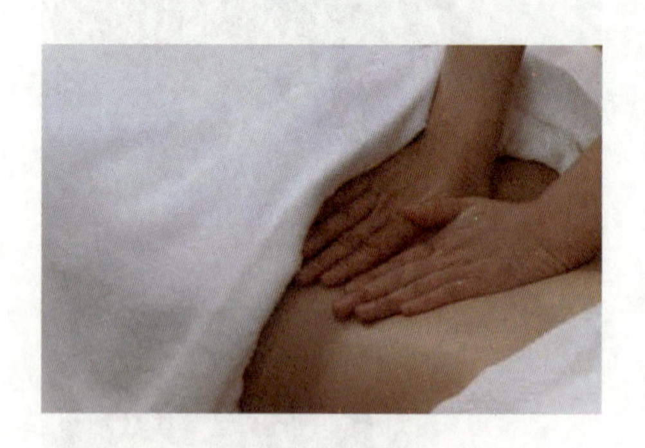

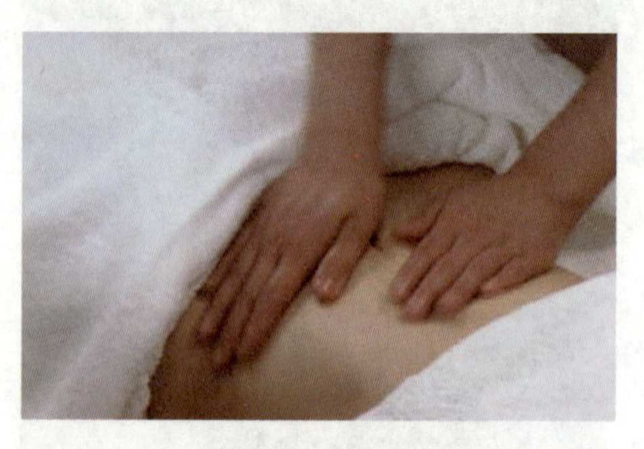

三、学生实践

（一）布置任务

女性保养之子宫保养前准备工作

地点：学生两人一组在实习室进行子宫保养操作。

工具：75%酒精、棉球（片）、棉球容器、毛巾、美容床、专用按摩油。要求：

①操作前学生两人互相检查仪容仪表。

②检查毛巾是否是干净并消过毒的。

③操作流程熟练。

你可能遇到的问题：

①穴位总是点不准，怎么办？

②美容师双手总是冰冷，怎么办？

（二）工作评价（见表1-6-2）

表1-6-2 子宫保养工作评价标准

评价内容	评价标准			评价等级
	A（优秀）	B（良好）	C（及格）	
准备工作	工作区域干净整齐，工具齐全且码放整齐，仪器设备安装正确，个人卫生仪表符合工作要求	工作区域干净整齐，工具齐全且码放比较整齐，仪器设备安装正确，个人卫生仪表符合工作要求	工作区域比较干净整齐，工具不齐全，且码放不够整齐，仪器设备安装正确，个人卫生仪表符合工作要求	A B C
操作步骤	能够独立对照操作标准，使用准确的技法，按照规范的操作步骤完成实际操作	能够在同伴的协助下对照操作标准，使用比较准确的技法，按照比较规范的操作步骤完成实际操作	能够在老师的指导帮助下，对照操作标准，使用比较准确的技法，按照比较规范的操作步骤完成实际操作	A B C
操作时间	在规定时间内完成任务	规定时间内在同伴的协助下完成任务	规定时间内在老师帮助下完成任务	A B C
操作标准	保养穴位准确、到位、标准	保养穴位比较准确、到位	保养穴位不准确	A B C
	配合顾客要求，力度由轻到重	配合顾客要求，力度比较适中	配合顾客要求，力度有点偏轻	A B C
	配合顾客呼吸，能以均匀的速度进行女性保养护理	配合顾客呼吸，速度掌握得比较好	速度掌握不流畅	A B C
	能够按照标准完成保养	能够按照标准完成保养	能够按照标准完成保养	A B C
整理工作	工作区域干净整洁无死角，工具仪器消毒到位，收放整齐	工作区域干净整洁，工具仪器消毒到位，收放整齐	工作区域较凌乱，工具仪器消毒到位，收放不整齐	A B C
学生反思				

四、知识链接

腹部穴位的定位及功效

1. 神阙穴

定位：肚脐。

功效：温阳救逆、利水固脱。主治痢疾、绕脐腹痛、脱肛、女人血冷不受胎、中风、水肿鼓胀、肠炎、产后尿潴留。

2. 水分

定位：脐上1寸。

功效：帮助恢复腹部肌纤维的弹性，有利于收腹祛脂，同时可消除水肿，小便不利，腹痛。

3. 水道

定位：下腹部脐下3寸、旁开2寸。

功效：增强腹直肌弹力纤维的弹性，增强水液代谢能力，有利于皮下脂肪的消除，对痛经、闭经、小便不利有效。

4. 天枢

定位：脐旁开2寸。

功效：腹胀肠鸣、绕脐痛、便秘、月经不调等。

5. 归来

定位：下腹部，当脐中下4寸，当前正中线旁开2寸。

功效：活血化淤、调经止痛。主治月经不调、带下、卵巢炎、泌尿系统疾病、男女生殖器疾病。

五、专题实训

（一）专题活动

（1）在做本专题前，先收集关于人体的基本特点内容如下：

①头部的组成。

②躯干部的组成。

③四肢的组成。

（2）在给不同年龄的人群做护理有什么区别？

①25岁—35岁的人群更喜欢做哪项护理？

②中、老年人群更喜欢做哪项护理？

（二）个案研究

有一位顾客不久前接受了背部护理的服务项目，但他却非常的不满意，原因在他做完护理后，腰部感觉更酸痛了？

你该如何处理此种情况？

列出你要询问的问题，并记录下来，以下是你需要考虑的事。

（1）找出护理失败的原因。

（2）将你认为可能造成失败的原因记录下来。

（3）将你认为可能解决的方案记录下来。

六、课外实训

请将你在本单元学习期间参加的各项专业实践活动情况记录在课外实训记录表（见表1-6-3）中。

表1-6-3　课外实训记录

服务对象	时间	工作场所	工作内容	服务对象反馈

单元二　传统中医护理

内容介绍

作为中国传统养生学的源头，太极、八卦、阴阳、五行、易经等传统文化，穿越数千年，至今仍生生不息地活跃在我们身边。尤其是近几年人们对拔罐、刮痧、针灸等传统中医护理青睐有加。

单元目标

①能够说出拔罐的原理及方法。

②能够根据罐后颜色变化给予顾客建议。

③能够说出刮痧的原理及方法。

④熟练掌握拔罐的方法。

⑤熟练掌握刮痧的方法。

项目一 拔罐

项目描述:

"拔火罐"是民间对拔罐疗法的俗称，又称"拔罐子"或"吸筒"。拔罐是借助热力排除罐中空气，利用负压使罐吸着于皮肤上，造成瘀血现象的一种治疗方法。

工作目标:

①能够掌握拔罐的作用。

②能够掌握不同拔罐方法。

③能够掌握拔罐的位置。

④能按照程序进行拔罐护理。

⑤通过实践活动优化学生的学习动力，努力挖掘学生的学习潜力，利用行业中的真实案例描述帮助学生树立自己正确的人生观、价值观、世界观。

一、知识准备

(一) 拔罐的方法及工具种类

拔罐的方法：走罐、做罐、闪罐。

拔罐工具的种类：火罐、气罐（见图2-1-1）。

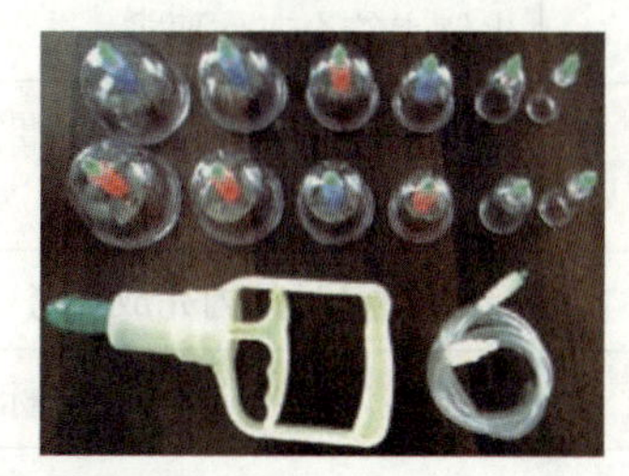

图2-1-1 拔罐的种类

（二）拔罐的功效

①行气活血；

②祛风散寒；

③消肿止痛；

④拔毒泻热；

⑤祛除瘀滞；

⑥疏通经络。

（三）拔罐后皮肤颜色鉴别

拔罐后皮肤的颜色代表着不同的身体状况：

①白色：体寒；

②粉红色：正常；

③深红色：上火、口干、口苦；

④深紫色：生病时间很长，瘀血，气血不通畅，代谢缓慢，痛经；

⑤毛孔大、青色：受风、受寒。

（四）工具准备

拔罐需要准备的工具有：75%酒精、95%酒精、棉球（片）、棉球容器、玻璃碗、专用棉棒毛巾、美容床、基础按摩油、火棒、玻璃罐、打火机。

二、工作过程

（一）工作标准（见表2–1–1）

表2–1–1 拔罐工作标准

内 容	标 准
准备工作	工作区域干净整齐，工具齐全且码放整齐，仪器设备安装正确，个人卫生仪表符合工作要求
操作步骤	能够独立对照操作标准，使用准确的技法，按照规范的操作步骤完成实际操作
操作时间	在规定时间内完成任务
操作标准	做罐位置准确、到位、标准

续表

内容	标 准
操作标准	做罐时力度要轻，速度快
	能够给顾客分析拔罐后皮肤颜色所反映的问题
	能够按照标准时间完成拔罐操作
整理工作	工作区域干净整洁无死角，工具仪器消毒到位，收放整齐

（二）关键技能

拔罐操作

选罐

根据治疗面积的大小选择不同型号的火罐。一般情况下，小罐放在肩颈部；中罐放在背部中间位置；大号罐放在腰背部。

点燃火棒

将火棒蘸取95%酒精点燃。

注意：酒精不能蘸得太多，否则酒精会滴到顾客的身上造成烫伤。

做罐

将火棒垂直插入罐的正中间，迅速取出火棒，然后将火罐快速放在顾客的治疗部位。

注意：火棒不要碰到罐的周边，避免烫伤顾客皮肤；做罐速度要快，避免罐内进入空气影响吸力；做罐位置准确；每次放罐时，在皮肤上轻轻挪动，看看是否吸附牢固。

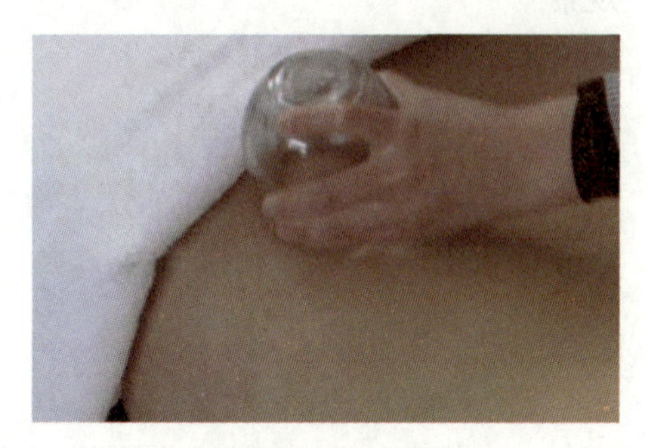

做罐时间

做罐时间为5~10分钟即可。等待期间为顾客盖上毛巾被。注意：时间不宜过长，否则皮肤会出现水泡、出血等现象。

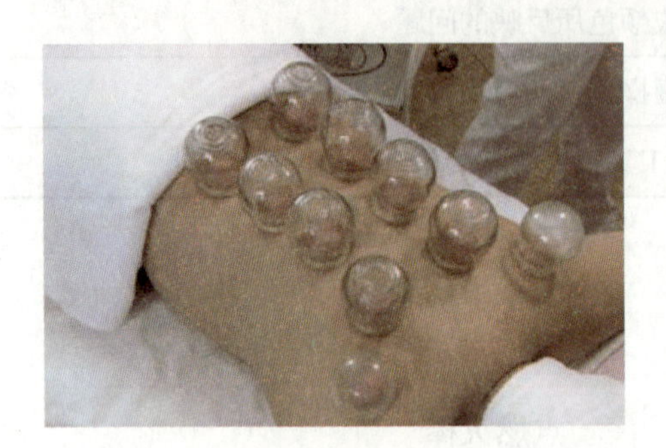

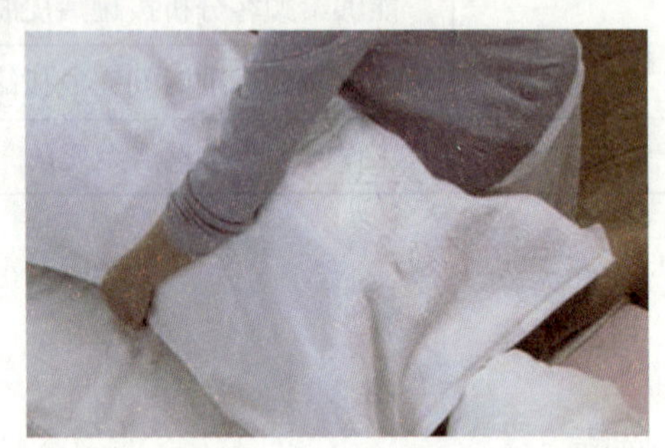

卸罐

卸罐从腰部开始，美容师一手扶住火罐，另一只手拇指按在火罐边缘的皮肤上，轻轻向下按压施力，取下火罐。

注意事项：按压皮肤时不能用力，否则会伤害皮肤。

观察

美容师目测顾客做罐部位皮肤颜色变化，根据颜色的不同变化，给予顾客建议。

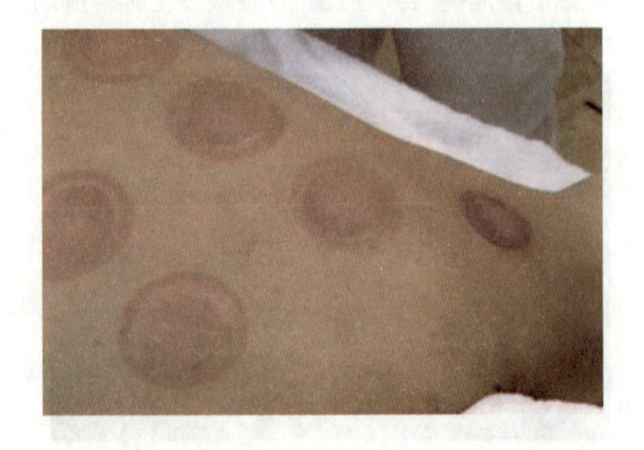

保护

用毛巾被盖上治疗部位，用按抚的手法为顾客进行按摩。双手放在脊柱两边，向外推抹，从肩颈到腰部。

注意：治疗后及时盖好毛巾被，避免顾客受凉。

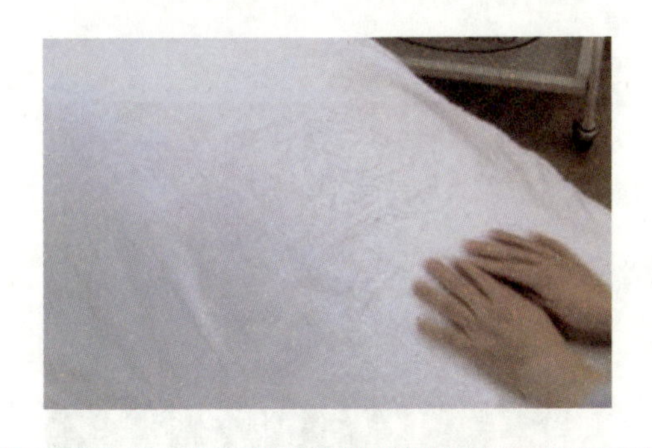

（三）操作流程

常规准备工作

准备拔罐需用的工具及材料。

注意：拔罐所用的燃烧酒精必须是95%酒精。

消毒

用准备好的酒精棉片擦拭双手消毒。

注意：消毒双手要到位。

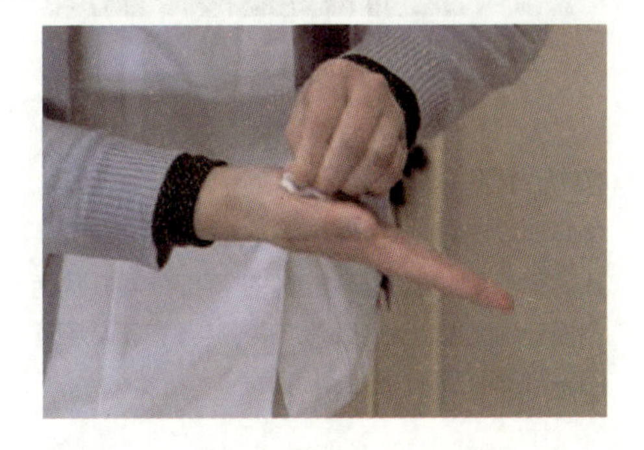

展油滋润

取适量基础按摩油放于掌心展开，双手放于背部脊柱两侧由上至下将按摩油均匀涂抹在治疗部位，起到滋润的作用。

注意：护理时手部温度不能太低，否则顾客会感觉到不舒服；取油量要因人而异，避免浪费。

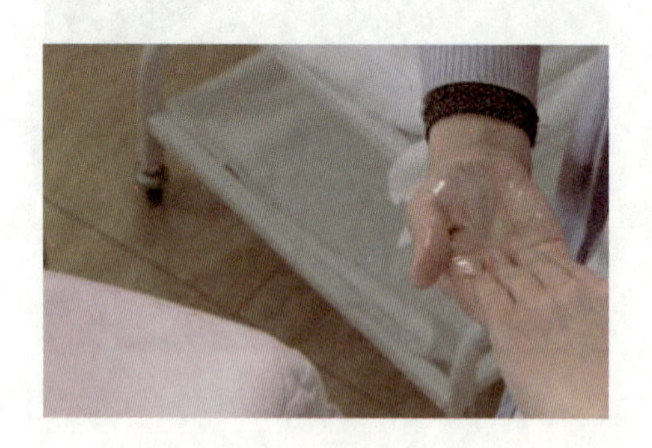

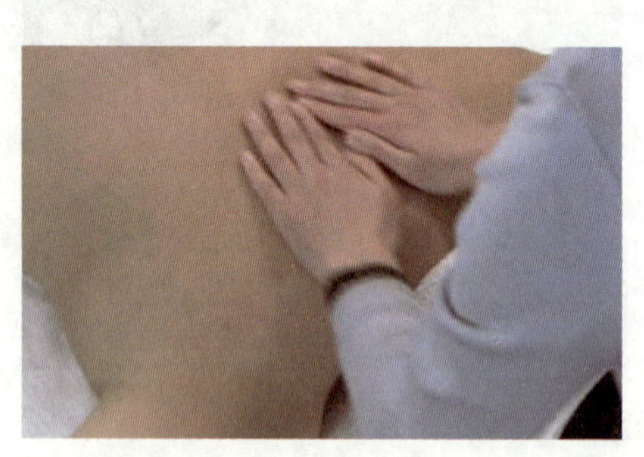

点穴

用双手中指和食指点按风池穴，然后双手中指和食指同时点按风府穴（重复动作2遍）。注意：点按穴位时力度要由轻到重，再由重变轻。

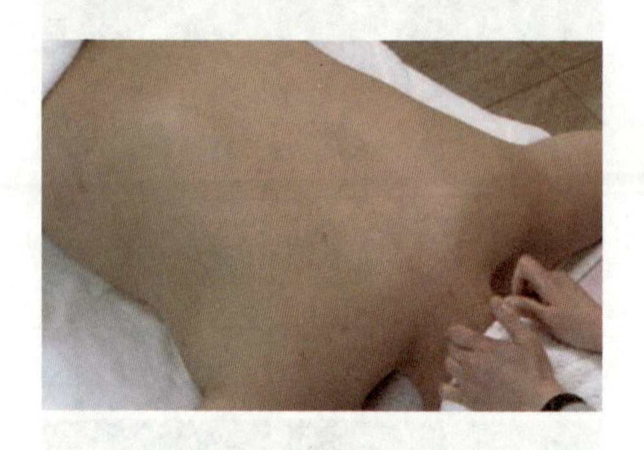

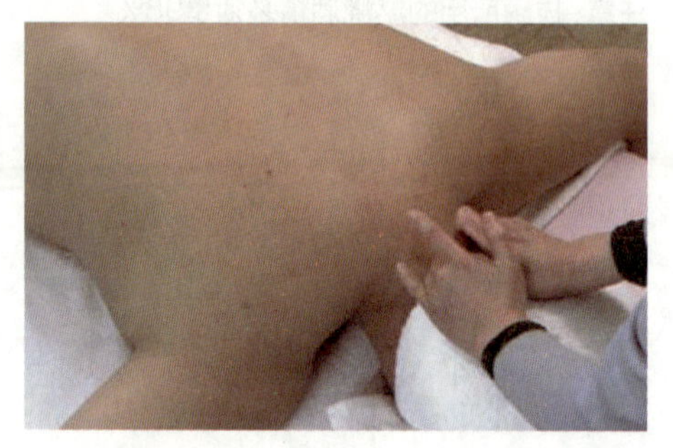

按抚背部

轻轻地按抚背部，按抚手法如下：

从肩颈部将油展开至腰部。在腰部分展开从两侧提升到胸部。从肩颈滑向两侧手臂，再从手臂回来，包裹住肩，提拉到肩颈。

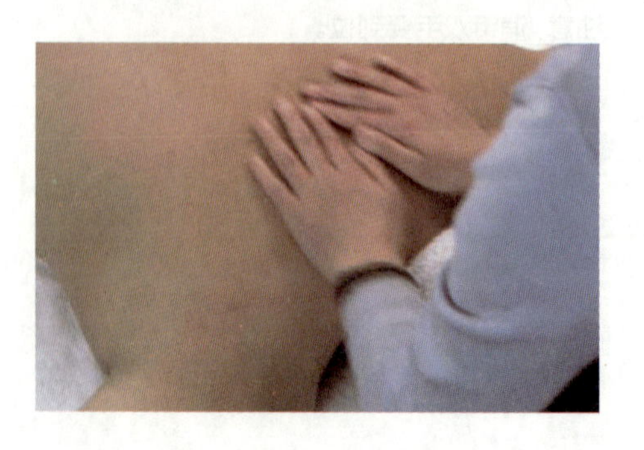

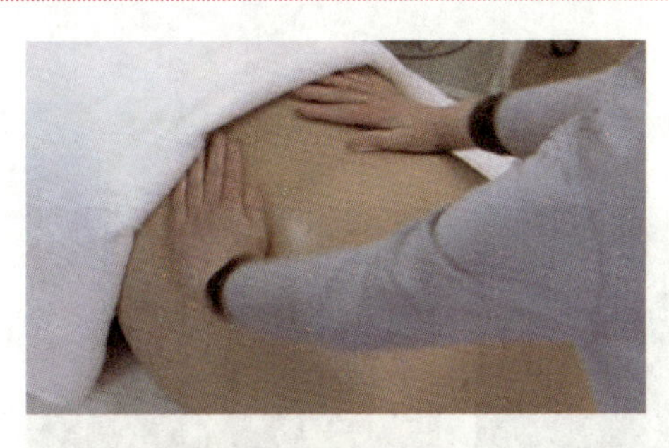
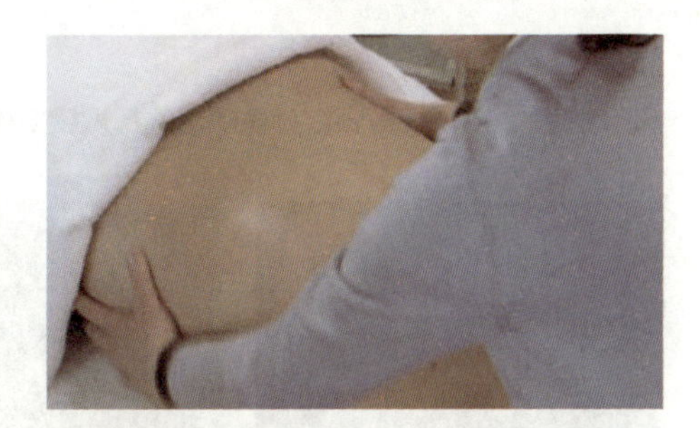
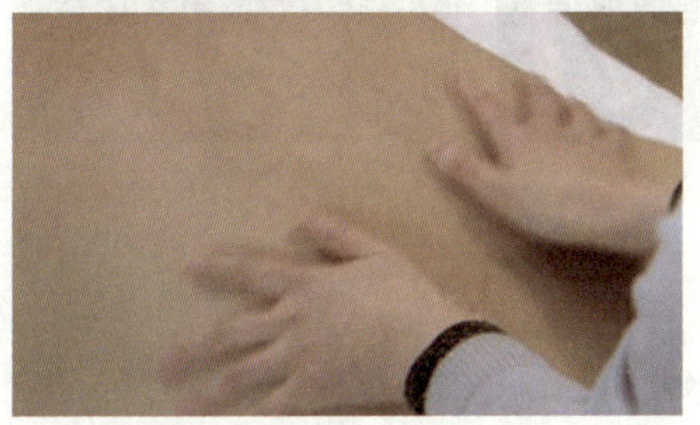
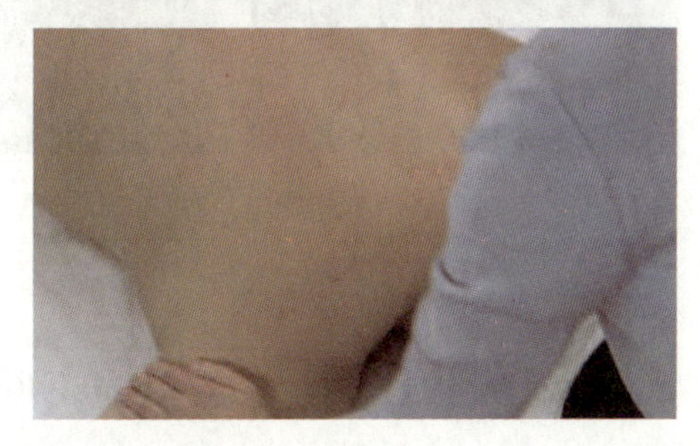

选罐

根据顾客的护理需求按照选罐的原则进行选罐。

注意：玻璃罐在操作前进行消毒，并检查玻璃罐有无损伤（避免伤到顾客皮肤）。

点燃火棒

利用点燃火棒的方法进行操作。

注意：棉花一定要缠牢固，点燃时避开顾客，酒精浓度必须是95%。

做罐

利用做罐的方法，根据顾客身体状况选择做罐部位。按照标准做罐动作进行操作。

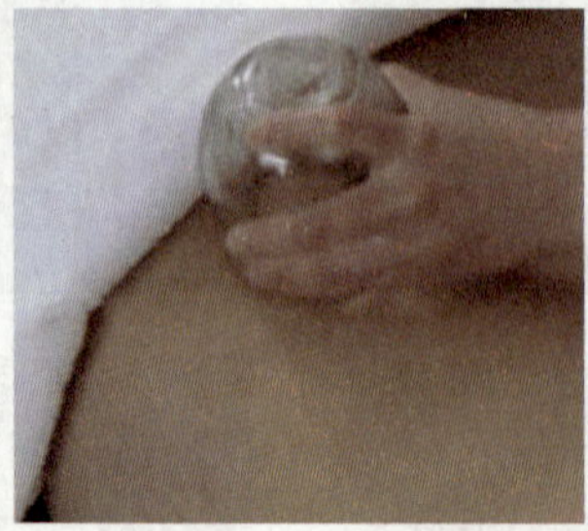

完成做罐

依次完成做罐，然后盖上毛巾，请客人等待5~10分钟。

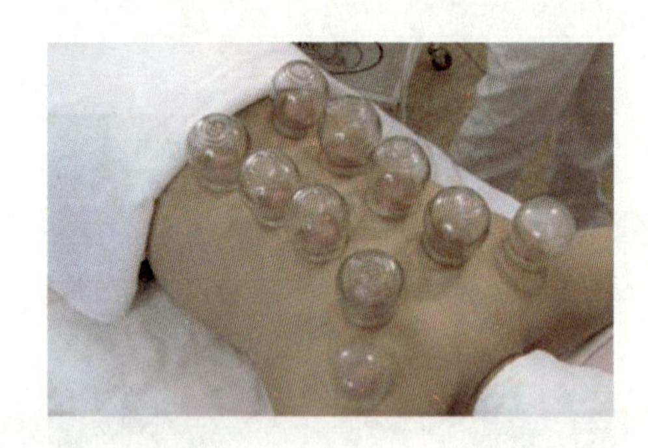

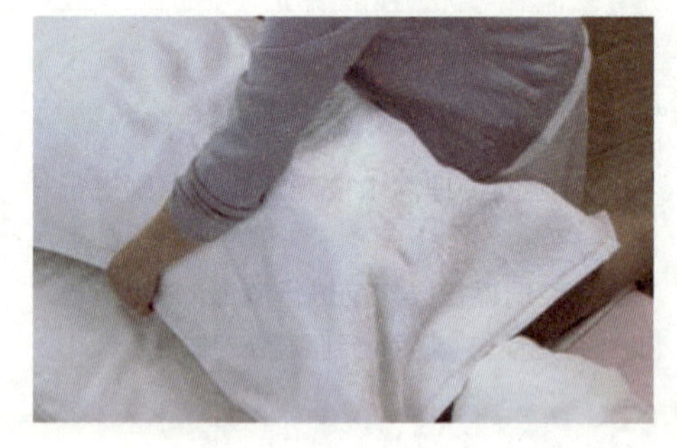

卸罐并观察

按照卸罐的方法将玻璃罐依次卸下，并观察顾客皮肤。

注意：双手保持温度，不能冰凉；不要使劲从皮肤上拔罐，轻轻按压皮肤，等待空气进入罐体再卸罐。

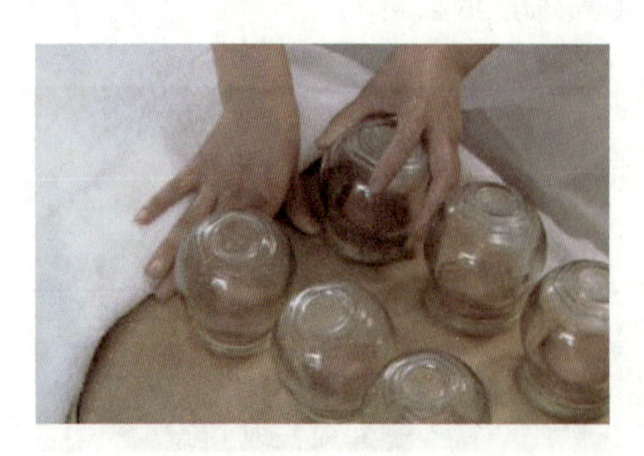

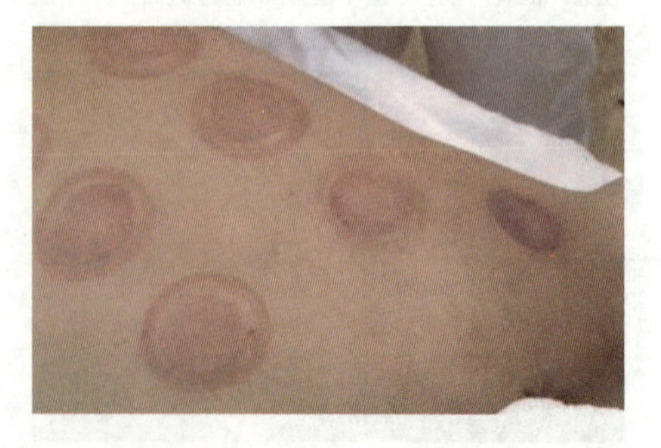

结束按抚

将治疗部位盖好毛巾被，用按抚手法按摩。

注意：拔完罐以后要迅速盖上毛巾，避免着凉。

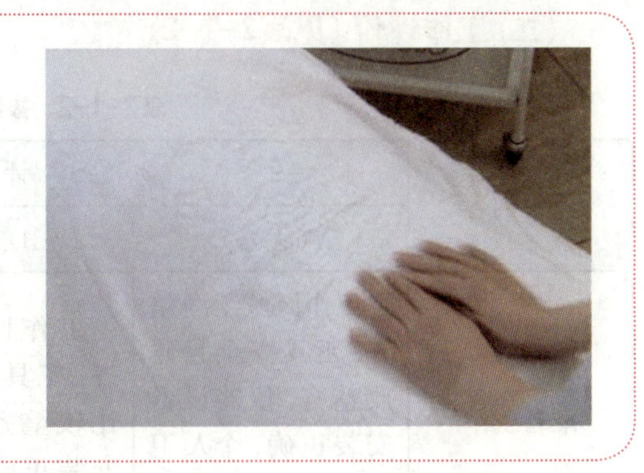

三、学生实践

（一）布置任务

拔罐前准备工作

地点：学生两人一组在实习室进行拔罐护理操作。

工具：75%酒精、95%酒精、棉球（片）、棉球容器、玻璃碗、火棒、毛巾、美容床、基础按摩油、玻璃罐、打火机。

要求：

①拔罐时间不宜过长，美容师要随时观看顾客皮肤状态，避免出现水泡、瘀血症状。

②拔罐时火棒避开顾客，按照标准动作操作拔罐，避免烫伤、烧伤顾客。拔罐的禁忌：皮肤病、月经期、妊娠期不能进行拔罐，饭后不要马上进行拔罐。

③天冷时需要注意室内的温度。

你可能遇到的问题：

①如果脊柱有问题者，能进行拔罐操作吗？

②头、肩颈部不舒服者应该在背部什么位置拔罐？

③肺火、心火、脾胃不和、肝代谢不好者应该在背部什么位置拔罐？

④肠道、肾、膀胱或宫寒者应该在背部什么位置拔罐？

⑤如果拔罐后出现水泡、瘀血现象应该怎么办？

（二）工作评价（见表2-1-2）

表2-1-2 拔罐工作评价标准

评价内容	评价标准			评价等级
	A（优秀）	B（良好）	C（及格）	
准备工作	工作区域干净整齐，工具齐全且码放整齐，仪器设备安装正确，个人卫生仪表符合工作要求	工作区域干净整齐，工具齐全且码放比较整齐，仪器设备安装正确，个人卫生仪表符合工作要求	工作区域比较干净整齐，工具 不齐全，且码放不够 整齐，仪器设备安装正确，个人卫生仪表符合工作要求	A B C
操作步骤	能够独立对照操作标准，使用准确的技法，按照规范的操作步骤完成实际操作	能够在同伴的协助下对照操作标准，使用比较准确的技法，按照比较规范的操作步骤完成实际操作	能够在老师的指导帮助下，对照操作标准，使用比较准确的技法，按照比较规范的操作步骤完成实际操作	A B C
操作时间	在规定时间内完成任务	规定时间内在同伴的协助下完成任务	规定时间内在老师帮助下完成任务	A B C
操作标准	做罐位置准确、到位、标准	做罐位置比较准确、到位	做罐位置较不准确	A B C
	做罐时力度轻、速度快	做罐力度偏重、速度快	做罐力度重、速度慢	A B C
	能够给顾客分析拔罐后皮肤颜色反映的问题	基本能给顾客分析拔罐后皮肤颜色反映的问题	分析不出皮肤颜色反映的问题	A B C
	能够按照标准完成拔罐操作	能够按照标准完成拔罐操作	能够按照标准完成拔罐操作	A B C
整理工作	工作区域干净整洁无死角，工具仪器消毒到位，收放整齐	工作区域干净整洁，工具仪器消毒到位，收放整齐	工作区域较凌乱，工具仪器消毒到位，收放不整齐	A B C
学生反思				

四、知识链接

拔罐的五大好处

拔罐是中国传统养生疗法，它是利用燃烧、抽吸、挤压等方法排除罐中空气，使罐中形成负压，从而将罐吸着于人体经络穴位或患病部位以治疗疾病的方法，对落枕、脖子疼、消化不良等有不错的缓解作用。

1. 能够牵拉肌肉，提高痛阈，缓解酸痛疲劳

当肌肉处于紧张状态的时候，局部血液灌流量会下降，以至于组织缺血，但拔罐中的走罐手法能拉长肌肉，增加血液灌流量，提高局部的耐痛阈值，进而使肌肉舒张，重新储备所需的能量。

2. 吸毒排脓，促进伤口愈合

受到拔罐的负压所吸引，将有助于局部脓液、细菌产生的毒素以及其他不利伤口愈合的物质排出体外，同时还可以刺激肉芽组织生长，以及收缩伤口，进而达到促进伤口愈合的目的。

3. 调整免疫功能，增强自身抵抗力，

拔罐所产生的瘀血残留在组织间隙，因此可适当激活身体的免疫力，以及对发炎物质的清除能力，这是一种良性的自身训练。

4. 促进血液循环，加快新陈代谢

这是由于拔罐能使血管扩张，让局部血液循环变好，进而促使废物、毒素加速排出体外，同时也改善局部组织的营养状态，提供更多营养物质和氧气给细胞。

5. 循经感传，调整人体内脏机能

这是利用经络连接脏腑的理论，选取与脏腑相关的经络沿线进行拔罐刺激，适合使用走罐、滑罐等手法，这些手法对呼吸道、胃肠道、心血管、妇科疾患等都能起到相应感传，透过感传刺激有助于内部机能的调整。

项目二 刮痧

项目描述：

刮痧是以中医经络理论为指导，通过特制的刮痧器具和相应的手法，蘸取中药油，在体表进行反复摩擦，使皮肤局部出现红色粟粒状，或暗红色出血点等“出痧”症状，从而达到活血化淤作用的传统养生保健手法。

工作目标：

①能够掌握刮痧的作用。

②能够掌握刮痧的方法。

③能够掌握刮痧的位置。

④能按照程序进行刮痧护理。

⑤通过动手实践提高对技术的了解程度，锻炼自己的专业学习能力，同时提升了对顾客包容、尊重，对友伴团结、协作的职业素养。

一、知识准备

（一）刮痧的方法及工具种类

刮痧的方法：面部刮痧法、背部刮痧法。

刮痧工具的种类：玉石板、牛角板、砭石板（见图2–2–1）。

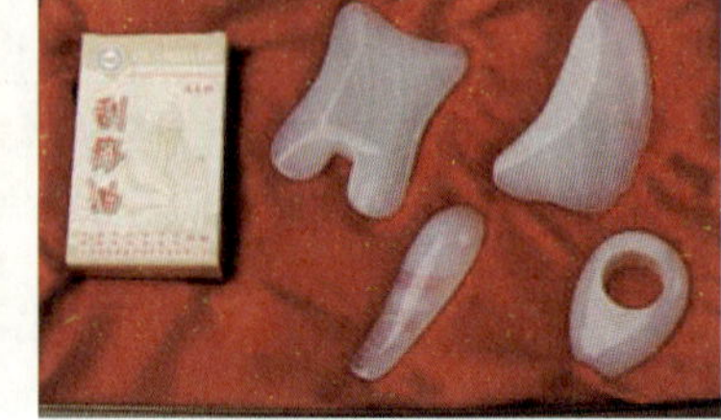

图2–2–1 刮痧工具

（二）刮痧的作用

①行气活血；

②祛风散寒；

③拔毒泻热；

④祛除瘀滞；

⑤疏通经络。

（三）背部反射区对应的内脏

人体的内脏反射区可以呈现于面部、背部、足底。本任务主要讲背部的反射区对应的内脏。

背部的反射区与内脏的对应关系如下：

①颈椎至肩颈部：肺部、心脏。

②肩颈部至胸椎部：横位：脾、肝，竖位：胆、胃。

③胸椎部至腰椎部：大肠、小肠、左肾、右肾、膀胱。

（四）工具准备

刮痧需要准备的工具：75%酒精、棉球（片）、棉球容器、玻璃碗、刮痧板、毛巾、美容床、基础按摩油。

二、工作过程

（一）工作标准（见表2-2-1）

表2-2-1 刮痧工作标准

内 容	标 准
准备工作	工作区域干净整齐，工具齐全且码放整齐，仪器设备安装正确，个人卫生仪表符合工作要求
操作步骤	能够独立对照操作标准，使用准确的技法，按照规范的操作步骤完成实际操作
操作时间	在规定时间内完成任务

续表

内 容	标 准
操作标准	刮痧位置准确、到位、标准
	刮痧时力度轻、速度快
	能够给顾客分析刮痧后皮肤颜色反映的问题
	能够按照标准完成刮痧操作
整理工作	工作区域干净整洁无死角，工具仪器消毒到位，收放整齐

（二）关键技能

刮痧操作

展油按抚

将基础按摩油放于掌心，双手将油展开，均匀涂抹在治疗部位。

注意：根据需要选择基础按摩油的用量。

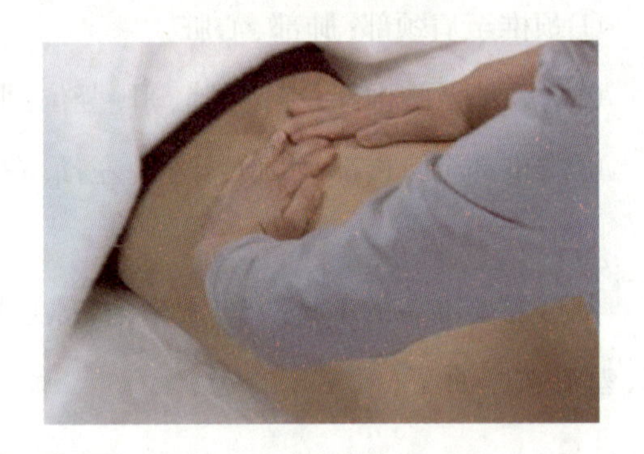

刮痧

选择治疗部位，手持刮痧板轻轻地放在皮肤上，此时刮痧板倾斜45°，然后将刮痧板由上至下反复刮痧（刮痧时间：5分钟）。

首先刮颈椎到胸椎。

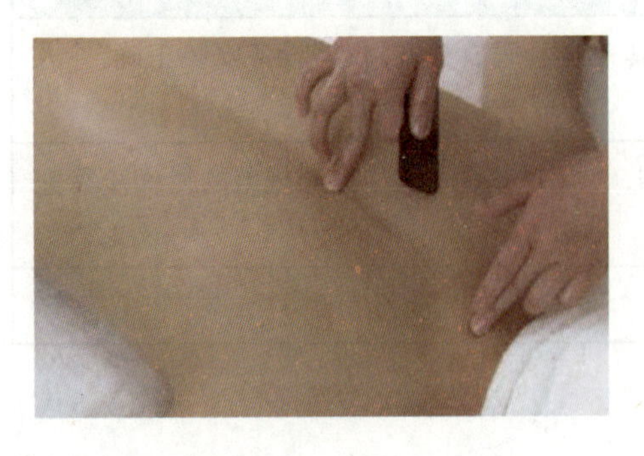

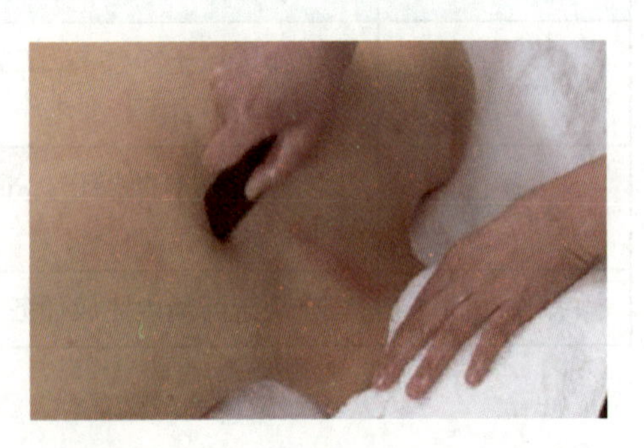

再从胸椎刮到腰椎。

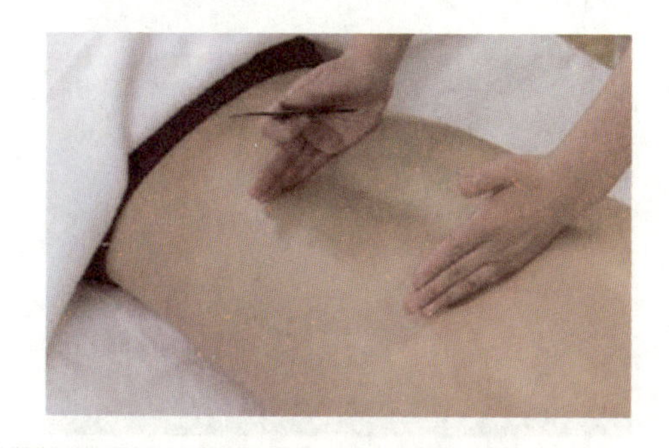

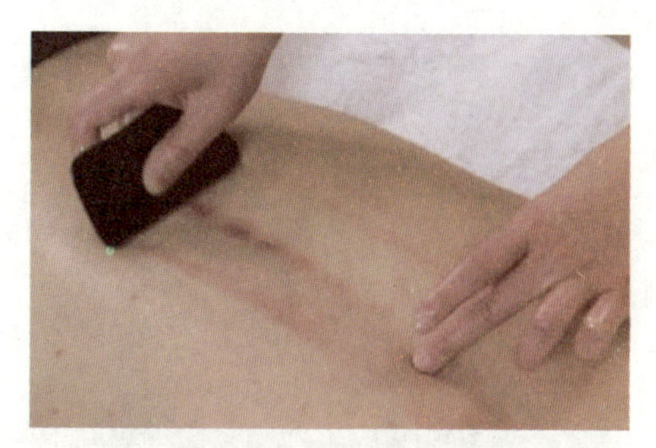

最后从腰椎刮到底骨。

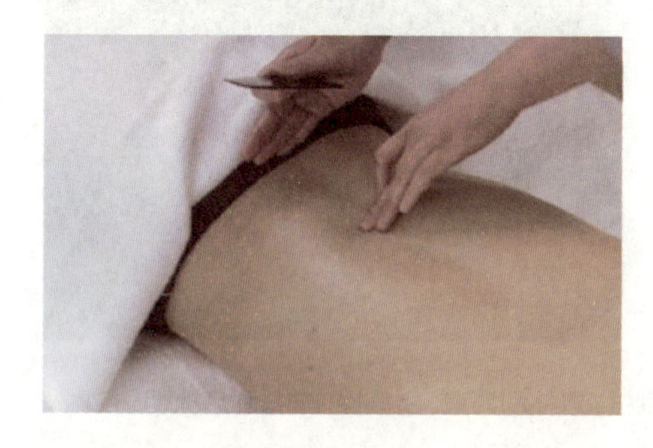

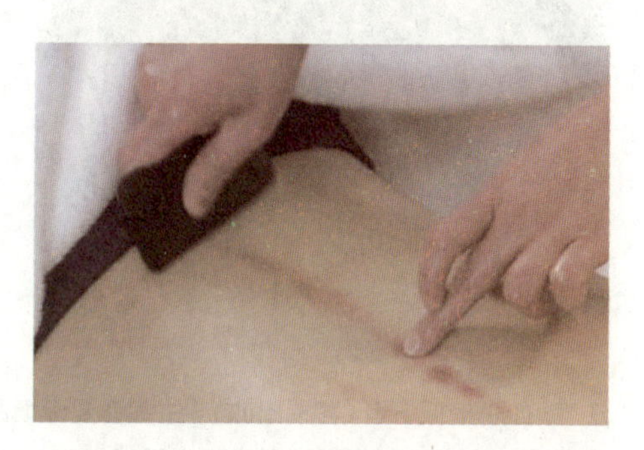

第一遍刮的是整个督脉的位置，第二遍刮督脉左侧旁开1.5寸的膀胱经，由肩颈位置分三个区域向下刮。

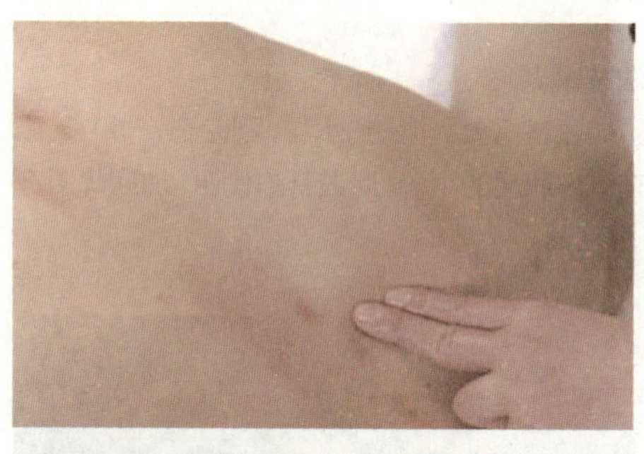

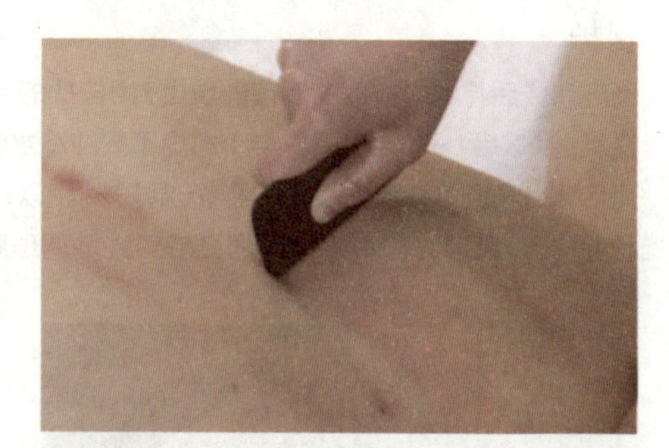

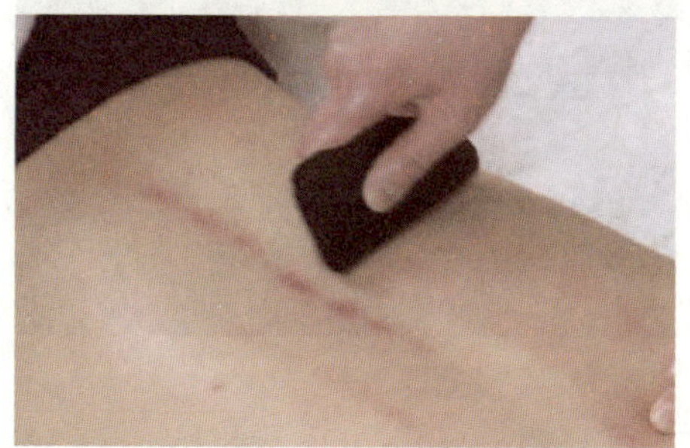

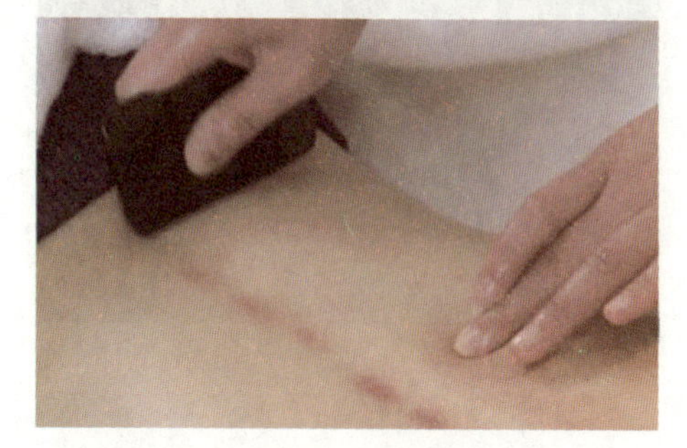

第三遍刮督脉右侧旁开1.5寸的膀胱经，由肩颈位置分三个区域向下刮。

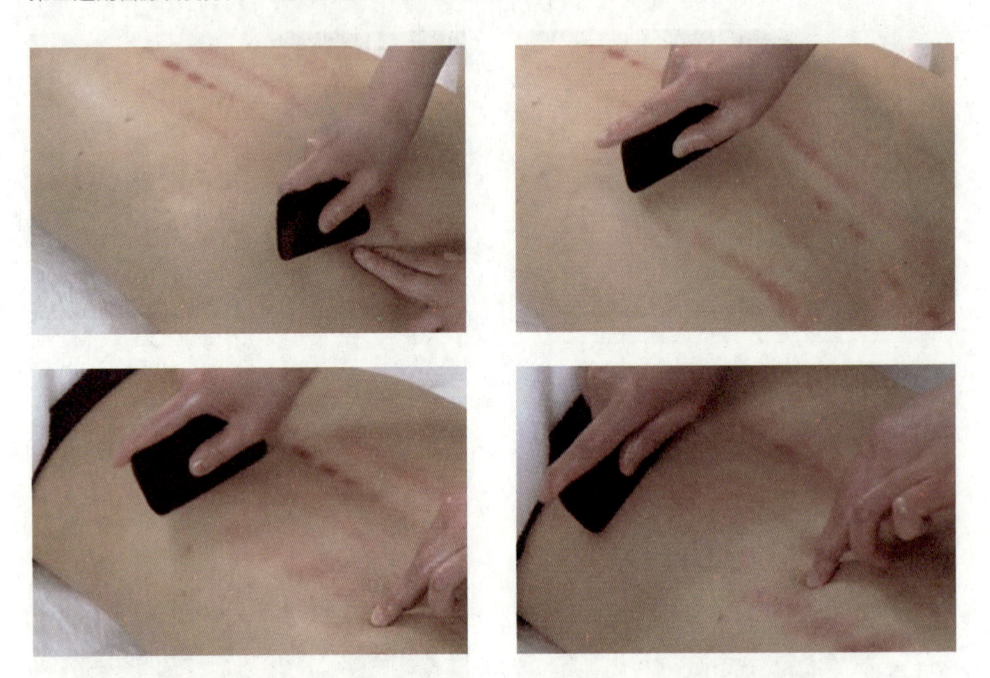

注意：血小板低下者（容易出血）、生病者要谨慎刮拭，以补刮为宜；刮痧操作时，刮痧板朝一个方向刮拭，不可来回刮；刮痧不必强行出痧。

保护

刮痧完成后将毛巾被盖在治疗部位上，用按抚的手法按摩。

注意：刮痧后，汗孔会扩张，半小时内不要冲冷水澡，如顾客需要，可洗热水澡；刮完在7~14 天痧退后才可再刮痧；刮痧后喝一杯热（温）开水，以补充体内消耗的水分，促进新陈代谢，加速代谢产物的排出；刮痧时，除排毒外，还要针对性地调理脏腑营养。

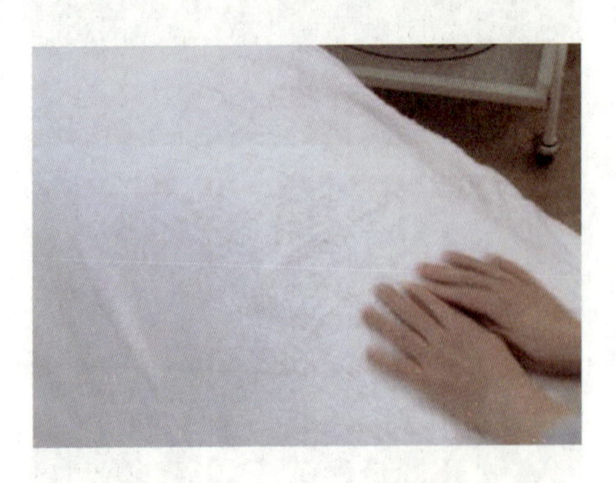

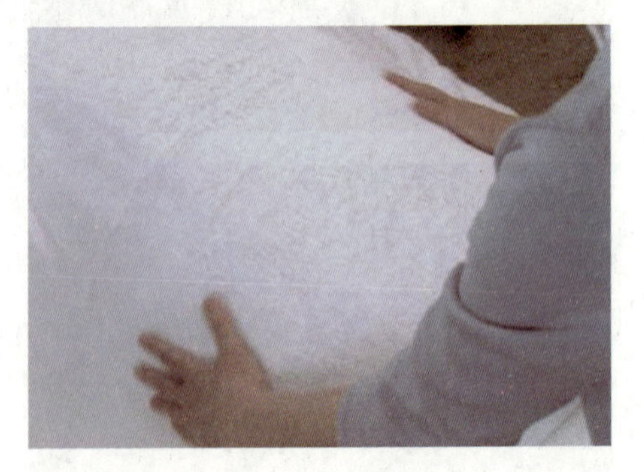

（三）操作程序

常规准备工作

根据刮痧要求准备刮痧工具及产品。

护理前诊断

了解顾客病因，确定刮痧部位。

根据病人的虚实、寒热、表里、阴阳，确定后采取补或泻的手法。

注意：不要采用其他的代用品刮痧（如铜钱、塑料品、瓷器、红花油、好得快）等。

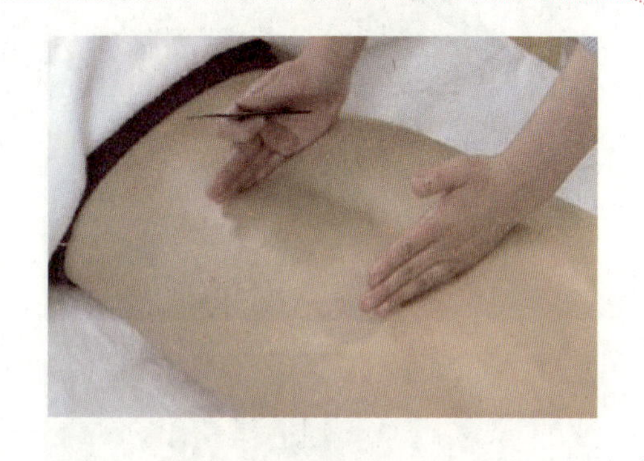

消毒

用酒精棉擦拭消毒双手，再取出一个棉片对刮痧板进行消毒。

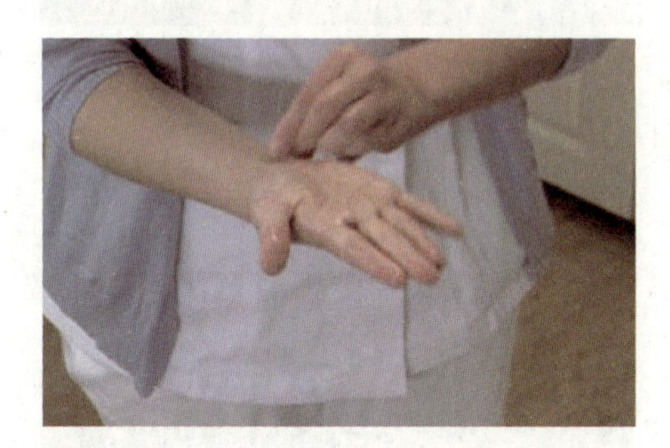

展油按抚

取适量基础按摩油放于掌心展开，双手放于背部脊柱两侧由上至下将按摩油均匀涂抹在治疗部位。

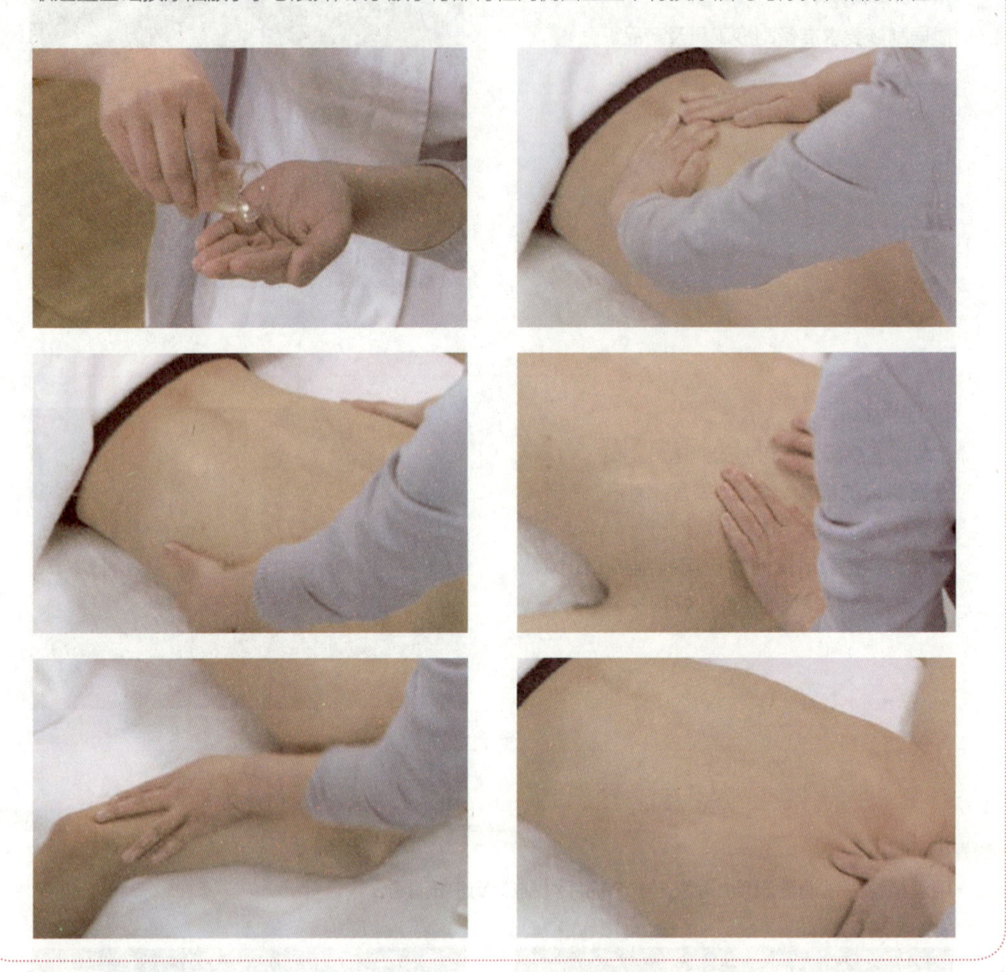

点穴

按照点穴方法，点按风池穴、风府穴。

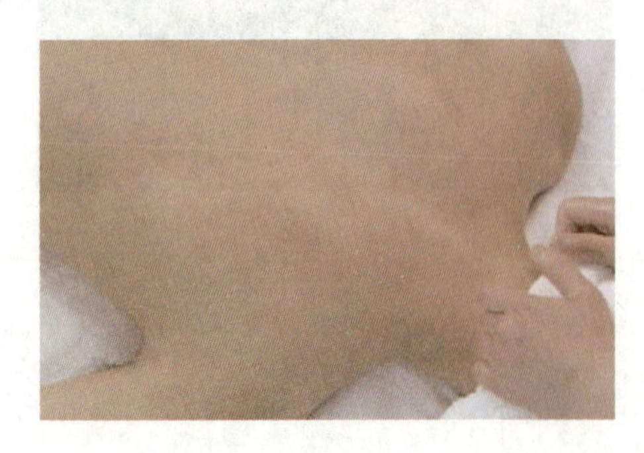

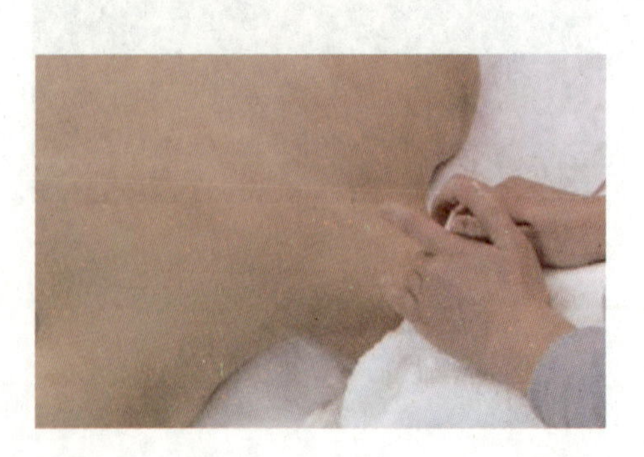

刮痧

利用刮痧的方法，根据顾客身体状况进行刮痧。注意：刮痧板倾斜45°。

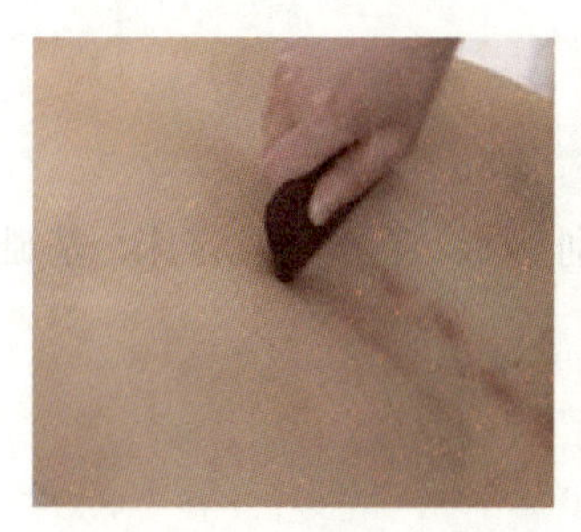
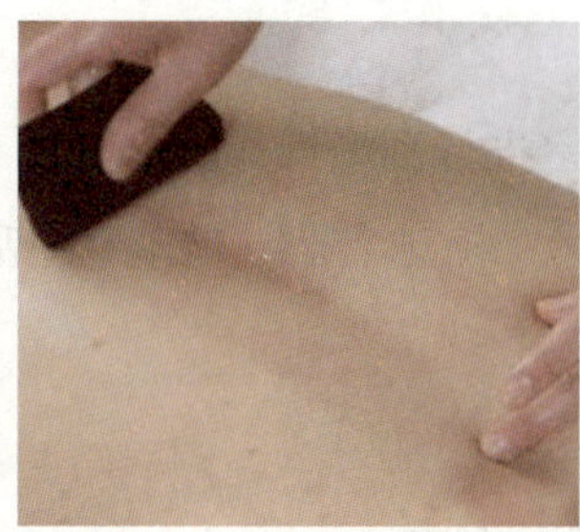
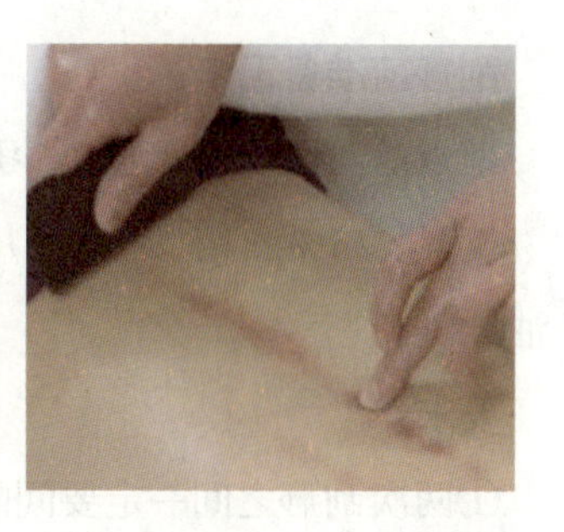

完成刮痧

类似上述的方法完成膀胱经的刮痧。

注意：膀胱经的位置在督脉的旁边1.5寸的地方。刮痧完成后，给予顾客护理意见。

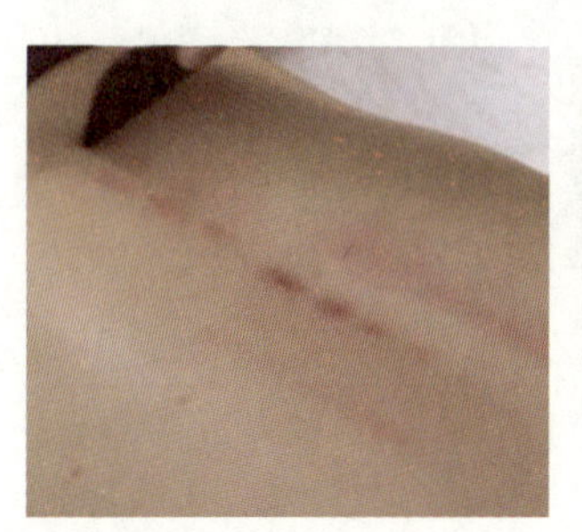
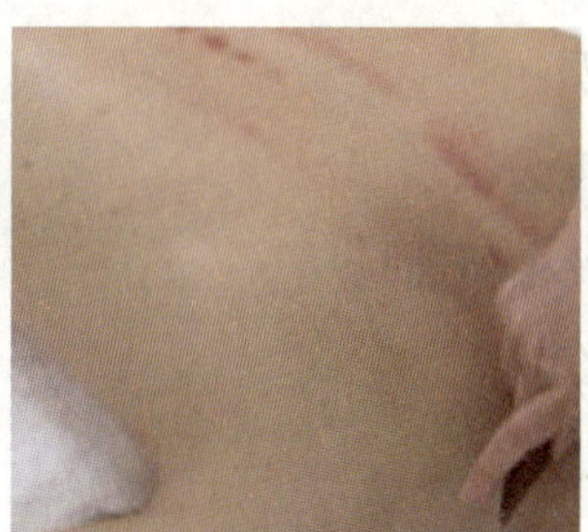
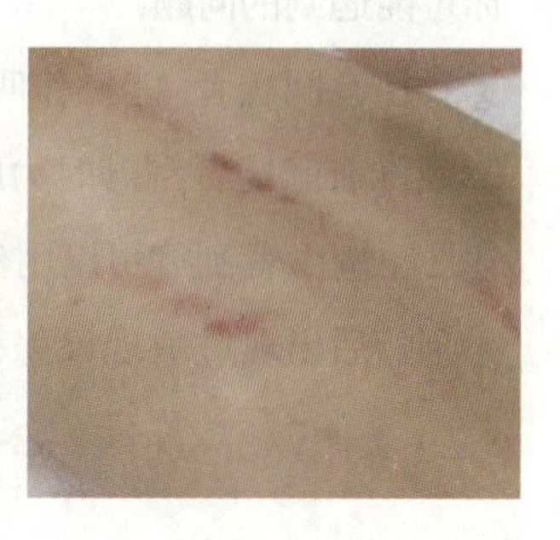

保护

刮痧结束后，将治疗部位盖好毛巾被，利用按抚手法按摩。

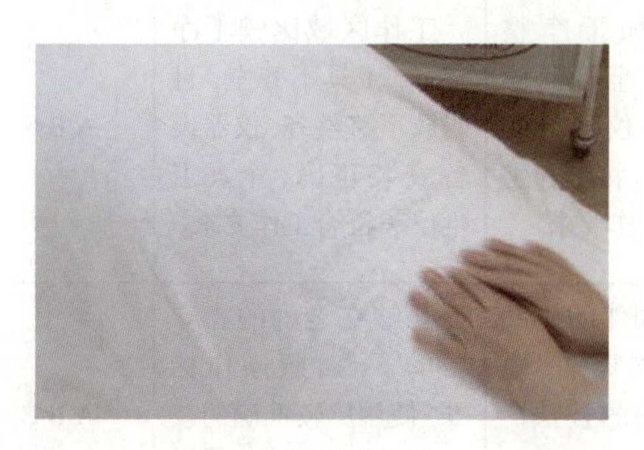
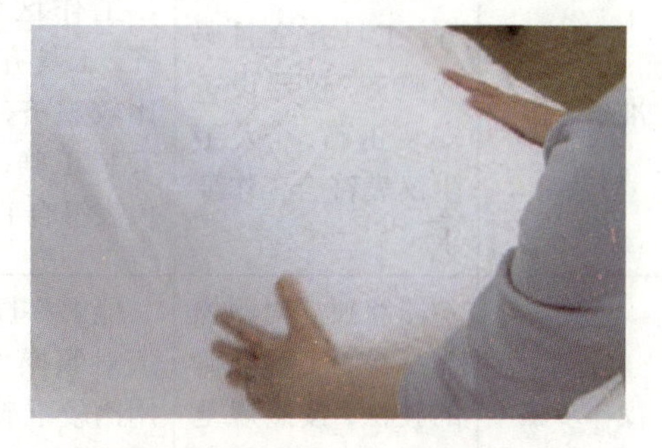

三、学生实践

(一) 布置任务

刮痧前准备工作

地点：学生两人一组在实习室进行刮痧操作。

工具：75%酒精、棉球（片）、棉球容器、玻璃碗、刮痧板、毛巾、美容床、基础按摩油。

要求：

①两次刮痧之间一定要间隔7~14天。

②刮痧后一定要告诉顾客不能洗澡，建议顾客第二天再淋浴。

③刮痧的禁忌：皮肤病期间、月经期、妊娠期不可进行刮痧，饭后不要马上进行刮痧。

④天冷时需要注意室内的温度。

你可能遇到的问题：

①脊柱有问题者，能操作吗？

②颈椎有问题者刮痧时力度怎么掌握？

③月经量少者刮痧可以用丝柏精油吗？

④刮痧后出现过敏现象怎么办？

(二) 工作评价（见表2-2-2）

表2-2-2 刮痧工作评价标准

评价内容	评价标准			评价等级
	A（优秀）	B（良好）	C（及格）	
准备工作	工作区域干净整齐，工具齐全且码放整齐，仪器设备安装正确，个人卫生仪表符合工作要求	工作区域干净整齐，工具齐全且码放比较整齐，仪器设备安装正确，个人卫生仪表符合工作要求	工作区域比较干净整齐，工具不齐全，且码放不够整齐，仪器设备安装正确，个人卫生仪表符合工作要求	A B C
操作步骤	能够独立对照操作标准，使用准确的技法，按照规范的操作步骤完成实际操作	能够在同伴的协助下对照操作标准，使用比较准确的技法，按照比较规范的操作步骤完成实际操作	能够在老师的指导帮助下，对照操作标准，使用比较准确的技法，按照比较规范的操作步骤完成实际操作	A B C

续表

评价内容	评价标准			评价等级
	A（优秀）	B（良好）	C（及格）	
操作时间	在规定时间内完成任务	规定时间内在同伴的协助下完成任务	规定时间内在老师帮助下完成任务	A B C
操作标准	刮痧位置准确、到位、标准	刮痧位置比较准确、到位	刮痧操作角度不准确	A B C
	刮痧时力度轻、速度快	刮痧力度偏重、速度快	刮痧力度重、速度慢	A B C
	能够给顾客分析刮痧后皮肤颜色反映的问题	基本能给顾客分析刮痧后皮肤颜色反映的问题	分析不出刮痧后皮肤颜色反映的问题	A B C
	能够按照标准完成刮痧操作	能够按照标准完成刮痧操作	能够按照标准完成刮痧操作	A B C
整理工作	工作区域干净整洁无死角，工具仪器消毒到位，收放整齐	工作区域干净整洁，工具仪器消毒到位，收放整齐	工作区域较凌乱，工具仪器消毒到位，收放不整齐	A B C
学生反思				

四、知识链接

刮痧的治病作用

1. 活血祛瘀

刮痧可调节肌肉的收缩和舒张，使组织间压力得到调节，以促进被刮拭组织周围的血液循环，增加组织流量，从而起到活血化瘀、祛瘀生新的作用。

2. 调整阴阳

刮痧对内脏功能有明显的调整阴阳平衡的作用。如肠蠕动亢进者，在腹部和背部等处使用刮痧手法可使亢进的肠蠕动受到抑制而恢复正常，反之，肠蠕动减退者，则可促进其蠕动恢复正常。这说明刮痧可以改善和调整脏腑功能，使脏腑阴阳得到平衡。

3. 舒筋通络

肌肉附着点和筋膜、韧带、关节囊等受损伤的软组织，可发出疼痛信号，通过神经的反射作用，使有关组织处于警觉状态。肌肉的收缩、紧张直到痉挛便是这一警觉状态的反应，其目的是为了减少肢体活动，从而减轻疼痛，这是人体自然的保护反应。此时，若不及时治疗，或是治疗不彻底，损伤组织可形成不同程度的粘连、纤维化或疤痕化，以致不断地发出有害的冲动，加重疼痛、压痛和肌肉紧张，继而又可在周围组织引起继发性疼痛病灶，形成新陈代谢障碍，进一步加重"不通则痛"的病理变化。

临床经验得知，凡有疼痛则肌肉必紧张；凡有肌肉紧张又势必疼痛。它们常互为因果关系，刮痧治疗中我们看到，消除了疼痛病灶，肌肉紧张也就消除；如果使紧张的肌肉得以松弛，则疼痛和压迫症状也可以明显减轻或消失，同时有利于病灶修复。

刮痧是消除疼痛和肌肉紧张、痉挛的有效方法，主要机理有：

①加强局部循环，使局部组织温度升高。

②在用刮痧板为工具配用多种手法直接刺激作用下，提高了局部组织的痛阈。

4. 信息调整

人体的各个脏器都有其特定的生物信息（各脏器的固有频率及生物电等），当脏器发生病变时有关的生物信息就会发生变化，而脏器生物信息的改变可影响整个系统乃至全身的机能平衡。

通过各种刺激或各种能量传递的形式作用于体表的特定部位，产生一定的生物信息，通过信息传递系统输入到有关脏器，对失常的生物信息加以调整，从而起到对病变脏器的调整作用，这是刮痧治病和保健的依据之一。如用刮法、点法、按法刺激内关穴，输入调整信息，可调整冠状动脉血液循环，延长左心室射血时间，使心绞痛患者的心肌收缩力增强，心输出量增加，改善冠心病心电图的S—T段和T波，增加冠脉流量和血氧供给等。如用刮法、点法、按法刺激足三里穴，输入调整信息，可对垂体、肾上腺髓质功能有良性调节作用，提高免疫能力和调整肠运动等。

5. 排除毒素

刮痧可使局部组织形成高度充血，血管神经受到刺激使血管扩张，血流及淋巴液流动增快，吞噬作用及搬运力量加强，加速排除体内废物、毒素，组织细胞得到营养，从而使血液得到净化，增加了全身抵抗力，可以减轻病势，促进康复。

6. 行气活血

气血（通过经络系统）的传输对人体起着濡养、温煦等作用。刮痧作用于肌表，使经络通畅，气血通达，则瘀血化散，凝滞固塞得以崩解消除，全身气血通达无碍，局部疼痛得以减轻或消失。

现代医学认为，刮痧可使局部皮肤充血，毛细血管扩张，血液循环加快；另外刮痧的刺激可调节血管舒缩功能和血管壁的通透性，增强局部血液供应而改善全身血液循环。刮痧出痧的过程是一种血管扩张渐至毛细血管破裂，血流外溢，皮肤局部形成瘀血斑的现象，此等血凝块（出痧）不久即能溃散，而起自体溶血作用，形成一种新的刺激素，能加强局部的新陈代谢，有消炎的作用。

自体溶血是一个延缓的良性弱刺激过程，其不但可以刺激免疫机能，使其得到调整，还可以通过向心性神经作用于大脑皮质，继而起到调节大脑的兴奋与抑制过程和内分泌系统的平衡的作用。

中医的"痧症"是以症状而起的名字，是指刮痧后痧痕明显的病症。刮痧后，皮肤很快会出现一条条痧痕和累累"细沙粒"（即出血点），并且存留的时间较长，这是它的特征之一。

痧症多胀。所谓胀，就是痧症多有头昏脑涨，胸部闷胀，腹部痛胀，全身酸胀等现象。明、清时代，我国有位对痧症有研究的医生郭志邃，他曾写过《痧胀玉衡》，就是一本介绍痧症的专门书籍。

五、专题实训

（一）专题活动

小红放寒假在家里准备给妈妈和奶奶做刮痧护理。

（1）小红妈妈最近感冒了，感觉头痛、肩颈酸痛，小红应该选择的刮痧位置是身体的哪个部位？

（2）小红奶奶因常年脾胃不和，经常在中午吃完饭后觉得有点胃痛，小红应该选择的刮痧位置是身体的哪个位置？

（二）个案研究

美容师张某在美容院实习期间接待了一位女性顾客，接受的项目是背部拔罐，在护理结束后该顾客背部出现水泡，顾客十分不满意。

（1）如果你是张某，你该如何处理此种情况？

（2）列出你要询问的问题，并记录下来，以下是你需要考虑的事：

①找出护理失败的原因。

②将你认为可能造成失败的原因记录下来。

③将你认为可能解决的方案记录下来。

六、课外实训

请将你在本单元学习期间参加的各项专业实践活动情况记录在课外实训记录表（见表2-2-3）中。

表2-2-3 课外实训记录

服务对象	时间	工作场所	工作内容	服务对象反馈

单元三　芳香精油护理

内容介绍

精油已有6 000多年的历史，它的起源可以追溯到主要古代文明中。例如，中国人早在公元前4500年前就利用植物治疗疾病；埃及人发掘出了精油具有防腐和杀菌的功效；而被誉为医学之父的希波克拉底极为推崇用植物精油来沐浴、按摩，从此这种方法广为流传。

单元目标

①能够说出常用精油的种类。

②能够说出常用精油的作用。

③熟练掌握背部精油护理按摩的方法。

④熟练掌握全身舒缓减压排毒的方法。

项目一 背部精油护理

项目描述：

根据精油的功效，可以针对不同人群进行背部精油护理按摩。例如：背部肌肉僵硬紧张、疲劳、疼痛等人群，在按摩时使用玫瑰精油可刺激肌肉，促进肌肉纤维的抵抗力和弹性，缓解肌肉产生的倦怠感。

工作目标：

①能够说出精油的性质。

②能够说出精油有几种制作方法。

③能够掌握玫瑰精油的作用及禁忌。

④能按照程序进行背部精油护理。

⑤通过动手实践能够使学生积极参与教学活动，依据精油护理工作流程和基本要求进行训练，培养学生安全、卫生等方面的职业能力及素养，树立学生以人为本的服务意识。

一、知识准备

（一）精油的性质

精油是以特定的植物经过特殊的提炼方法而得到的。由于精油挥发性高，且分子小，很快被人体吸收，并迅速渗透人体器官，而多余成分排出体外，整个过程只需要几分钟的时间。而植物本身的香味也直接刺激脑下垂的分泌、荷尔蒙的分泌，平衡体内机能。在皮肤修复方面，由于精油分子微小，不油腻，可快速渗透皮肤发挥作用。

（二）精油的制造

有四种常见的方法可以提取或萃取精油：①蒸馏法；②吸脂法；③浸渍法；④榨取法。

（三）精油的作用

①对皮肤和结缔组织的作用。精油会刺激并调和我们的皮肤组织、皮下组织及结缔组织，使局部温度增高并促进毒素的排出。它们能维持皮肤的年轻活力及光彩，使皮肤富有弹性。

②对动静脉循环的作用。如果在进行柔和的按摩时使用精油，它会在动静脉的微血管处制造一种循环作用的促进物，帮助血液和器官细胞间的养分与气体交换。

③对肌肉组织的作用。生活、工作都能给人们带来各种压力，这样会对人体的肌肉组织产生影响，而这些负面影响导致身体僵化、沉重、疲乏、疼痛和萎缩等。按摩时使用精油刺激肌肉，能促进肌肉纤维的抵抗力与弹性，可缓解肌肉产生的疲乏，松弛肌肉的效果。

（四）工具准备

精油按摩需要准备的工具：75%酒精、棉球（片）、棉球容器、毛巾、美容床、玫瑰精油、基础油、量杯。

（五）玫瑰精油的作用及禁忌

常用身体精油里包括：玫瑰精油、薰衣草精油、柠檬精油。而玫瑰精油是女性最钟爱的一款精油，因为玫瑰精油最适合敏感皮肤，具有抗炎、治疗红血丝的作用，对精神的作用包括：振奋、平衡、舒缓紧张。

玫瑰精油的禁忌：月经期、孕期、哺乳期人群，过敏人群，儿童，患有高血压、癫痫、神经及肾脏方面疾病的人群不能使用。

二、工作过程

（一）工作标准（见表3–1–1）

表3–1–1 精油护理工作标准

内 容	标 准
准备工作	工作区域干净整齐，工具齐全且码放整齐，仪器设备安装正确，个人卫生仪表符合工作要求
操作步骤	能够独立对照操作标准，使用准确的技法，按照规范的操作步骤完成实际操作

续表

内　容	标　准
操作时间	在规定时间内完成任务
操作标准	动作频率与顾客心跳一致
	动作的力度适中
	手法舒适度非常好
	手指服帖度非常好
	取穴的准确性好，穴位有酸胀感
整理工作	工作区域干净整洁无死角，工具仪器消毒到位，收放整齐

（二）关键技能

背部精油的操作

调配精油

将基础油10毫升+5滴玫瑰精油调制好。

注意：用带有刻度的量杯将基础油与精油按比例调配好。

揉背

在掌心取适量的精油，将油在掌心处展开，双手竖位平行从腰部开始，在脊柱一侧顺时针打圈，一侧做完做另一侧（重复动作2遍）。

注意：全掌贴紧皮肤，力度均匀。

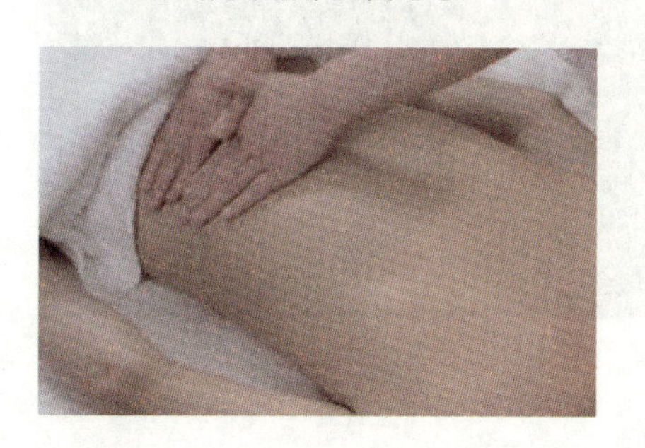

点按穴位

两手拇指相对，点按脊椎两侧穴位，从第一胸椎开始，每隔一寸按压一次，一侧做完做另一侧（重复动作2遍）。

注意：配合顾客的呼吸，均匀点按穴位。

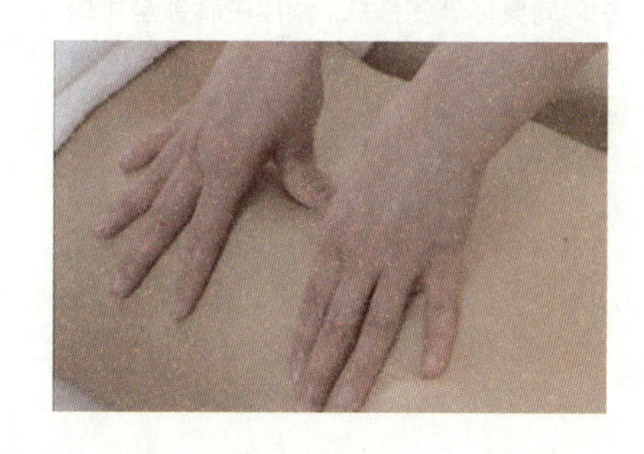

推拉脊柱两侧

双手拇指在脊柱两侧穴位上推拉，一手拇指拉，另一手拇指推。一侧做完做另一侧（重复动作2遍）。

注意：从第一胸椎开始推拉至尾骨；左手拇指推，右手拇指拉；拇指推拉时力度因人而异；操作时两手不能离开顾客皮肤。

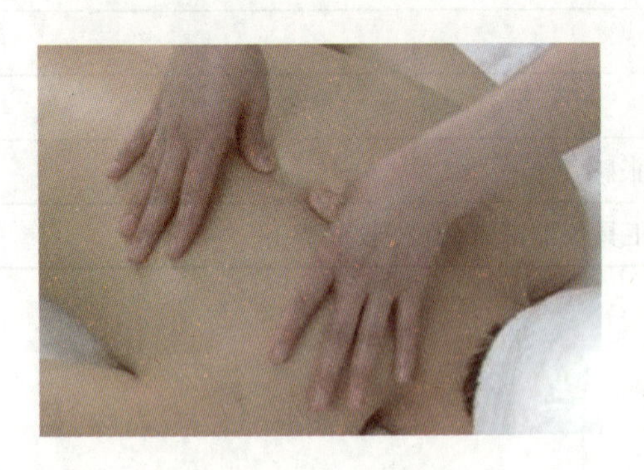

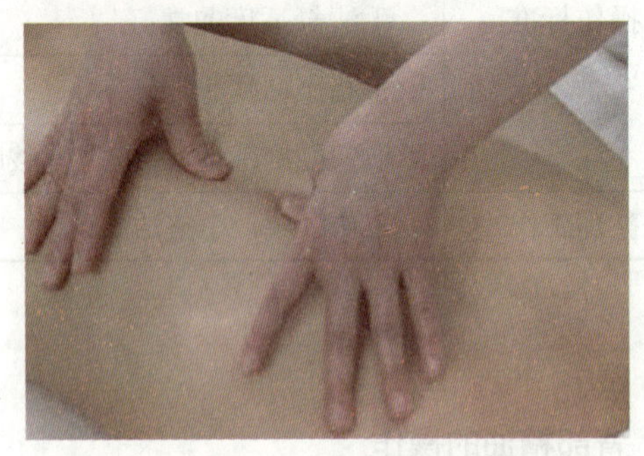

挤毒素

双手平放在背部一侧，用双手的小鱼际将这一侧肌肉夹起。顺序由肩颈至尾骨，一侧做完做另一侧（重复动作2遍）。

注意：双手小鱼际夹肌肉时面积要宽，不要夹顾客表皮。

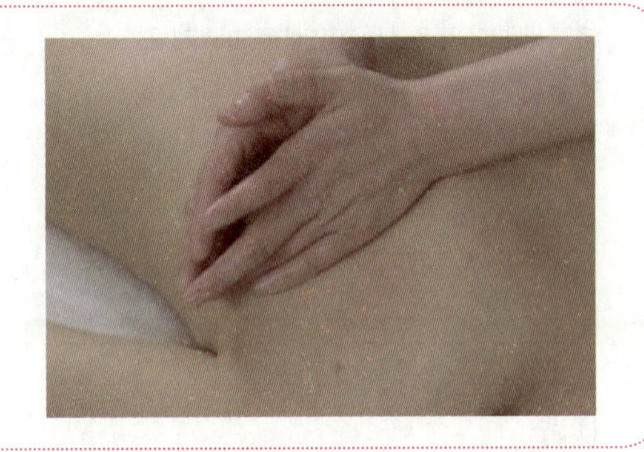

排毒

双手平行竖位放在背部一侧，指尖向下，由内向身体外侧推抹。顺序由肩颈至尾骨，一侧做完做另一侧（重复动作2遍）。注意：全掌贴紧皮肤，力度均匀。

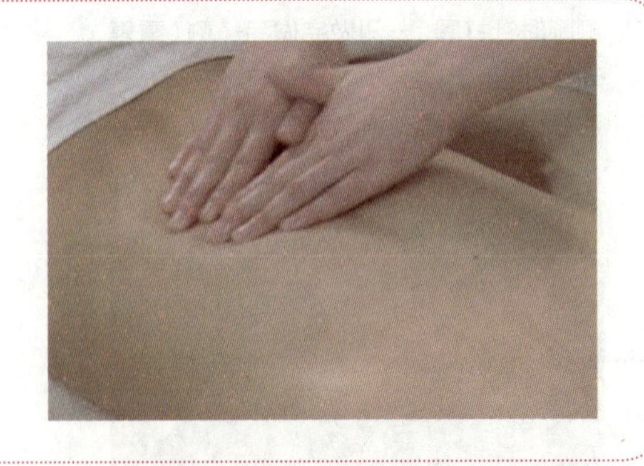

腋下排毒

双手抱住腰部下端，从腰部两侧由下至上推到腋下后，双手半握拳带力从腋下回到腰部两侧，将身体两侧的毒素排除。

注意：来回力度要均匀。

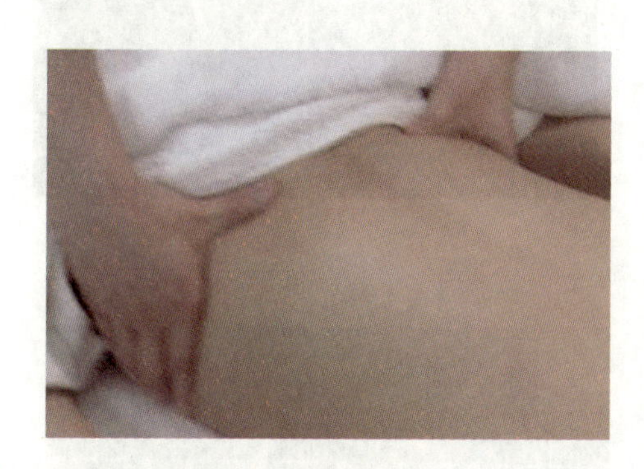

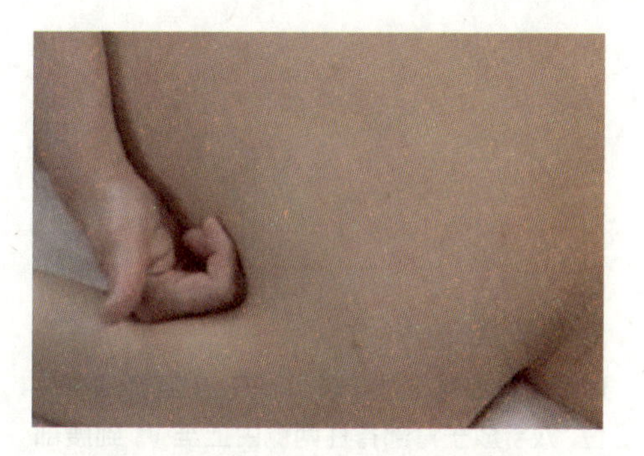

（三）操作流程

常规准备工作

准备背部精油护理需用的工具及产品。

消毒

用准备好的酒精棉片擦拭双手消毒。

注意：消毒双手要到位。

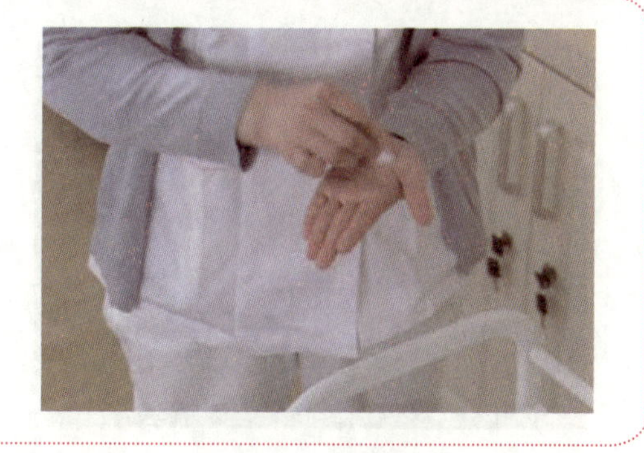

调好按摩油

将10ml基础油+5滴玫瑰精油调制好。

注意：用带有刻度的量杯将基础油与精油按比例调配好。

展油按抚

取适量按摩精油放于掌心展开，美容师站在头位，双手放于背部脊柱两侧由上至下，到腰部分开，从身体两侧至胸部，从胸部提拉到肩部滑下至手臂。将按摩油均匀涂抹在治疗部位。

注意：双手必须保持温度，切忌冰凉；取油量要因人而异，避免浪费。

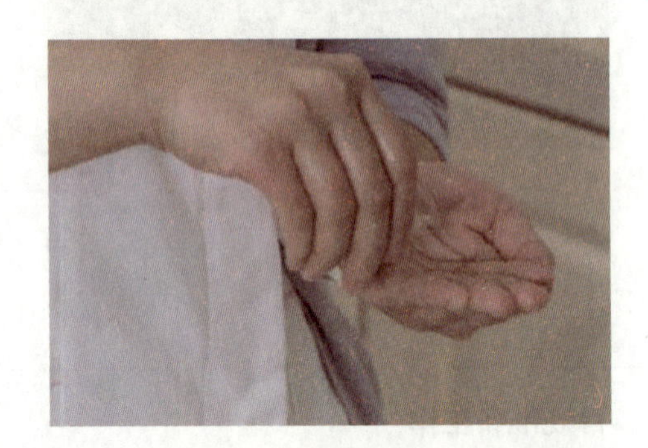

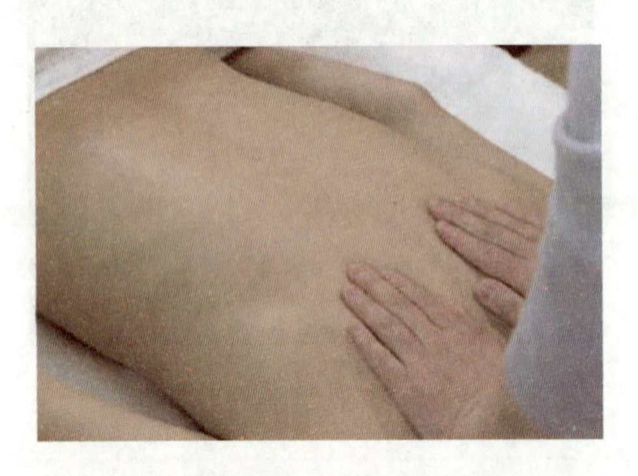

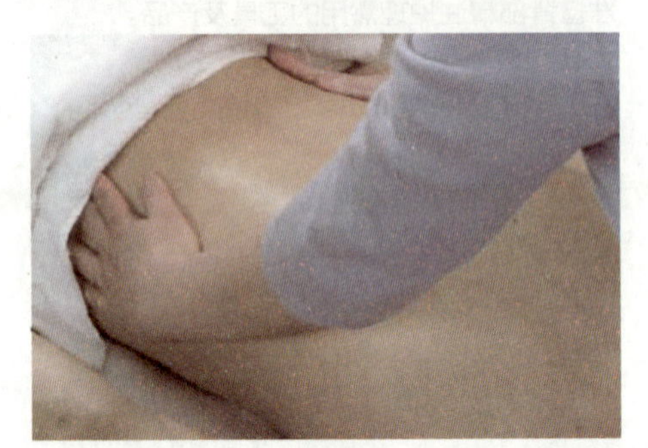

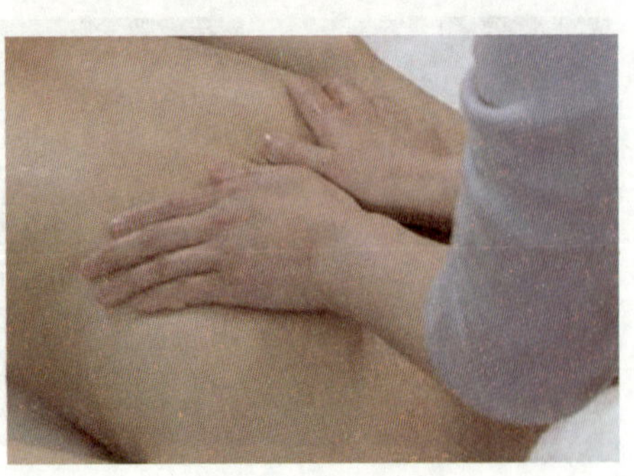

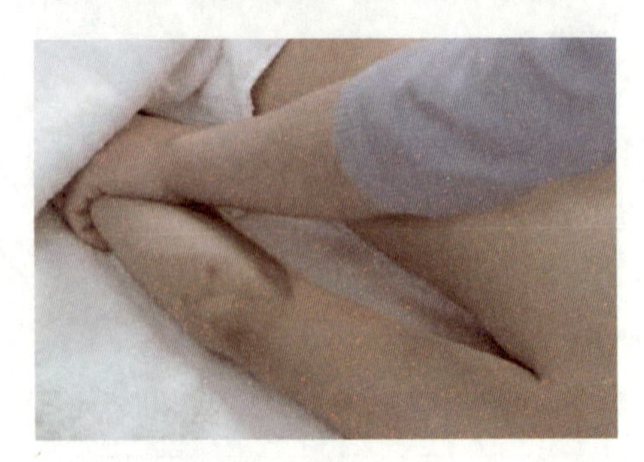

点穴

用双手中指和无名指点按风池穴，然后双手中指重叠点按风府穴（重复动作2遍）。

注意：点按穴位时力度要由轻到重，再由重变轻。

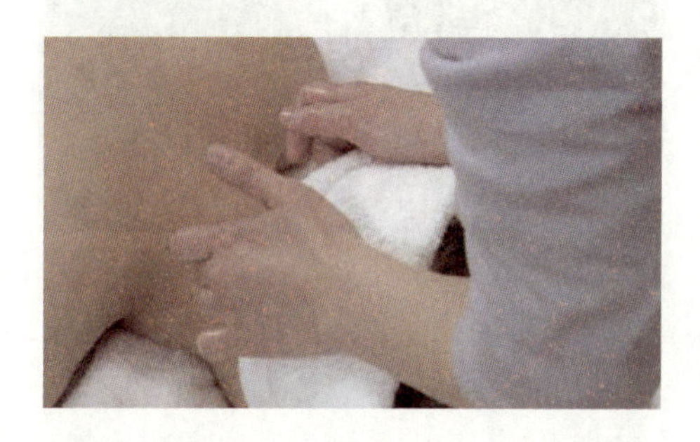
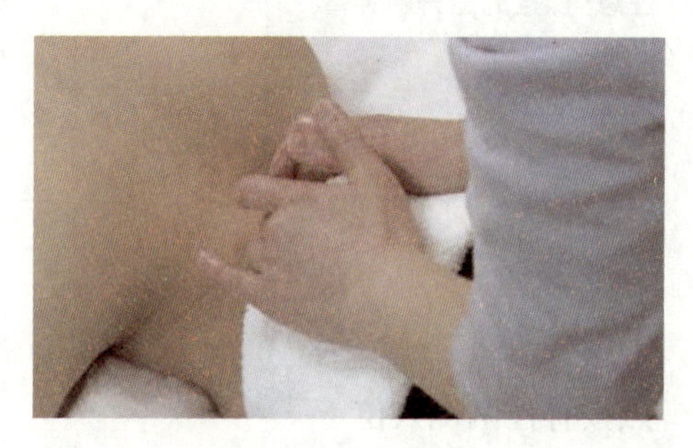

揉背

美容师站在侧位，双手重叠于尾椎骨，在脊柱一侧顺时针打圈，一侧做完滑至另一侧做同样的动作（重复动作1遍）。

注意：全掌贴紧皮肤，力度均匀。

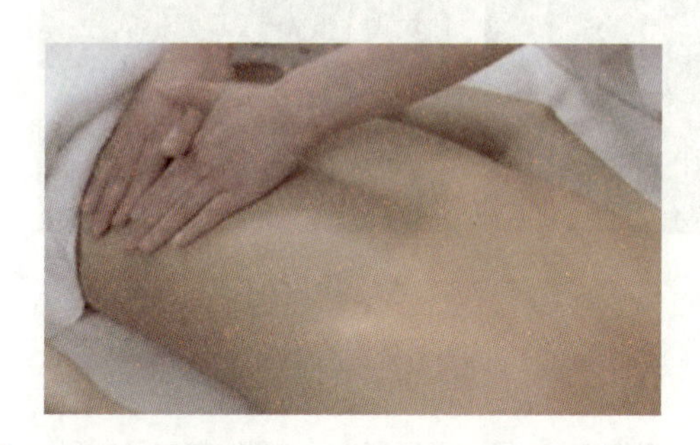
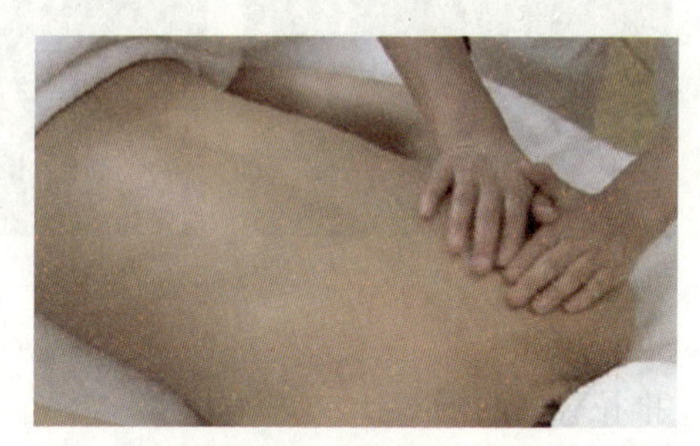

背部走八字

两手掌竖位平行放在左侧肩胛骨下角，从肩胛骨下角向上至右侧肩胛骨上方，再从右侧肩胛骨上方向外侧滑下到同侧肩胛骨下角继而至左侧肩胛骨上方，像画横向8字（重复动作3遍）。

注意：全掌贴紧皮肤，力度均匀。

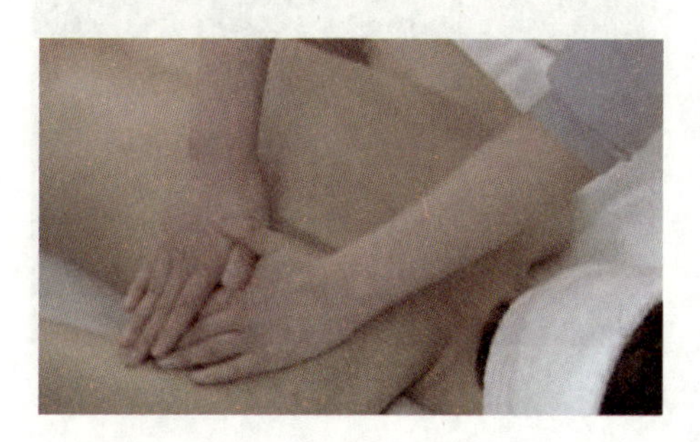
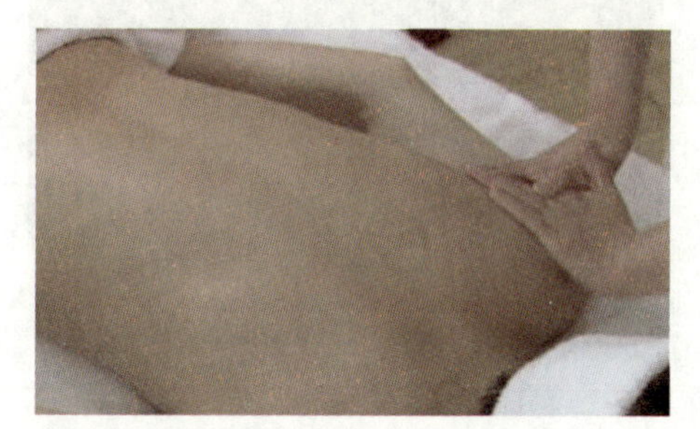

揉捏肩头

美容师站在美容床头位，两手放在肩颈部揉捏斜方肌。

注意：揉捏时避开肩胛骨。

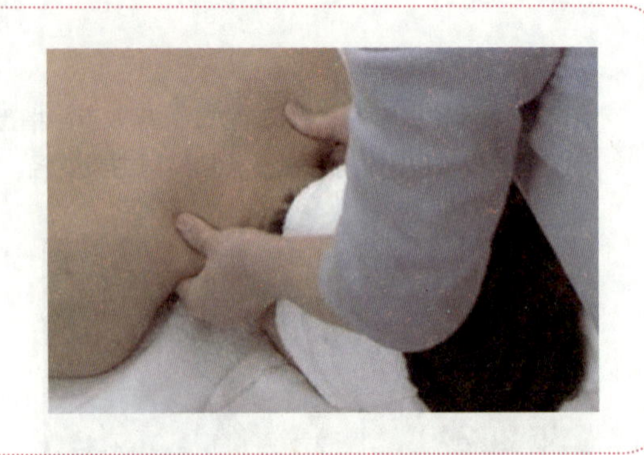

点按脊柱两侧穴位

美容师转至侧位，两手拇指相对，点按脊柱两侧穴位，从第一胸椎开始，点按膀胱经至尾骨，每隔1寸按压一次，一侧做完做另一侧（重复动作2遍）。

注意：配合顾客的呼吸均匀点按穴位，膀胱经在脊柱旁开1.5寸。

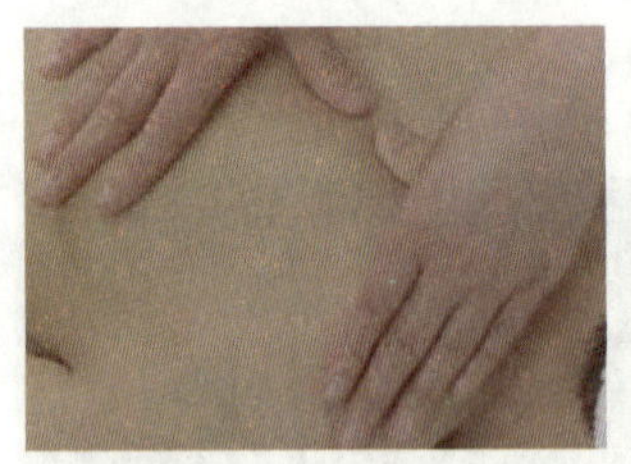

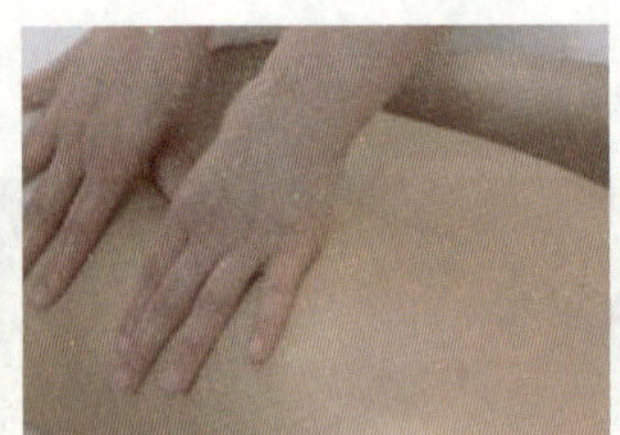

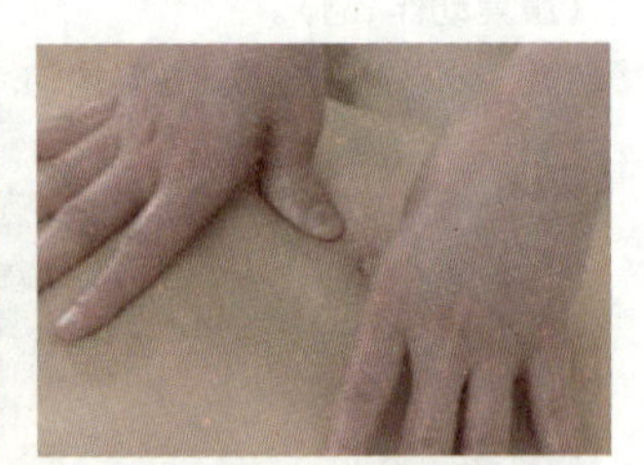

推拉脊柱两侧

美容师双手拇指在脊柱两侧膀胱经穴位上推拉，一手拇指拉，另一手拇指推，一侧做完做另一侧（重复动作2遍）。

注意：从第一胸椎开始推拉至尾骨；左手拇指推，右手拇指拉；拇指推拉时力度因人而异；操作时两手不能离开顾客皮肤。

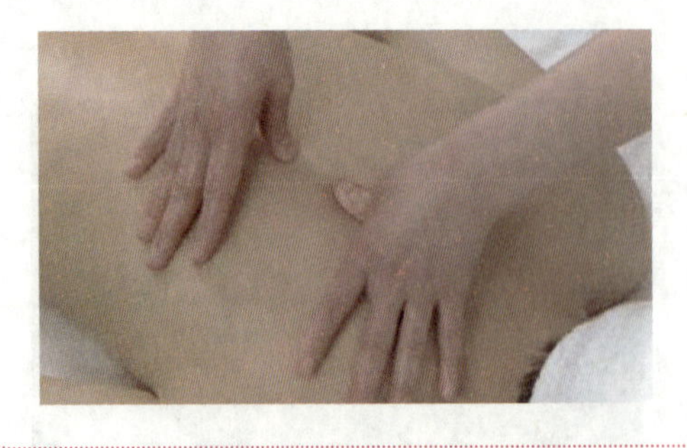

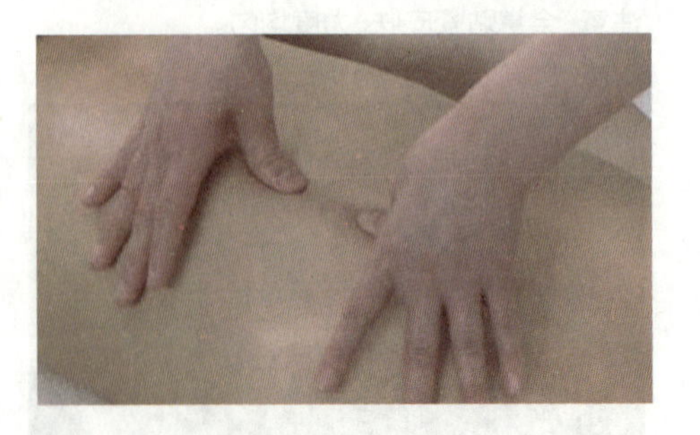

按抚背部

双手虎口放在一侧臀上方，由臀上方部开始交替式推抹至肩颈，一侧做完滑向另一侧腰部（重复动作1遍）。

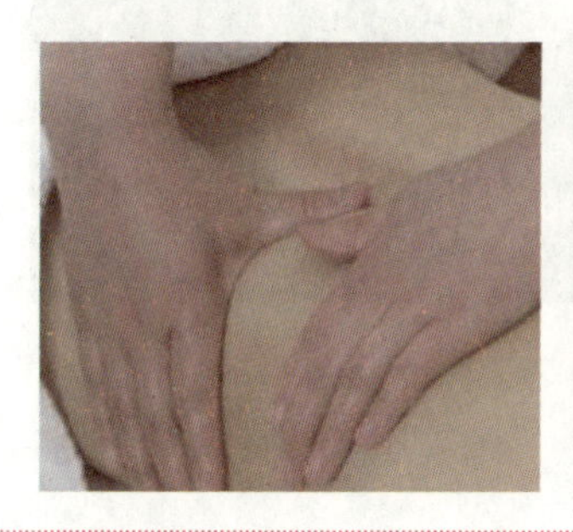
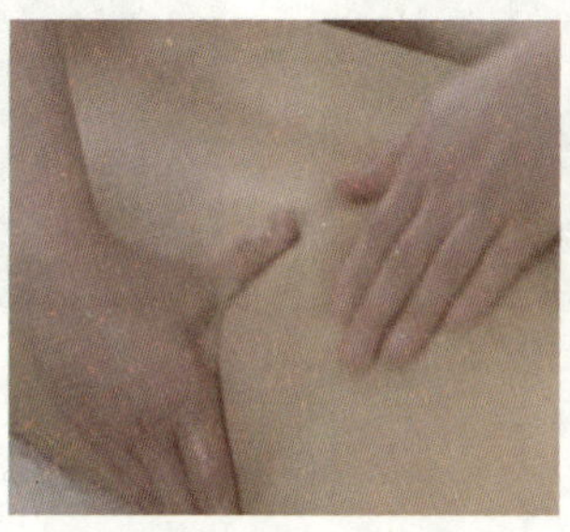
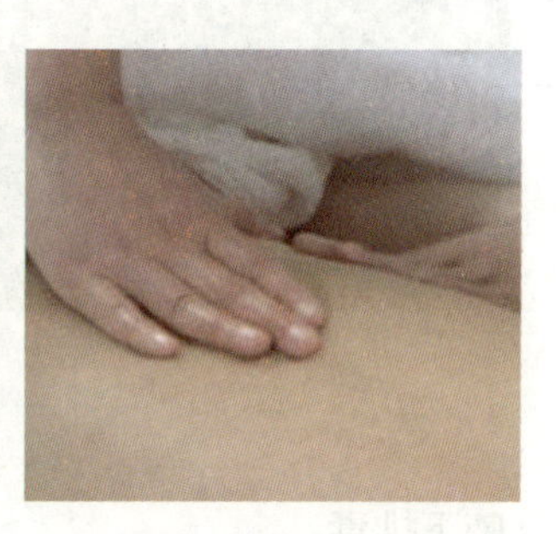

挤毒素

双手平放在背部一侧，用双手的小鱼际将这一侧肌肉夹起，由肩颈至尾骨，一侧做完做另一侧（重复动作2遍）。

注意：双手小鱼际夹肌肉时面积要宽，不要夹顾客表皮。

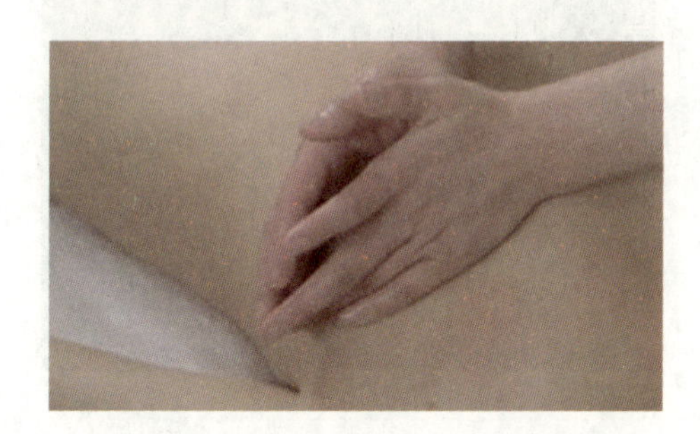
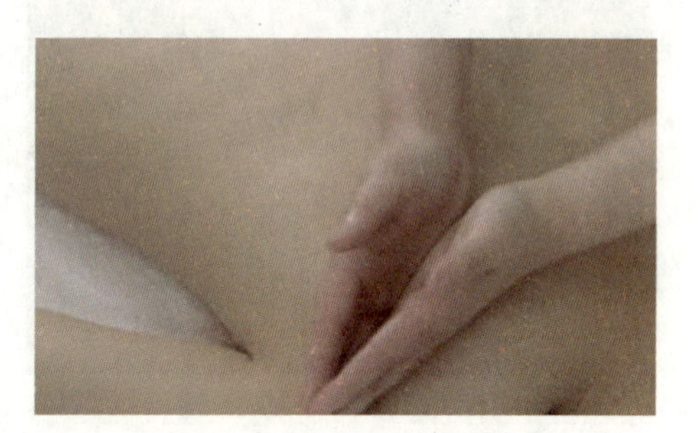

四指排毒

美容师双手平行竖位放在背部一侧，指尖向下，从肩颈部开始，由内向外推抹至腰部，重复动作，从腰部再推向肩部。一侧做完做另一侧。

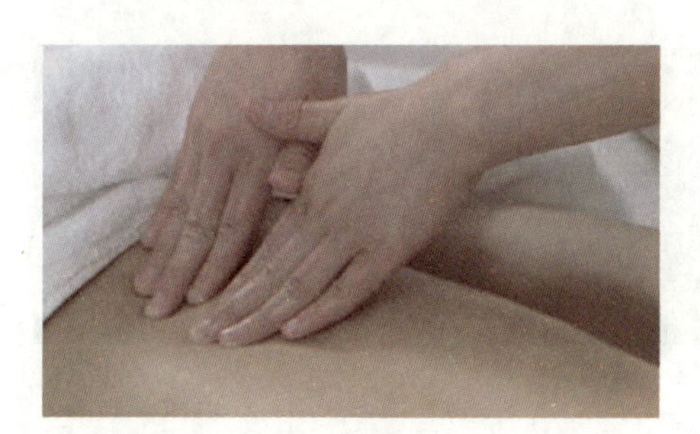
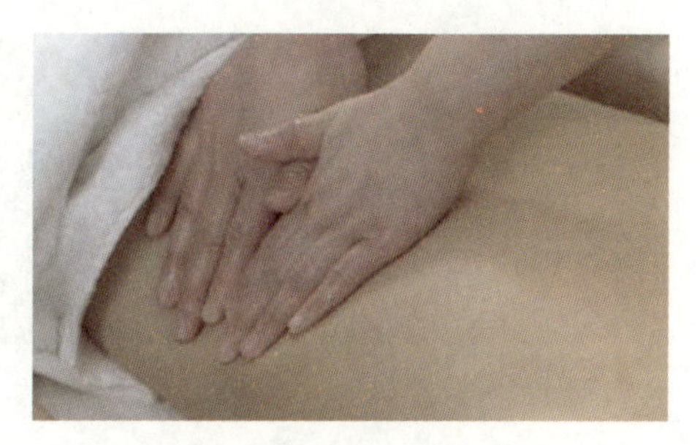

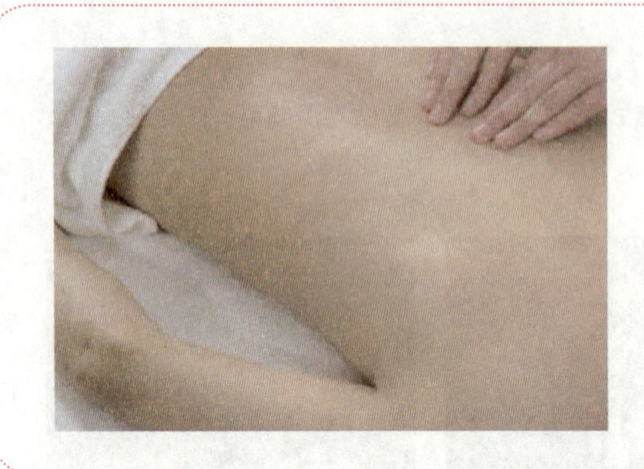
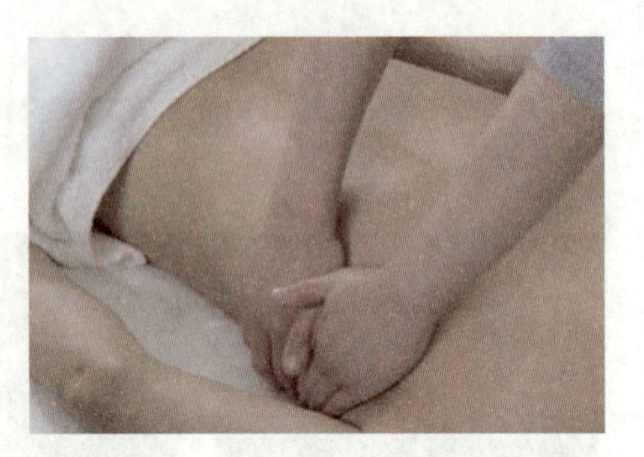

腋下排毒

双手抱住腰部下端，从腰部两侧由下至上推到腋下后，双手半握拳带力从腋下回到腰部两侧，将身体两侧的毒素排出。

注意：来回力度要均匀。

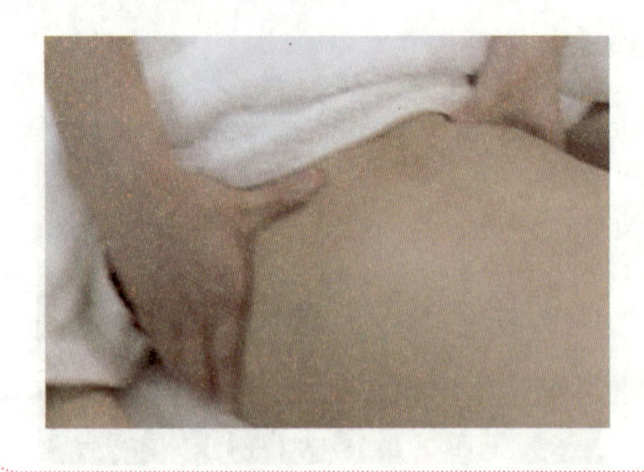
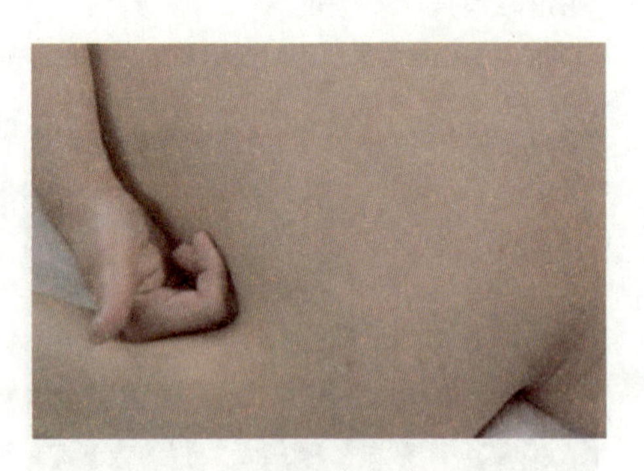

结束

双手放于背部脊柱两侧，由上至下推抹，在腰部两手分开，带力回至肩颈部，两手分开再滑向手臂，从手臂回来至肩颈部，点按风池穴、风府穴。按摩结束后，为顾客盖好毛巾被。

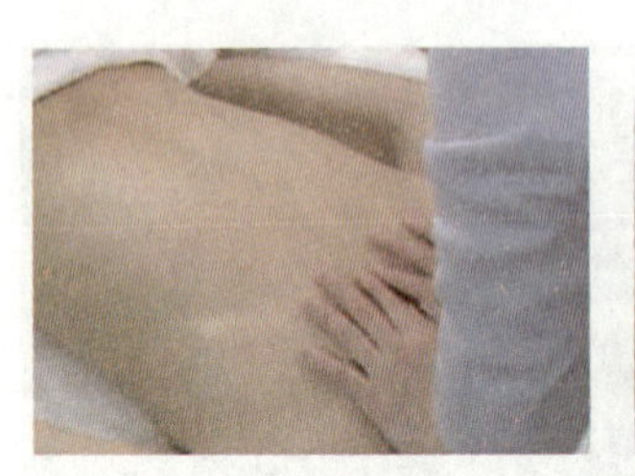
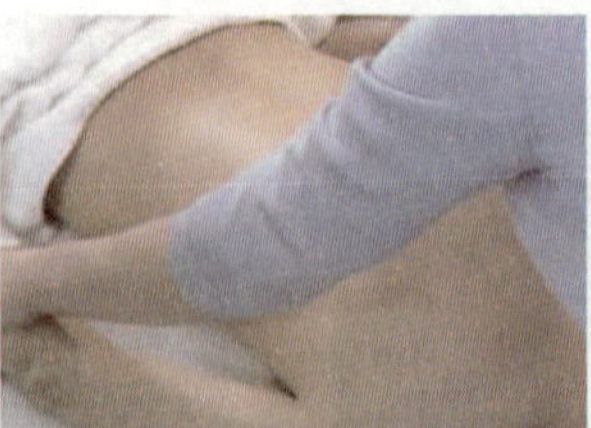
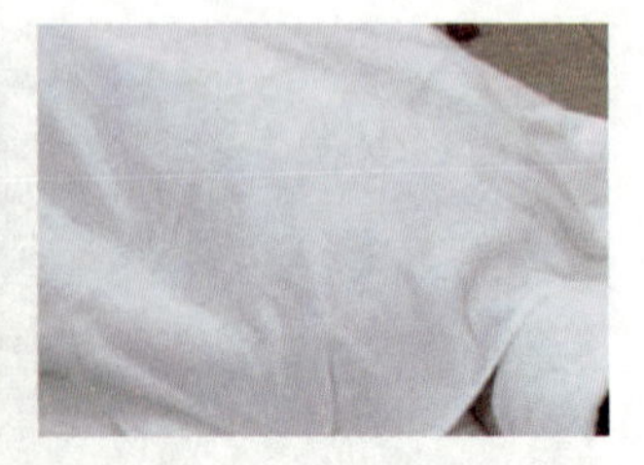

三、学生实践

(一) 布置任务

背部精油护理前准备工作

地点：学生两人一组在实习室进行背部精油护理操作。

工具：75%酒精、棉球（片）、棉球容器、毛巾、美容床、基础油、玫瑰精油。要求：

① 操作前询问顾客皮肤状况和有无身体疾病，并记录下来。

② 不要直接使用精油，将精油与基础油调制好后再使用。

③ 操作后询问顾客感受，并给予顾客建议。

你可能遇到的问题：

① 如果脊柱有问题者，能操作吗？

② 月经已经最后一天，能做玫瑰精油按摩吗？

③ 背部精油护理操作完，顾客背部出现好多小颗粒，为什么？

(二) 工作评价（见表3-1-2）

表3-1-2　背部精油护理工作评价标准

评价内容	评价标准			评价等级
	A（优秀）	B（良好）	C（及格）	
准备工作	工作区域干净整齐，工具齐全，且码放整齐，仪器设备安装正确，个人卫生仪表符合工作要求	工作区域干净整齐，工具齐全，且码放比较整齐，仪器设备安装正确，个人卫生仪表符合工作要求	工作区域比较干净整齐，工具不齐全，且码放不够整齐，仪器设备安装正确，个人卫生仪表符合工作要求	A B C
操作步骤	能够独立对照操作标准，使用准确的技法，按照规范的操作步骤完成实际操作	能够在同伴的协助下对照操作标准，使用比较准确的技法，按照比较规范的操作步骤完成实际操作	能够在老师的指导帮助下，对照操作标准，使用比较准确的技法，按照比较规范的操作步骤完成实际操作	A B C
操作时间	在规定时间内完成任务	规定时间内在同伴的协助下完成任务	规定时间内在老师帮助下完成任务	A B C

续表

评价内容	评价标准			评价等级
	A(优秀)	B(良好)	C(及格)	
操作标准	动作频率与顾客心跳一致	动作频率偏快或偏慢	动作频率太快或太慢	A B C
	动作的力度适中	动作的力度偏轻或偏重	动作的力度太轻或太重	A B C
	手法舒适度非常好	手法舒适度一般	手法舒适度不太好	A B C
	手指服帖度非常好	手指服帖度一般	手指服帖度不好	A B C
	取穴的准确性好,有酸胀感	取穴的准确性多半正确,有酸胀感	取穴的准确性不好,多半无酸胀感	A B C
整理工作	工作区域干净整洁无死角,工具仪器消毒到位,收放整齐	工作区域干净整洁,工具仪器消毒到位,收放整齐	工作区域较凌乱,工具仪器消毒到位,收放不整齐	A B C
学生反思				

四、知识链接

精油的对症与使用方法搭配(见表3-1-3)

表3-1-3 精油的对症与使用方法及搭配

症状或功效	使用方法	基础油	精油搭配
1. 抑郁	薰香	水	橙花+伊兰+洋甘菊+马郁兰
2. 情绪不稳	薰香	水	橙花+伊兰+乳香+天竺葵
3. 更年期问题	薰香/盆浴	水	洋甘菊+天竺葵
4. 失眠	薰香	水	柠檬+马郁兰+葡萄柚+薰衣草

续表

症状或功效	使用方法	基础油	精油搭配
5. 烫伤	薰香/直接涂抹	水/油	薰衣草，可大面积直接使用。
6. 蚊虫咬伤	直接涂抹	荷荷巴油	薰衣草+茶树+佛手柑
7. 淤伤	按摩	葡萄籽油	薰衣草+薄荷+柠檬+薄荷
8. 疤痕	按摩	玫瑰果油	马丁香+乳香+金盏花
9. 青春痘	按摩	荷荷巴油	薰衣草+伊兰+茶树
10. 月经痛	直接涂抹	荷荷巴油	鼠尾草+杜松莓+伊兰+紫檀
11. 黑眼圈	湿敷	花水	天竺葵+洋甘菊+薰衣草
12. 记忆力差	薰香	水	天竺葵+薰衣草+佛手柑
13. 月经不规律	按摩	荷荷巴油	纯质玫瑰+紫檀+洋甘菊
14. 美白去斑	按摩	荷荷巴油	柠檬草+玫瑰+薰衣草+檀香+甜橙
15. 除皱保湿	按摩	荷荷巴油	玫瑰+天竺葵+薰衣草+檀香
16. 淋巴排毒	按摩/盆浴	葡萄籽油	葡萄柚+柠檬+甜橙+杜松
17. 美胸丰满	按摩	葡萄籽油+月见草油	鼠尾草+天竺葵+茴香+柠檬草
18. 排毒瘦身	按摩/盆浴	葡萄籽油/水	迷迭香+杜松+丝柏+薰衣草
19. 除纹紧实（身体）	按摩	葡萄籽油	迷迭香+杜松+天竺葵+檀香
20. 美胸坚挺	按摩	葡萄籽油	柠檬草+丝柏+薄荷+黑胡椒
50. 缓痛舒松	按摩/沐浴	葡萄籽油	乳香+马乔莲+佛手柑+鼠尾草+洋甘菊

项目二　全身舒缓减压排毒护理护理

项目描述:

长期工作和生活压力导致身体机制的不平衡，使我们长期处于疲劳过度的状态。薰衣草精油的护理可以帮助我们改善和消除疲劳，同时还可以舒缓放松心情，减轻肌肉的紧张。

工作要求:

①能够说出常用的几种基础油。

②能够掌握精油的使用方法。

③能够掌握薰衣草精油的作用。

④能按照程序进行全身舒缓减压排毒的护理。

⑤通过动手实践能够使学生积极参与教学活动，依据精油护理工作流程和基本要求进行训练，培养学生安全、卫生等方面的职业能力及素养，树立学生以人为本的服务意识。

一、知识准备

(一) 常用基础油

在精油按摩中有一些精油是需要与基础油调配才能适用于皮肤按摩，常用来调配精油的基础油有杏仁油、葡萄籽油和荷荷巴油。

(二) 精油的使用方法

精油的使用方法有很多，分列如下：

①按敷法：将1~2滴的精油放入1 500ml水中，将纯棉毛巾浸湿水中，反复按敷。

②沐浴疗法：将10滴左右的精油放入浴缸内，进行芳香泡浴。

③按摩法：将精油和基础油调配好后，进行按摩。

④香薰法：将精油滴入香薰灯中，在灯下方点燃蜡烛，吸入芳香的气味可安抚情绪、舒缓压力等。

⑤驱虫、保护衣物：将薰衣草、柠檬、茶树等具有杀菌作用的精油滴在棉花上，放在衣柜里，可防蛀虫。

（三）薰衣草精油的作用及调配方法

薰衣草精油可用于干性皮肤，也可以直接使用在晒后发红和发炎状态下的皮肤上。薰衣草的主要作用是镇静和舒缓，减轻压力，还可以消除头痛、偏头痛。

按摩前调配精油：10ml基础油+5滴薰衣草精油调匀，就可以直接适用于皮肤上。

（四）工具准备

护理前需要准备的工具：75%酒精、棉球（片）、棉球容器、毛巾、美容床、基础油、薰衣草精油。

二、工作过程

（一）工作标准（见表3-2-1）

表3-2-1　全身舒缓减压排毒护理工作标准

内　容	标　准
准备工作	工作区域干净整齐，工具齐全且码放整齐，仪器设备安装正确，个人卫生仪表符合工作要求
操作步骤	能够独立对照操作标准，使用准确的技法，按照规范的操作步骤完成实际操作
操作时间	在规定时间内完成任务
操作标准	动作频率与顾客心跳一致
	动作的力度适中
	手法舒适度非常好
	手指服帖度非常好
	取穴的准确性好，穴位有酸胀感
整理工作	工作区域干净整洁无死角，工具仪器消毒到位，收放整齐

（二）关键技能

1. 全身放松、平衡操作

请顾客俯卧位躺在床上，隔毛巾操作。

腰部

美容师站在侧位，双手横向放在腰部一侧正中交替式按压，一只手按压至肩部，另一只手按压至臀部上方，再从两边回到背部正中。一侧操作完操作另一侧。

注意：对于腰椎不好的人群，按压时力度要轻。

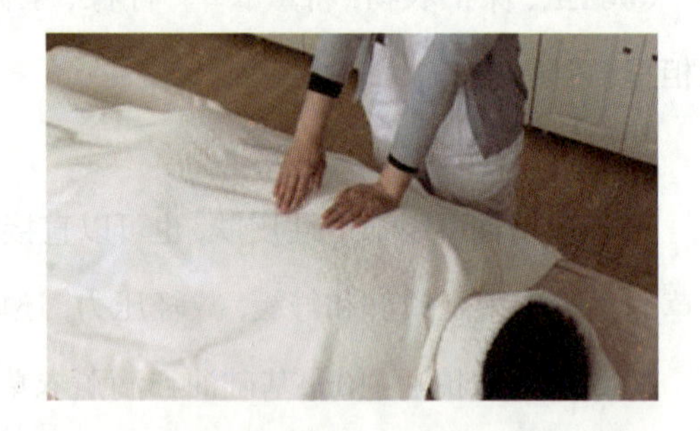

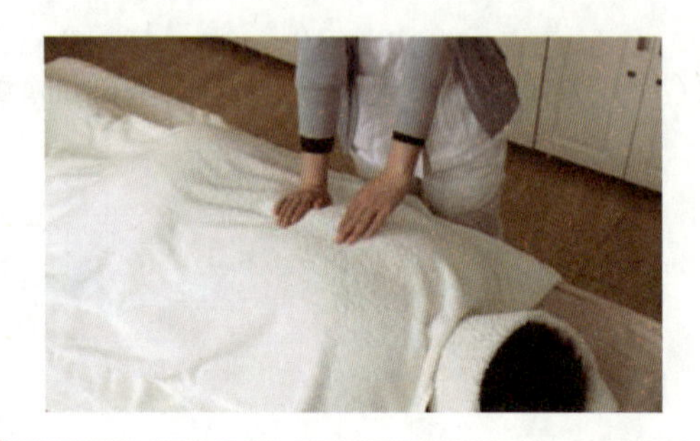

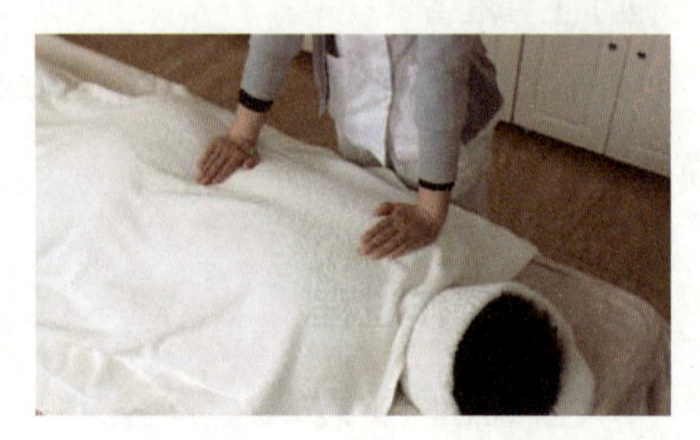

背部

美容师站在侧位，一手放在左肩上，另一手放在同侧臀部上方平行向外用力推；接着美容师一手放在右肩上，另一手放在同侧臀部上方平行向外用力推。

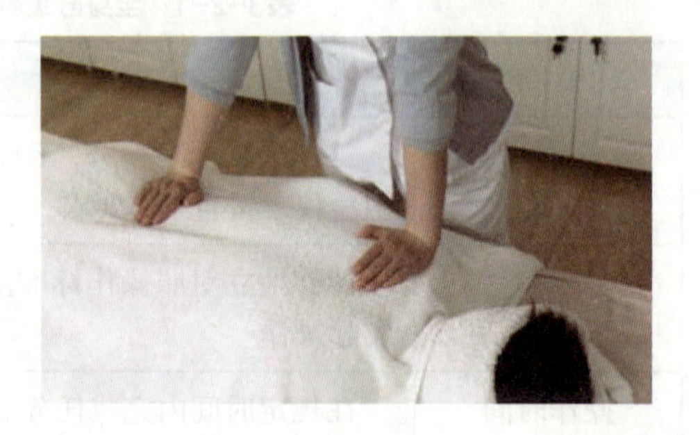

腿部

美容师站在侧位，双手竖位放在腘窝处交替式按压，然后两只手分别向左右两侧交替按压，左手到臀根部止，右手到脚踝止，再从两边交替式按压回到中间。

一只手掌根放在臀部下缘，另一只手虎口卡住脚踝，用力向两侧撑压。做完一侧，用同样的方法对另一侧腿进行按摩。

注意：做完一侧腿后，再做另一侧腿部。

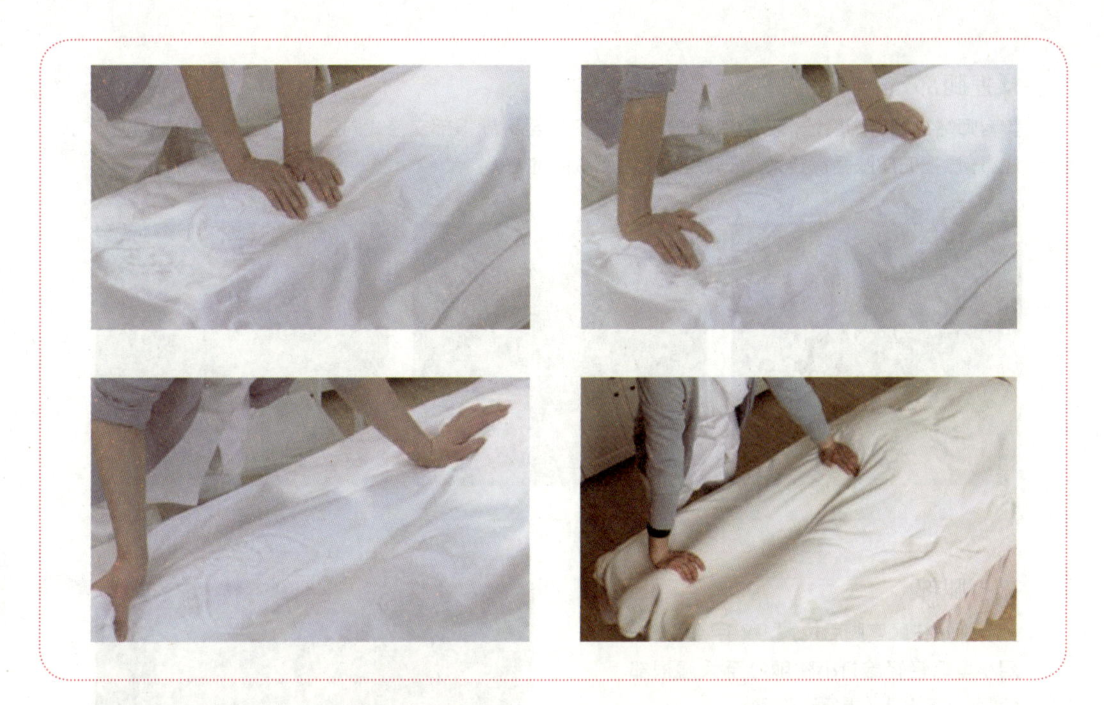

2. 背面腿部操作关键技能

请顾客俯卧位躺在床上，一铡腿部的整个操作完成后，再操作另一铡腿部。

推抹小腿

美容师站在侧位，右手轻抚小腿，左手握住脚踝抬起小腿呈90°，右手推抹小腿背面从脚踝至腘窝止；然后倒手，右手握住脚踝，左手从脚踝至膝盖止，推抹小腿正面（重复动作2遍）。
然后将客人腿部轻轻放下。

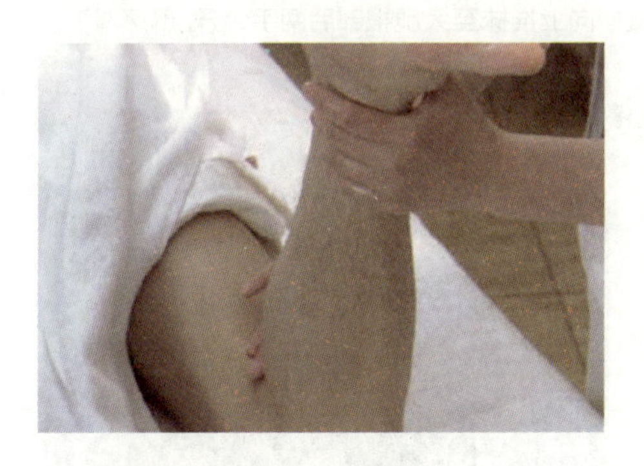

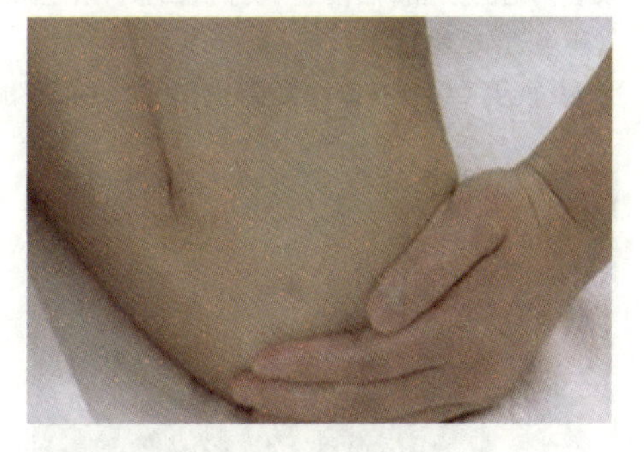

揉捏腿部

美容师站在顾客脚后位，双手虎口张开从脚踝开始至大腿根部交替式向上揉捏（重复动作2遍）。

注意：揉捏时皮肤面积要大，尤其是大腿内侧敏感地方。

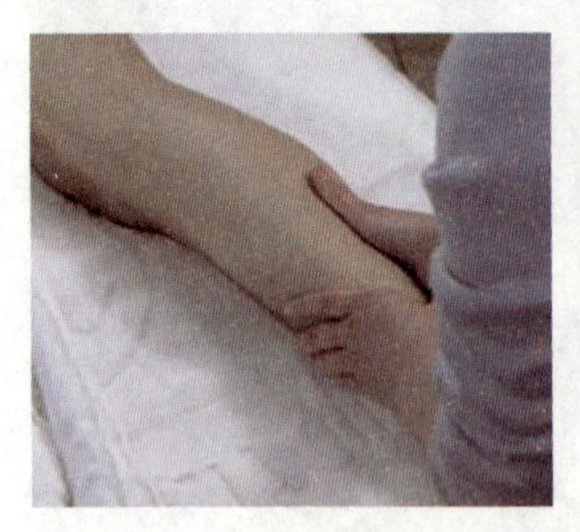
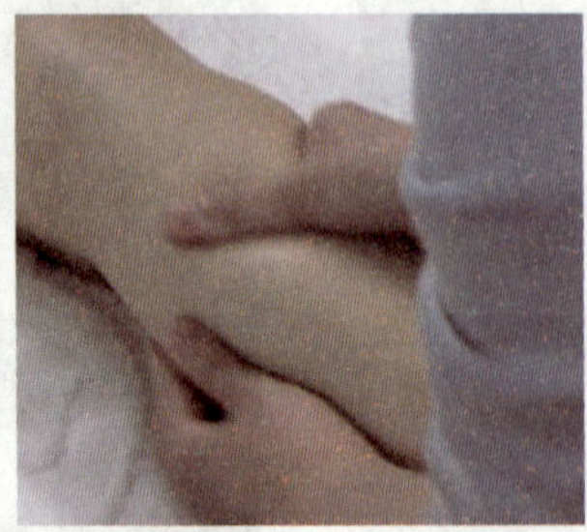
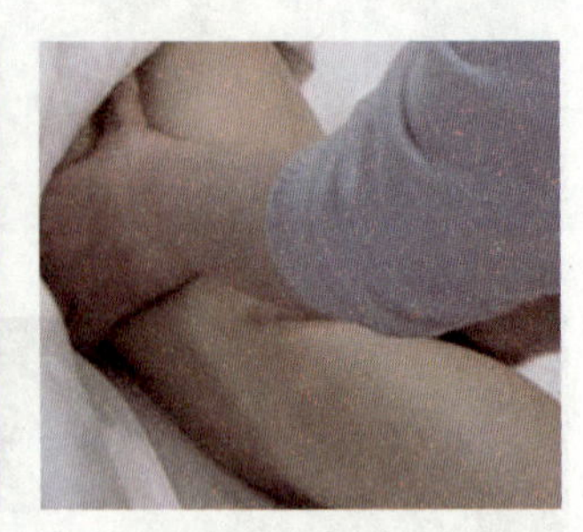

敲打腿部

美容师站在顾客脚后位置，双手半握拳，用小鱼际轻轻敲打小腿腿肚至大腿根部两侧，从下至上（重复动作2遍）。

注意：敲打时利用手腕的力度带动拳头快速敲打。

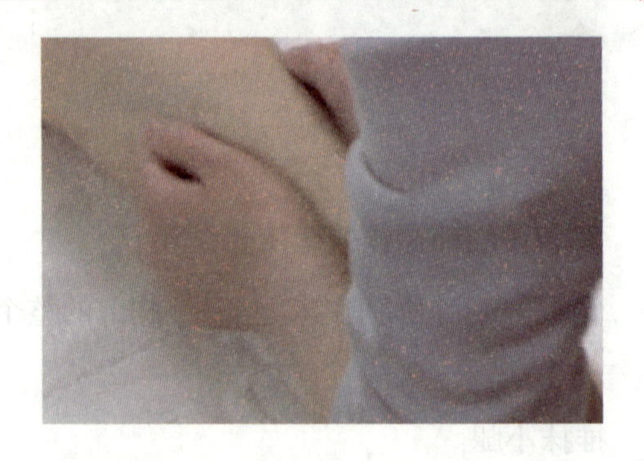

腿部排毒

美容师站在顾客脚后位置，双手虎口张开从足跟慢慢向上推抹至大腿根部后两手分开，迅速滑下（重复动作2遍）。

注意：两手手掌推抹时力度要略微用力，中间不能停顿。

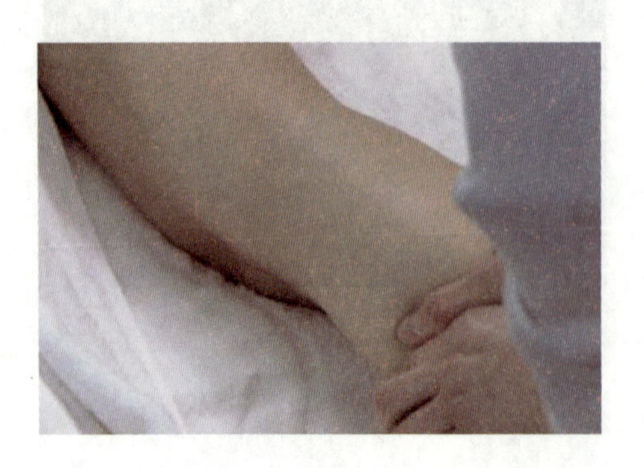
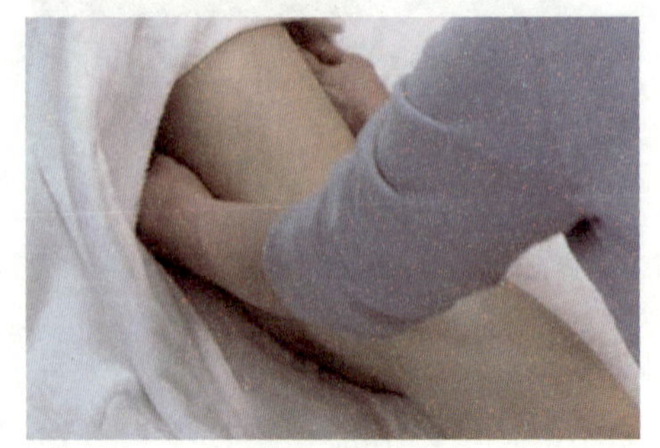

3. 背部操作

请顾客俯卧位躺在床上。

揉背

双手平行竖位放于尾椎骨，在背部一侧顺时针打圈至肩颈部，一侧做完做另一侧。

注意：全掌贴紧皮肤，力度均匀。

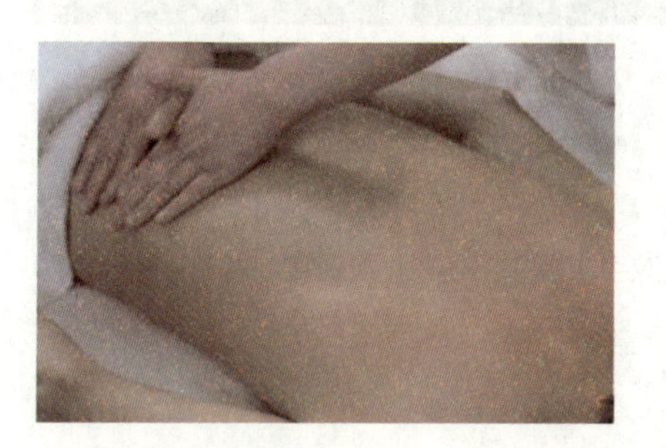

点按膀胱经

两手拇指相对，点按脊柱一侧穴位，从第一胸椎开始至尾椎骨，每隔1寸按压一次，一侧做完做另一侧（重复动作2遍）。

注意：配合顾客呼吸均匀地点按穴位。

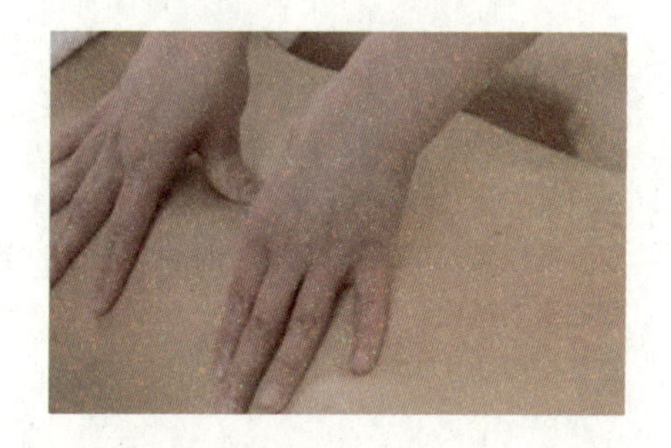

推拉脊柱两侧

双手拇指在脊柱两侧穴位上推拉，一手拇指拉，另一手拇指推。一侧做完做另一侧（重复动作2遍）。

注意：从第一胸椎开始推拉至尾骨；左手拇指推，右手拇指拉；拇指推拉时力度因人而异；操作时两手不能离开顾客皮肤。

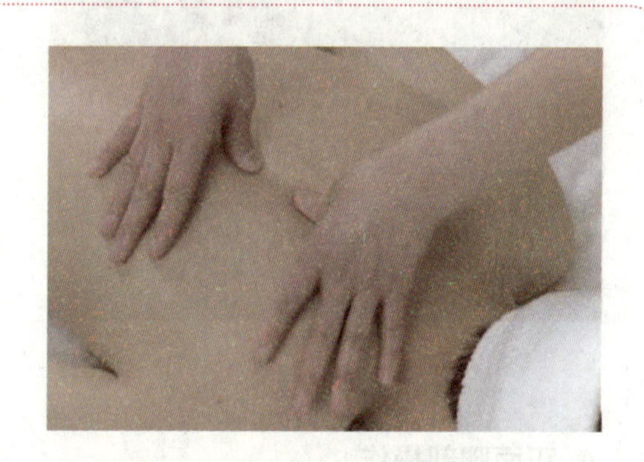

挤毒素

双手平放在背部一侧，用双手的小鱼际将这一侧肌肉夹起。顺序由肩颈部至尾骨，一侧做完做另一侧（重复动作2遍）。

注意：双手小鱼际夹肌肉时面积要宽，不要夹顾客表皮。

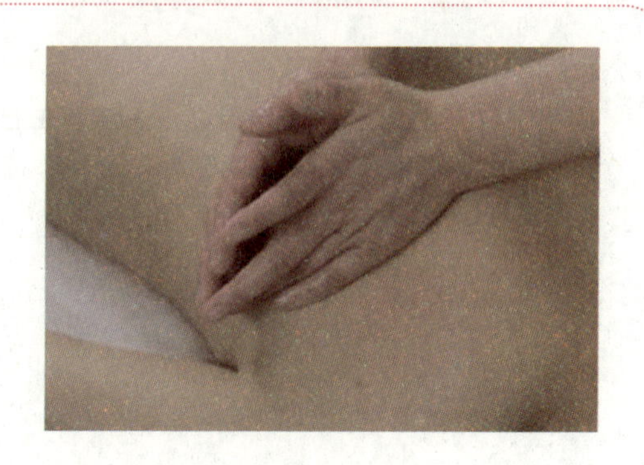

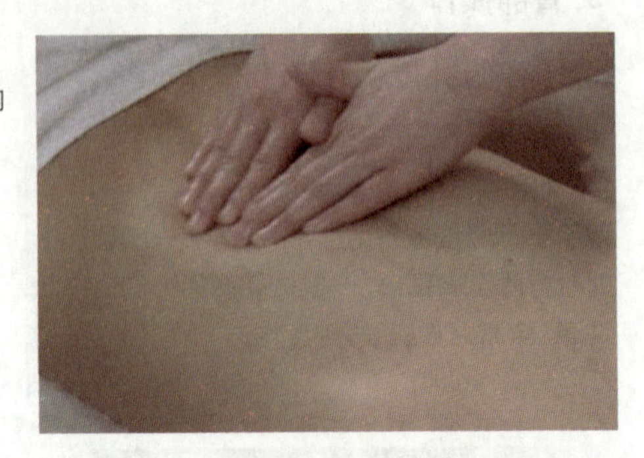

四指排毒

双手掌平行，竖位放在背部一侧，指尖向下，由内向身体外侧推抹，一侧做完做另一侧。

注意：全掌贴紧皮肤，力度均匀。

腋下排毒

双手抱住腰部下端，从腰部两侧由下至上推到腋下，双手半握拳，再带力回到腰部两侧，将身体两侧的毒素排出。

注意：来回用力均匀。

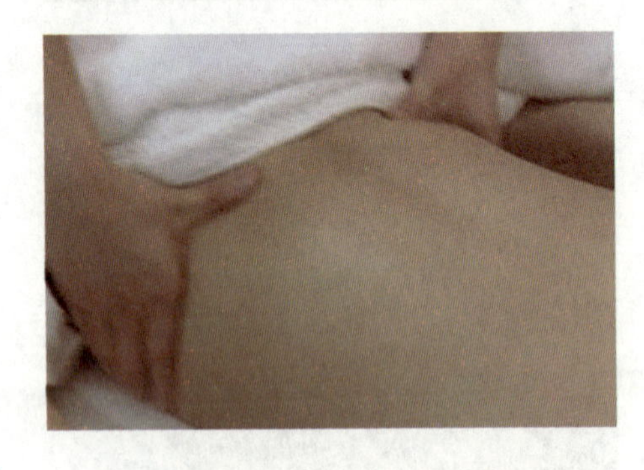

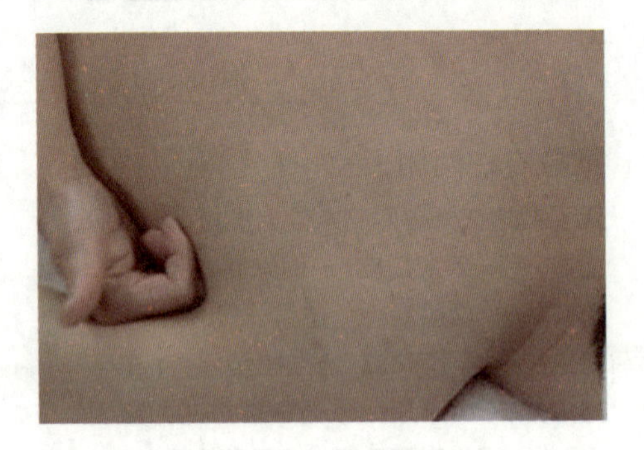

4. 正面腿部操作

正面腿部按抚

美容师站在侧位，双手掌交错相对，一只手掌在上，另一只手掌放在脚踝处，从脚踝部开始向上推至大腿根部，两手分开从大腿两侧滑下至脚踝，接着一只手在脚面，另一只手在脚掌，包裹住整个脚慢慢向上从脚尖滑出（重复动作3遍）。

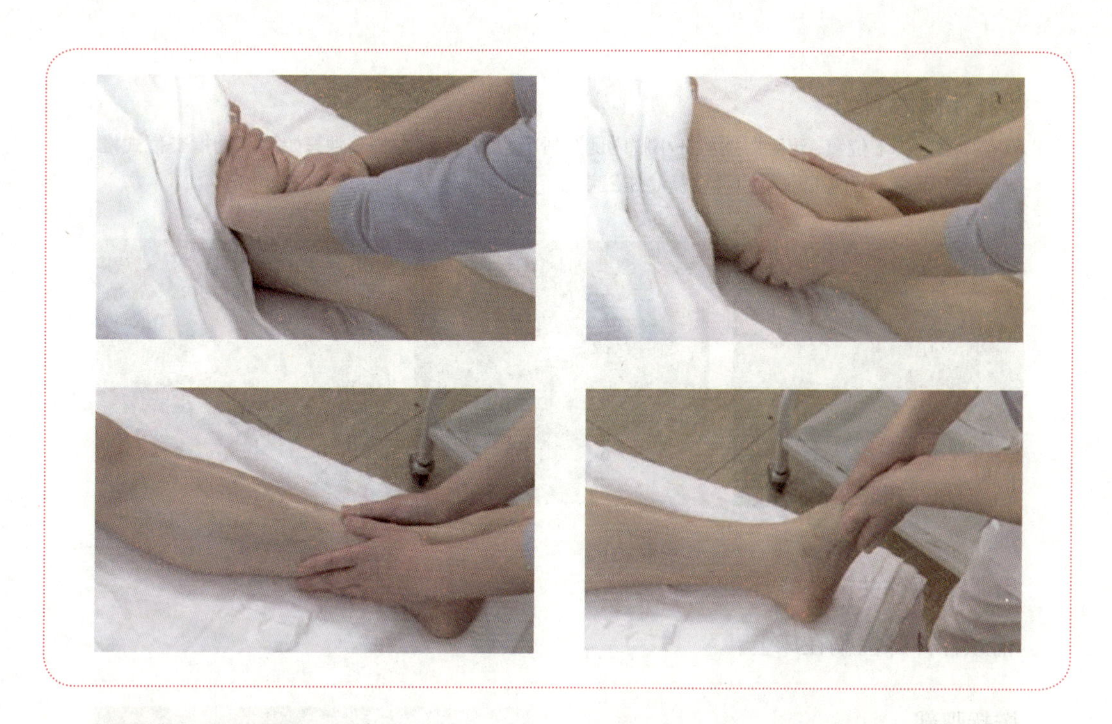

揉捏大腿

美容师站在侧位，双手虎口张开放在膝盖上方，从膝盖上开始两手交替式揉捏至大腿根部（重复动作5遍）。

注意：大腿内侧敏感处揉捏时面积要大。

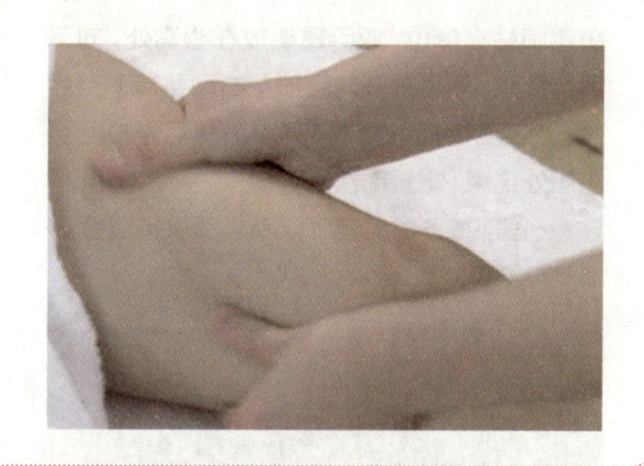

敲打大腿

美容师站在侧位，双手半握拳放在膝盖上方两侧，从膝盖上方两侧开始敲打至大腿根部（重复动作2遍）。

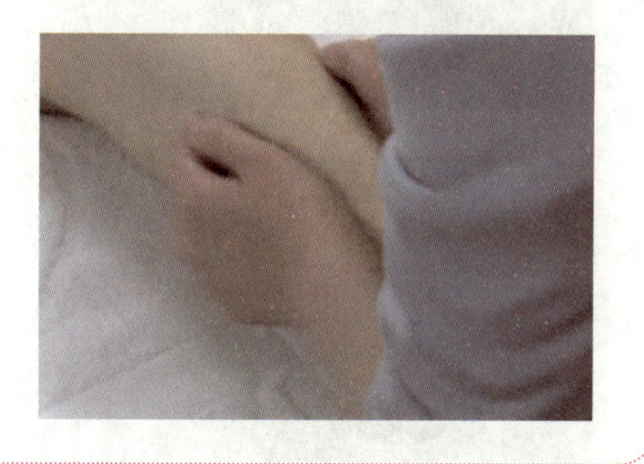

推抹小腿内侧

美容师站在脚下位置，双手拇指放在小腿内侧胫骨下方，从小腿内侧脚踝开始两手拇指交替式推抹至膝盖下缘，从小腿两侧滑下（重复动作2遍）。

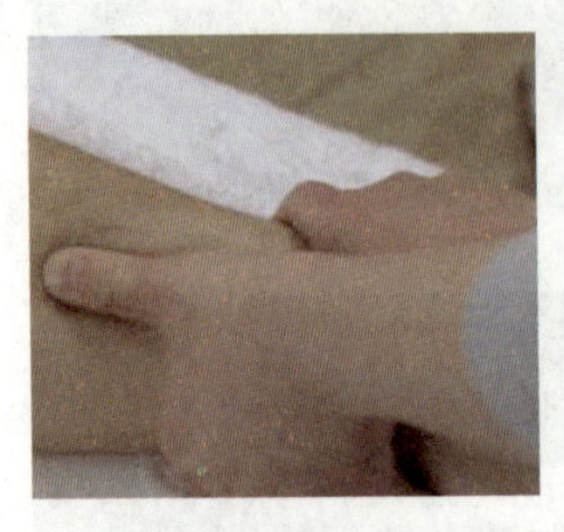
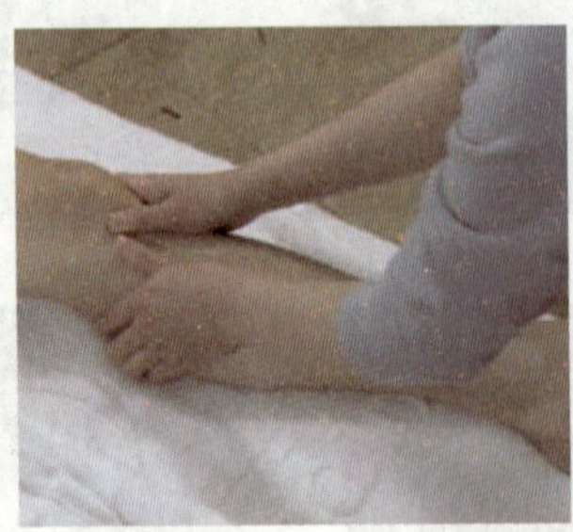
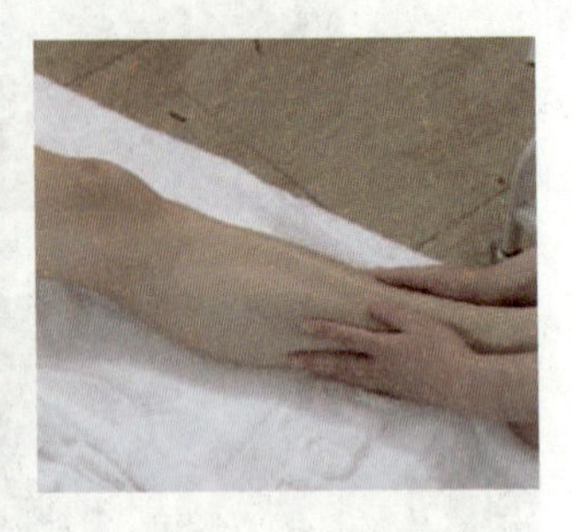

5. 腹部操作关键技能

请顾客仰卧位躺在床上。

按抚腹部

美容师站在侧位，双手重叠放在心窝处，向下滑至肚脐。双手分开向腰部左右两侧滑下至后腰，双手四指插进腰部下面。再从后腰拉回至小腹处结束（重复动作2遍）。

注意：腹部按摩时美容师双手必须保持温度。

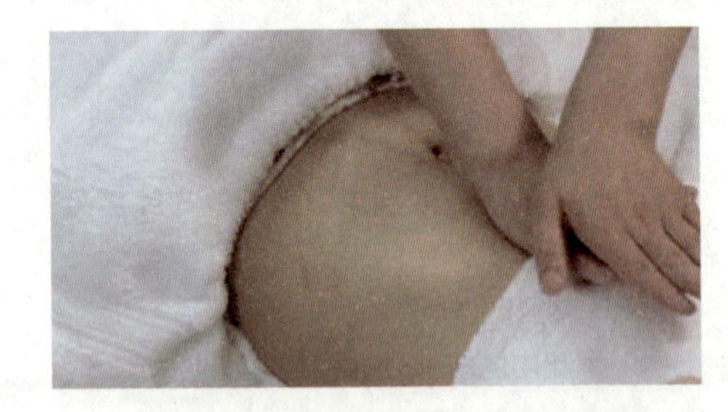
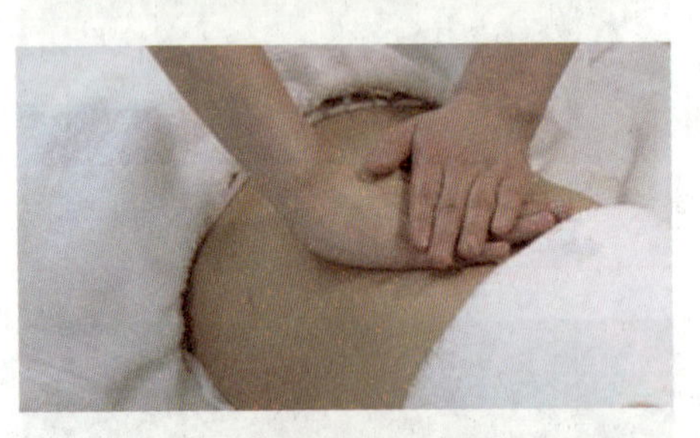
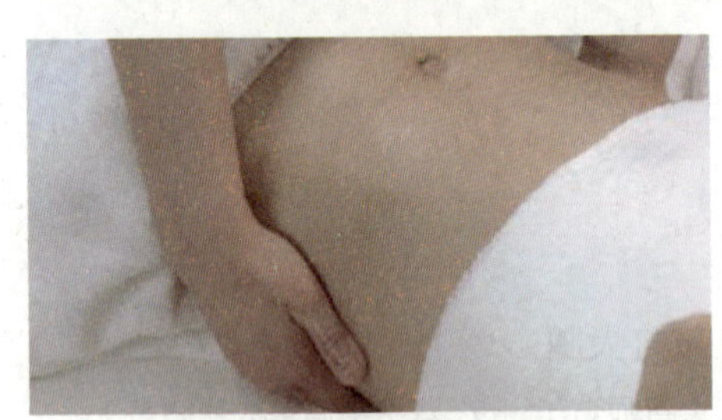
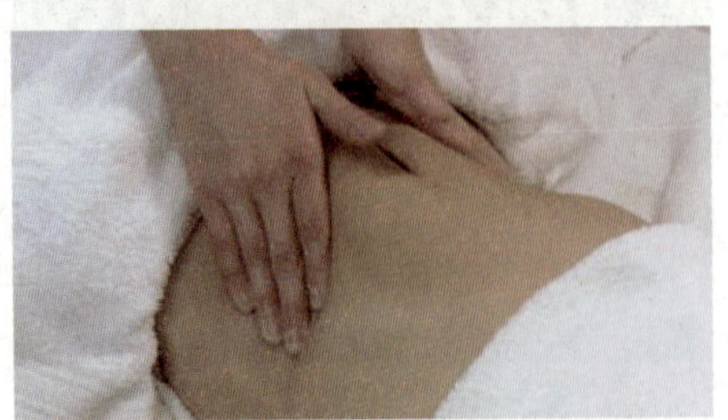
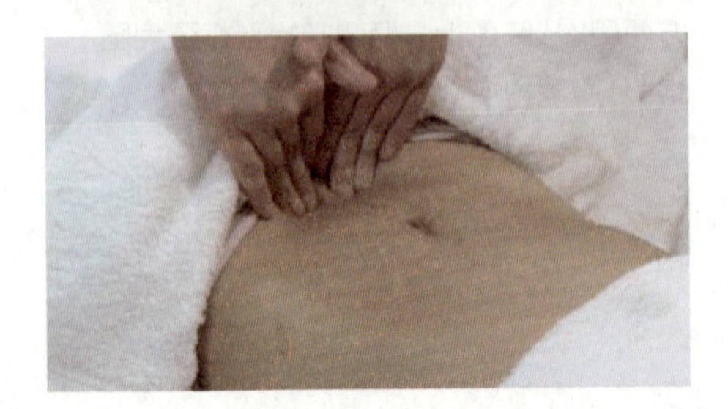

揉大肠

美容师站在侧位，双手重叠放在肚脐右下方，从肚脐右下方开始围绕肚脐用打圈的手法按摩至肚脐左下方止（重复动作2遍）。

注意：揉大肠可以帮助肠道蠕动、消除便秘和胀气，如果有肠道不好的顾客操作次数可增加；揉大肠的顺序：升结肠—横结肠—降结肠—乙状结肠—直肠，垂直滑下。

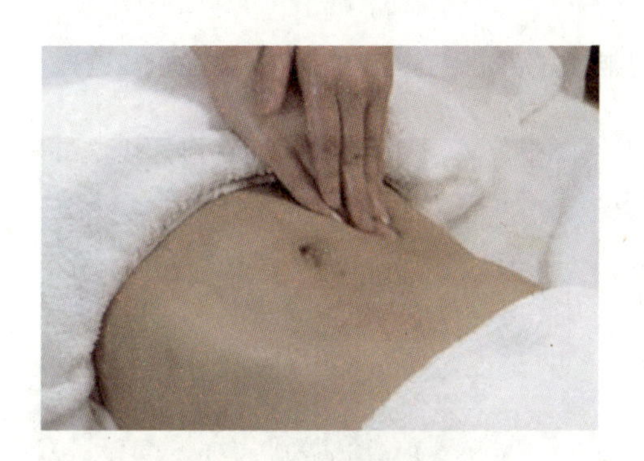
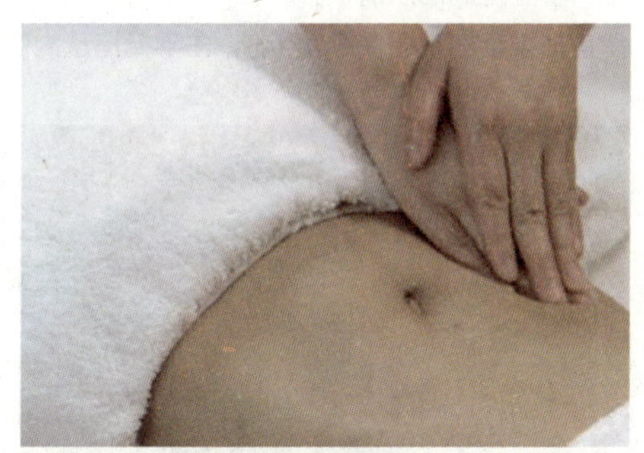
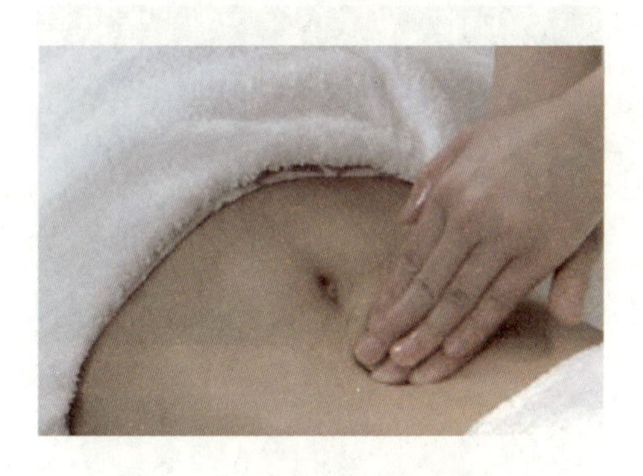
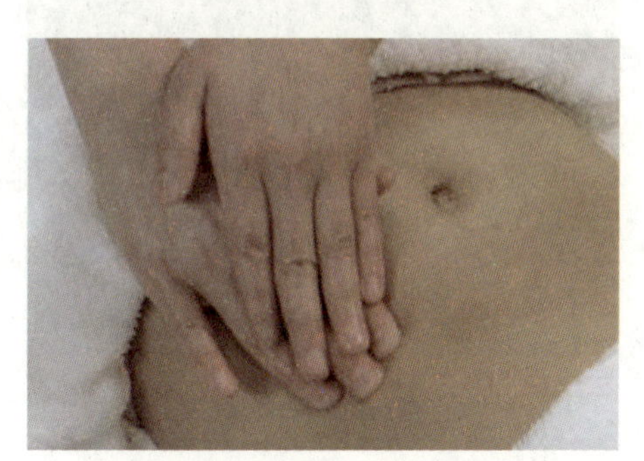
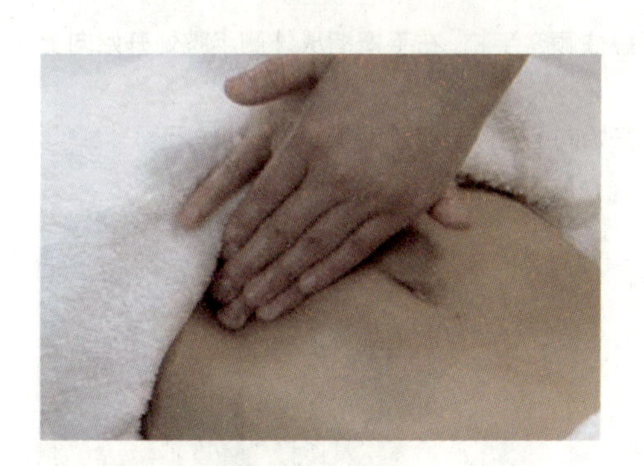
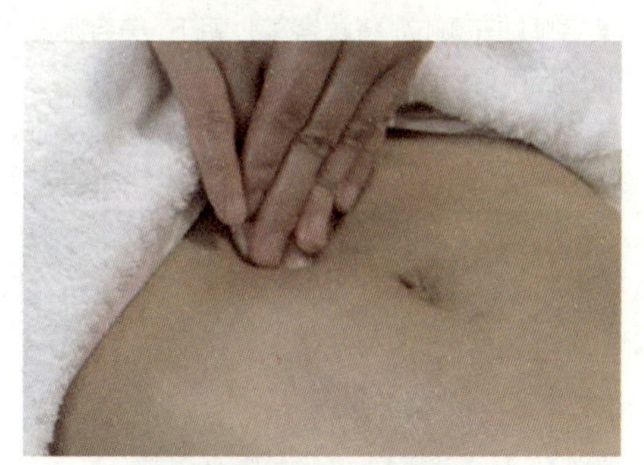

6. 手臂部操作

请顾客仰卧位躺在床上。

手臂正面按摩

美容师站在侧位，将顾客掌心朝上，美容师左手握住顾客手腕，右手大拇指从外侧手腕处开始向上打小圈至肩部后滑下。

美容师换手右手握住顾客手腕，左手拇指从内侧手腕处开始向上打圈至腋下滑下（重复动作2遍）。

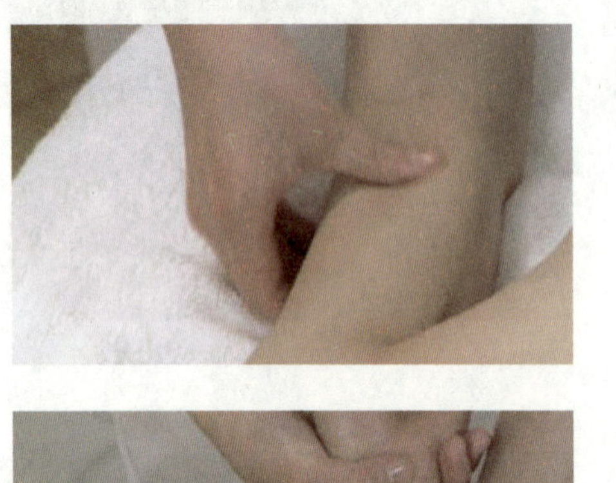
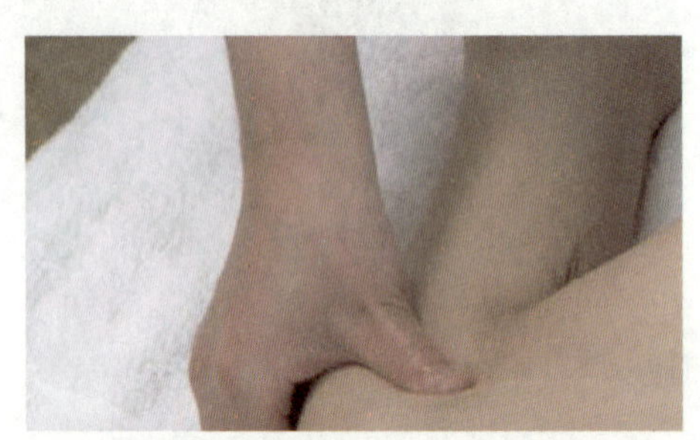
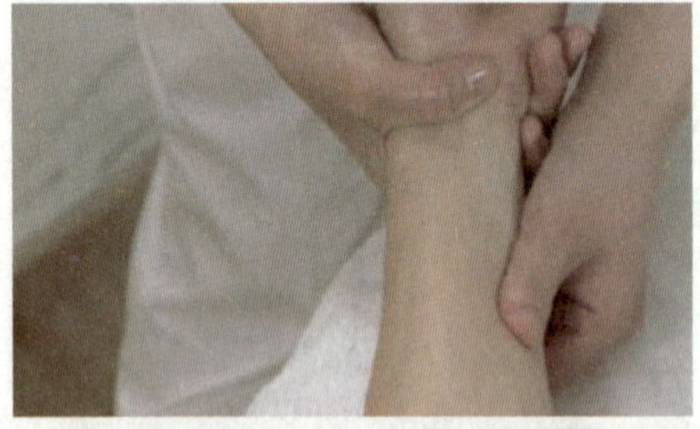
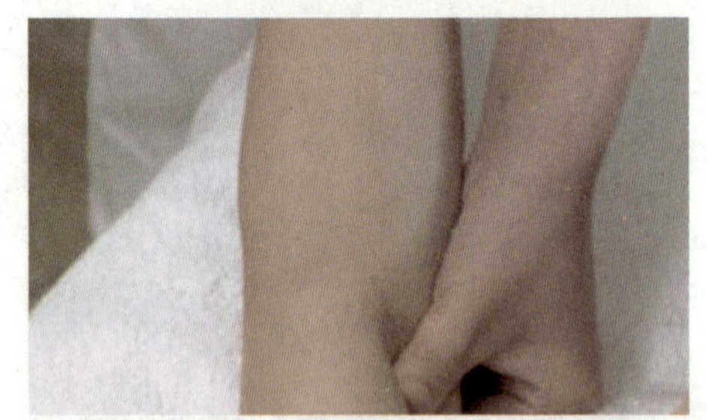

手臂背面按摩

美容师站在侧位，将顾客掌心朝下，美容师左手握住顾客手腕，右手拇指从外侧手腕处开始向上打圈至手臂后面再到肩部后滑下。

美容师换右手握住顾客手腕，左手从内侧手腕处开始向上打圈至腋下滑下（重复动作2遍）。

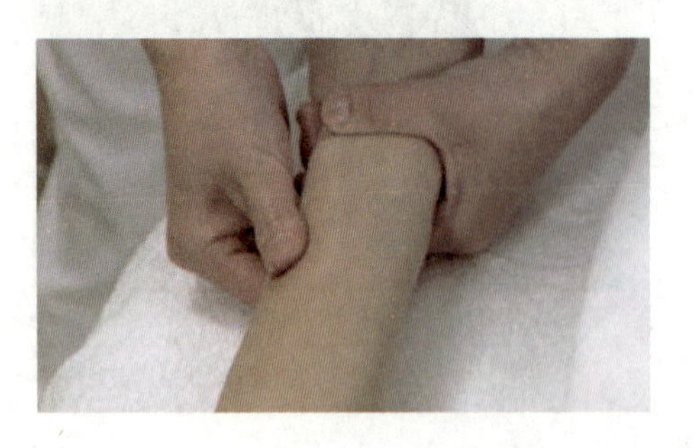
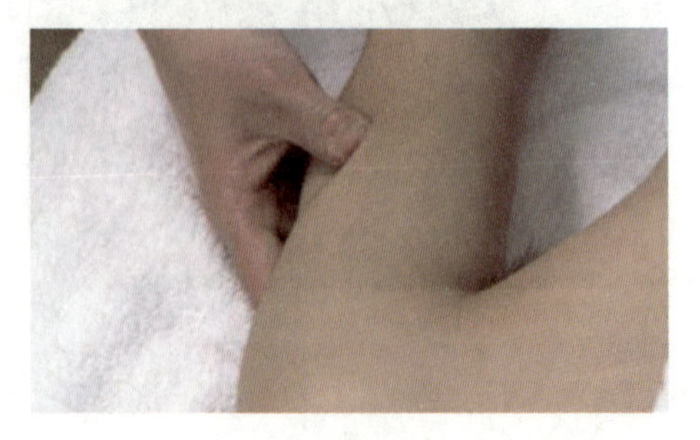

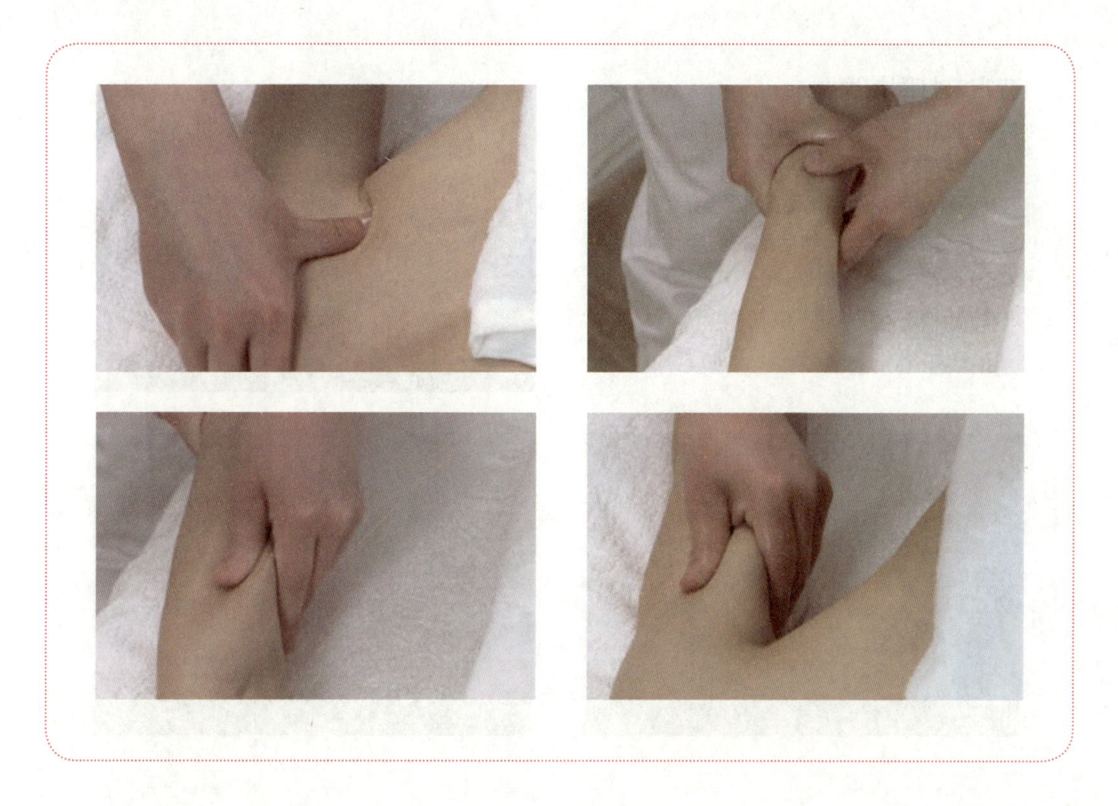

手背部按摩

美容师站在侧位，美容师一只手四指托住顾客一只手，然后将两个拇指放在顾客手背部，交替式向手背外侧打圈，接着美容师双手拇指交替式推抹指缝，从中间指缝开始向上侧依次推抹。

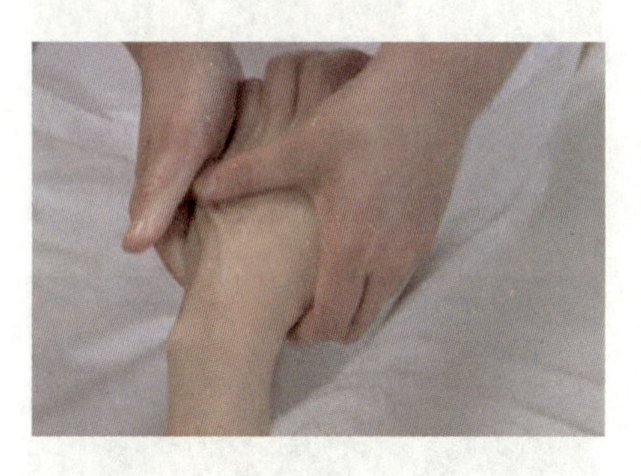

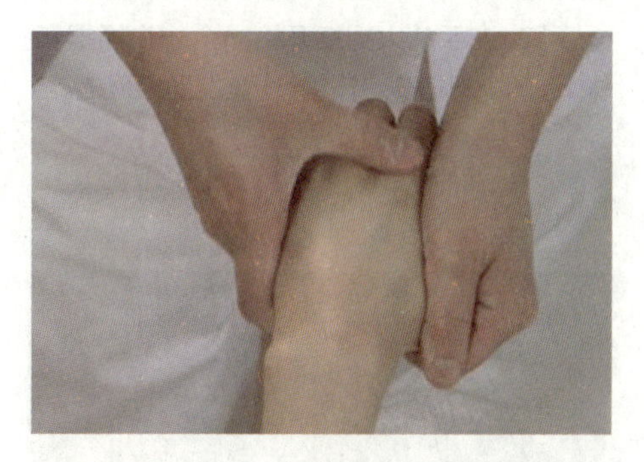

劳宫穴打圈按摩

美容师站在侧位，左手握住顾客手腕，将顾客手慢慢打开，让顾客的中指轻轻弯曲放下，顾客弯曲中指所指的手掌位置即是劳宫穴。

右手握住顾客手背，然后用左右手大拇指在掌心（劳宫穴）打圈按摩。

注意：按摩的穴位要准确。

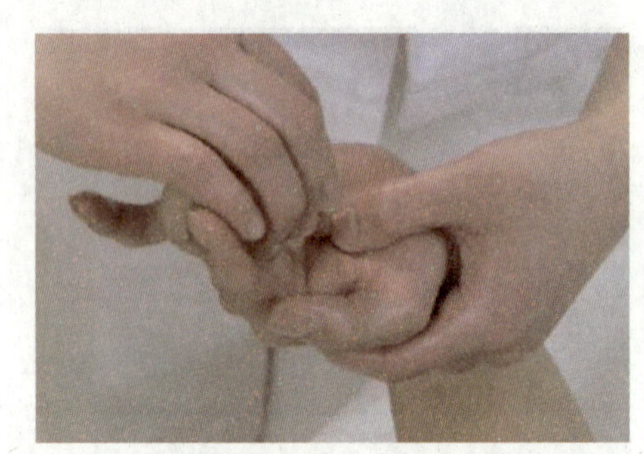

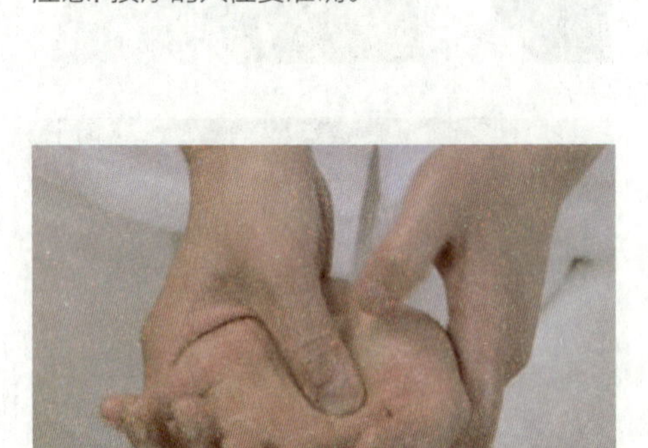

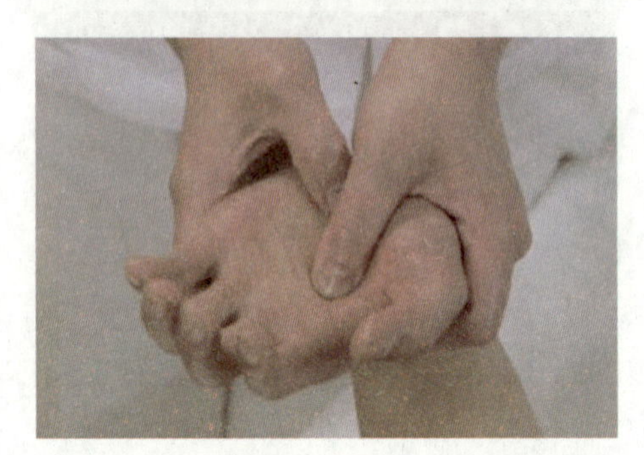

揉捏手指关节

美容师站在侧位，左手握住顾客手腕，右手从顾客大拇指开始一个一个地由上至下揉捏指关节， 从小拇指开始按揉，一直按到大拇指。

在做另一手时，美容师换手右手握住顾客另一手腕，左手从大拇指开始一个一个揉捏指关节，从小拇指开始按揉，一直按到大拇指。

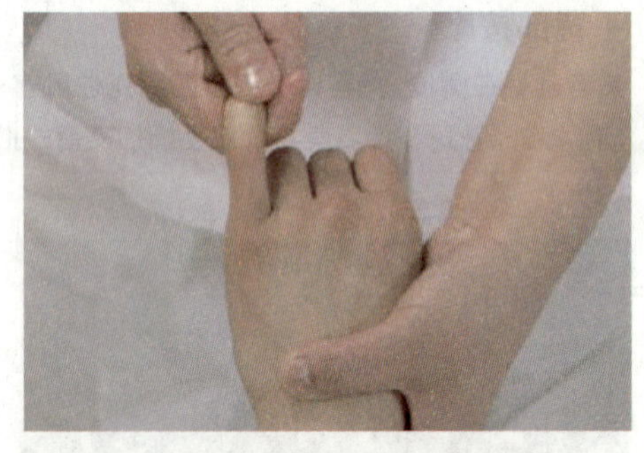

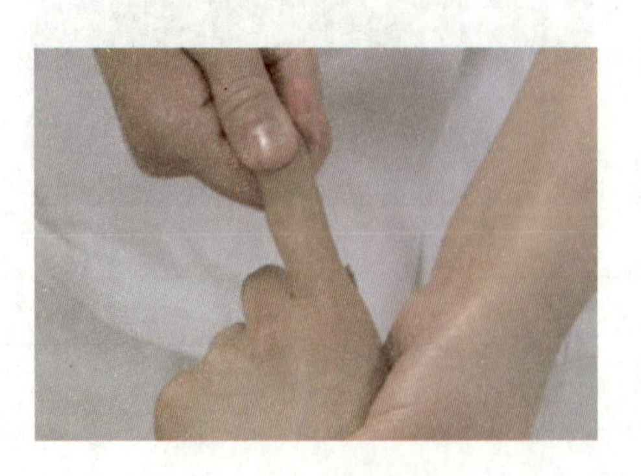

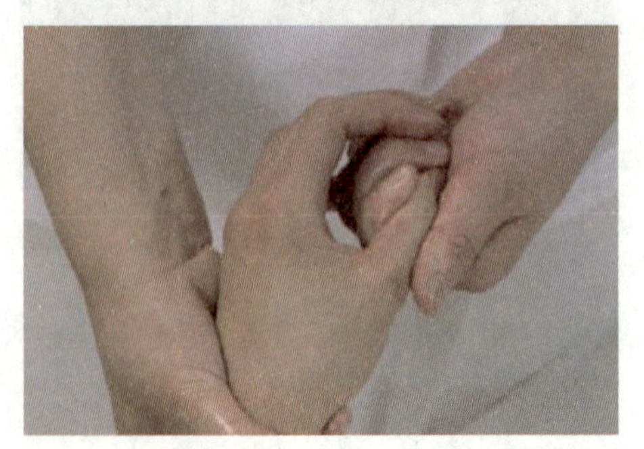

（三）操作流程（操作时间：90分钟）

常规准备工作

根据精油护理准备相关工具及产品。

消毒

用酒精棉擦拭消毒双手。

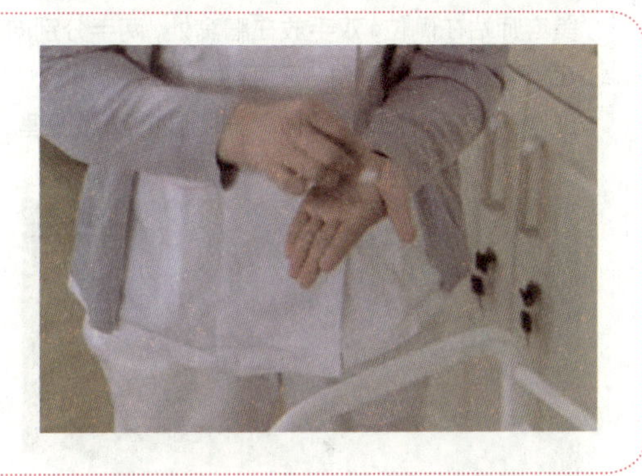

全身放松之腰部

美容师站在侧位，双手横向放在腰部正中交替式按压，一只手按压到臀部上方，另一只手按压到肩部。

注意：腰椎不好的人群，按压时力度要轻。

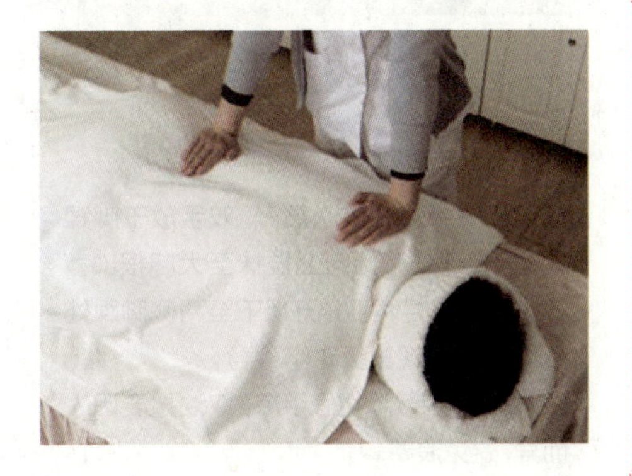

全身放松之背部

美容师站侧位，一只手放在左肩上，另一只手放在同侧臀部上方平行向外用力推；接着美容师一只手放在右肩上，另一只手放在同侧臀部上方平行向外用力推。

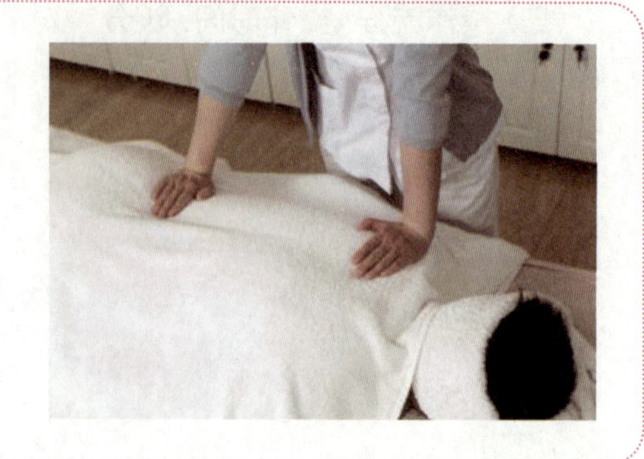

全身放松之腿部

美容师站在侧位，双手放在腘窝处，两手分别向左右两侧交替按压，左手到臀根部止，右手到脚踝止，再从两边交替式按压回到中间。

注意：做完一侧腿直接做另一侧腿的腿部护理。

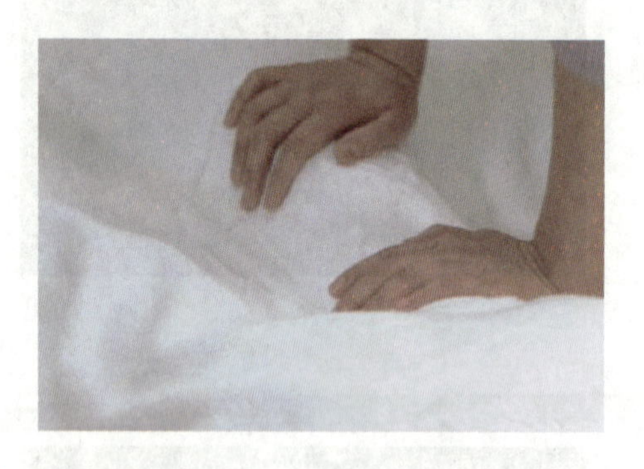

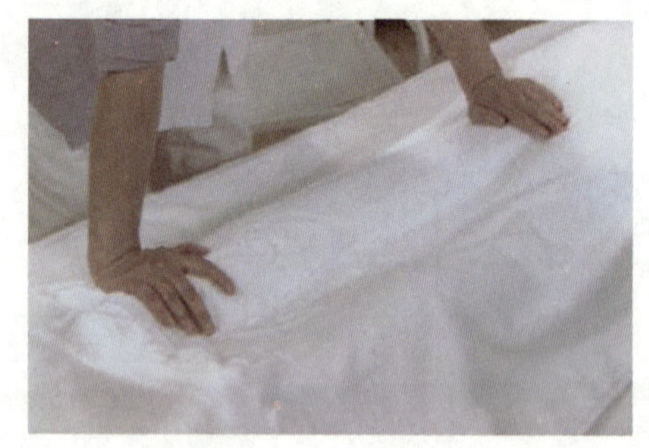

按抚背面腿部

取适量按摩油在掌心展开，双手放于脚踝处，从脚踝处开始向上推抹至大腿根部，在大腿根部时两手分开滑下至两侧脚踝处后，包裹住脚（重复动作3遍）。

注意：保持手温，切忌手凉；取油量要因人而异，避免浪费。

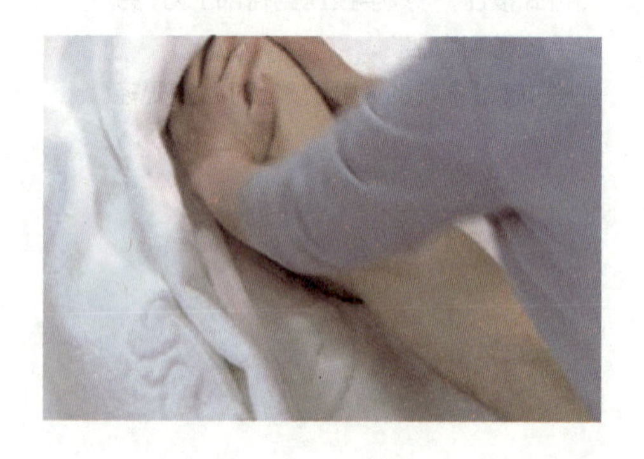

推抹小腿

美容师站在侧位，右手轻抚小腿，左手握住脚踝抬起小腿呈90°，右手推抹小腿背面从脚踝至腘窝止；然后倒手右手握住脚踝，左手推抹小腿正面从脚踝至膝盖止（重复动作2遍）。

然后将客人腿部轻轻放下。

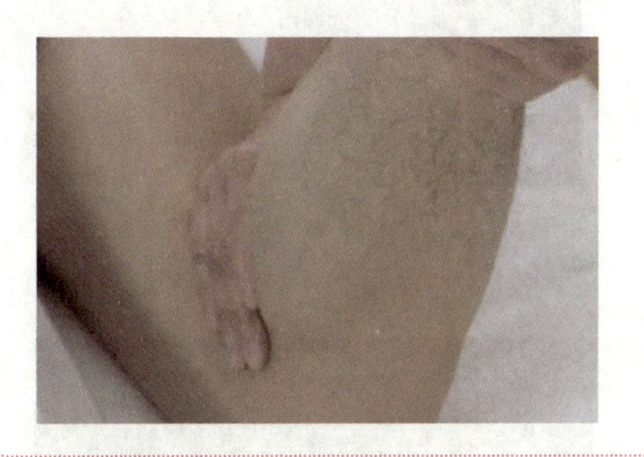

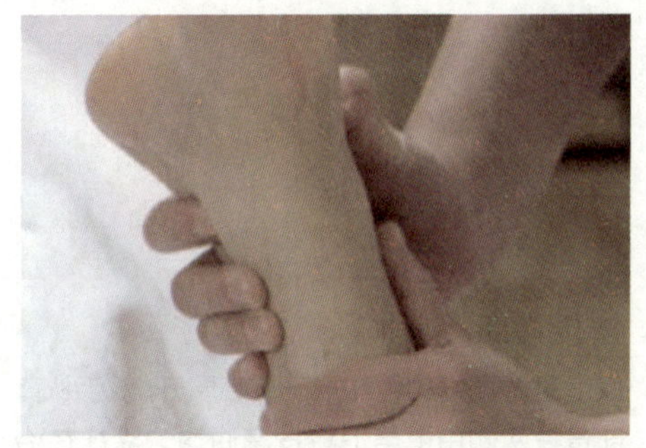

揉捏腿部

美容师站在脚下位置，双手虎口张开从脚踝开始至大腿根部交替式向上揉捏（重复动作2遍）。

注意：揉捏时皮肤面积要大，尤其是大腿内侧敏感地方。

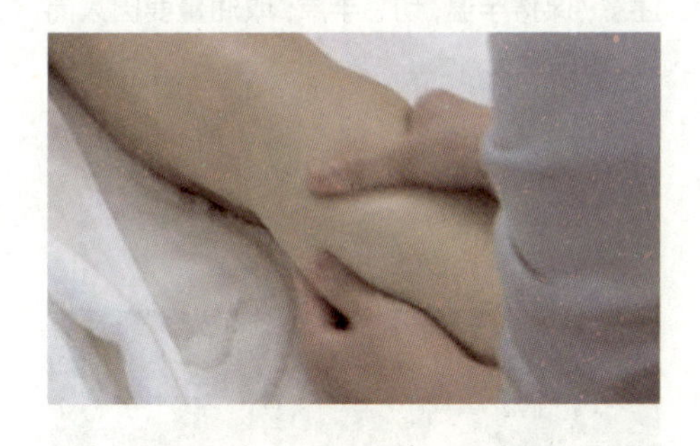

敲打腿部

美容师站在脚下位置，双手半握拳，用小鱼际轻轻敲打小腿腿肚至大腿根部（重复动作2遍）。

注意：敲打时利用手腕的力度带动拳头快速敲打。

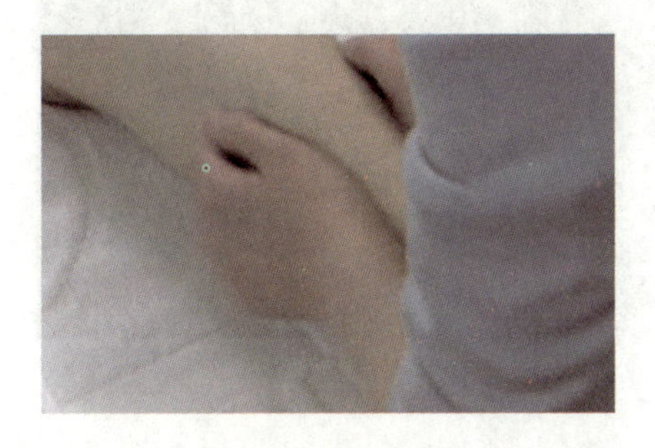

腿部排毒

美容师站在脚下位置，双手虎口张开从脚踝慢慢向上推抹至大腿根部后分开，迅速滑下（重复动作2遍）。

注意：两手手掌推抹时力度要略微用力，中间不能停顿。

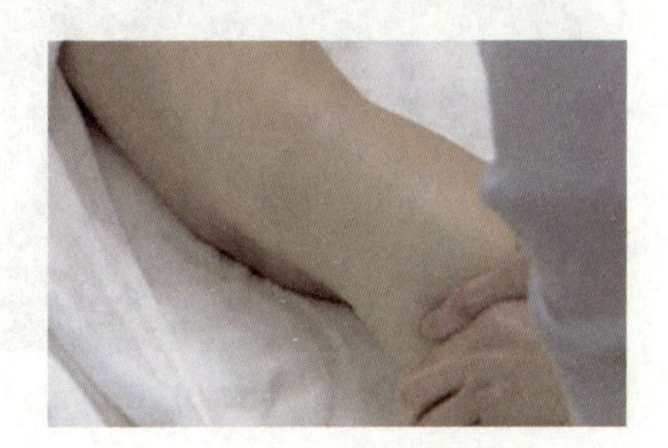

再次按抚腿部背面

为顾客将浴巾盖好，并按抚腿部背面。做完一侧腿部，再做另一侧腿部。

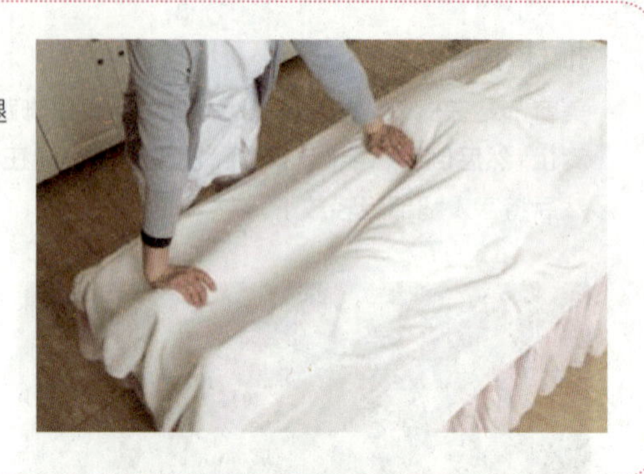

按抚背部，展油

取适量调配好的精油放于掌心展开，双手从背部脊柱两侧由上至下将按摩油均匀涂抹在治疗部位。

注意：保持手温，切忌手凉；取油量要因人而异，避免浪费。

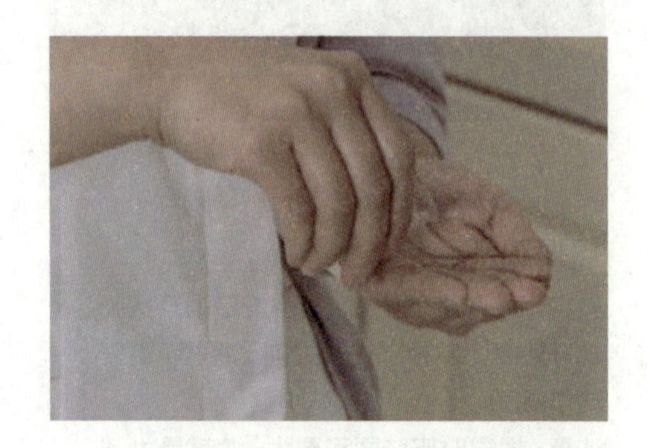

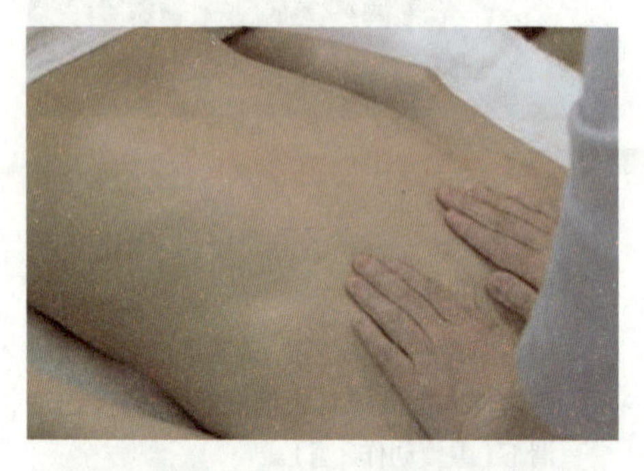

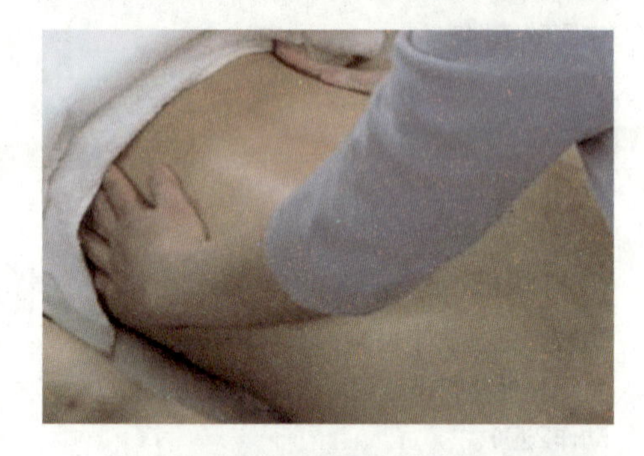

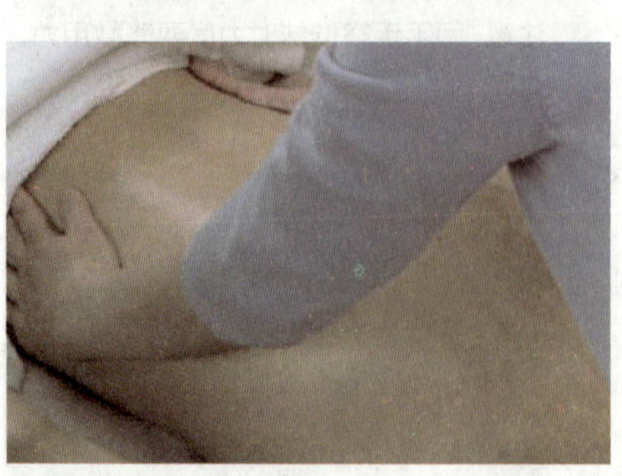

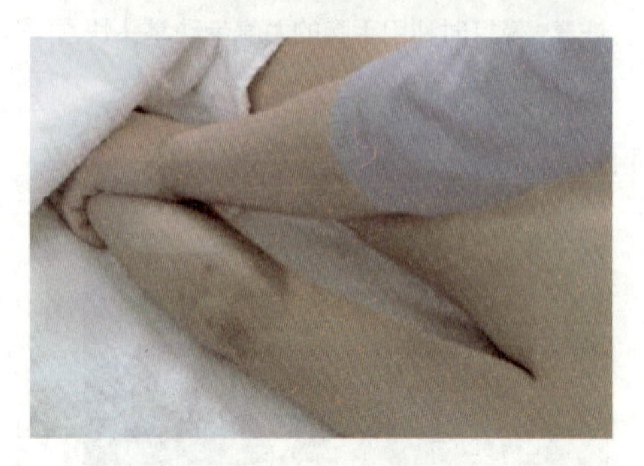

揉背

双手平行竖位放于尾椎骨，在背部一侧顺时针打圈至肩颈部。一侧做完做另一侧。注意：全掌贴紧皮肤，力度均匀。

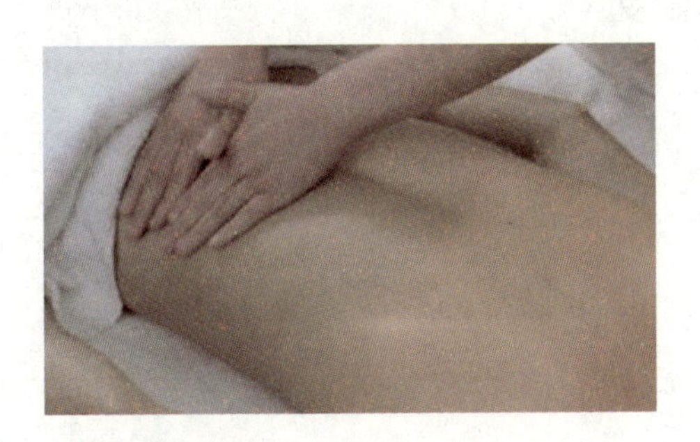
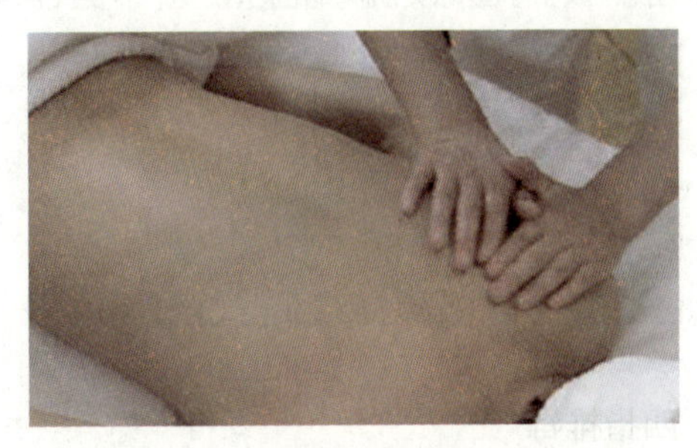

点按膀胱经

两手拇指相对，点按脊柱一侧穴位。从第一胸椎开始至尾椎骨，每隔1寸按压一次。一侧做完做另一侧（重复动作2遍）。

注意：配合顾客的呼吸均匀点按穴位。

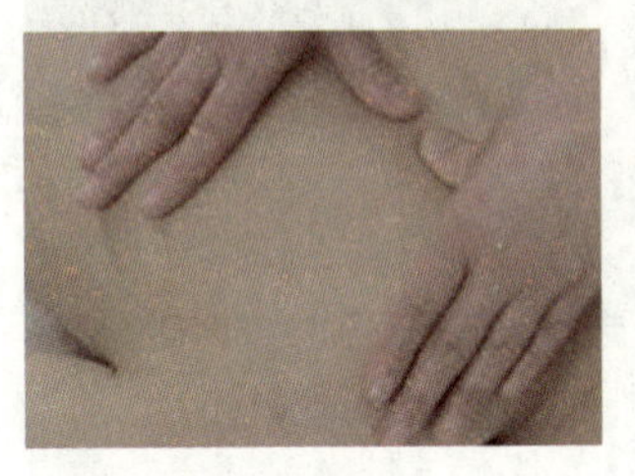
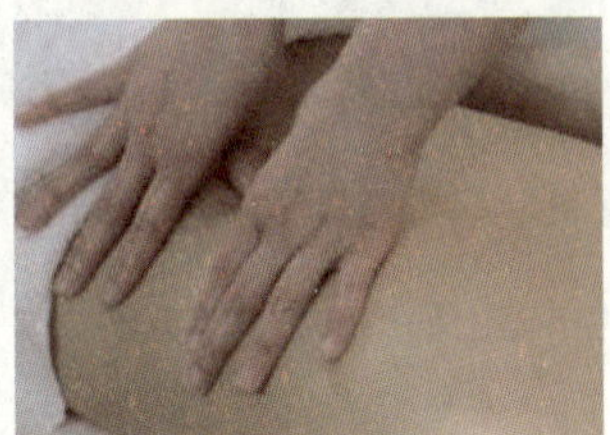
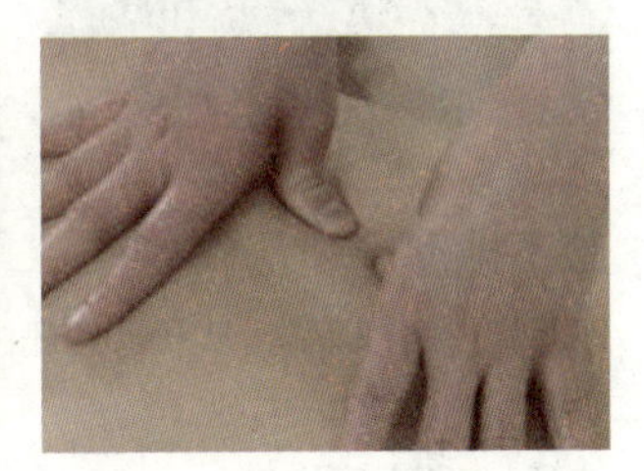

推拉脊柱两侧

双手拇指在脊柱一侧膀胱经上推拉，一手拇指拉，另一手拇指推。一侧做完做另一侧（重复动作2遍）。

注意：从第一胸椎开始推拉至尾骨；左手拇指推，右手拇指拉；拇指推拉时力度因人而异；操作时两手不能离开顾客皮肤。

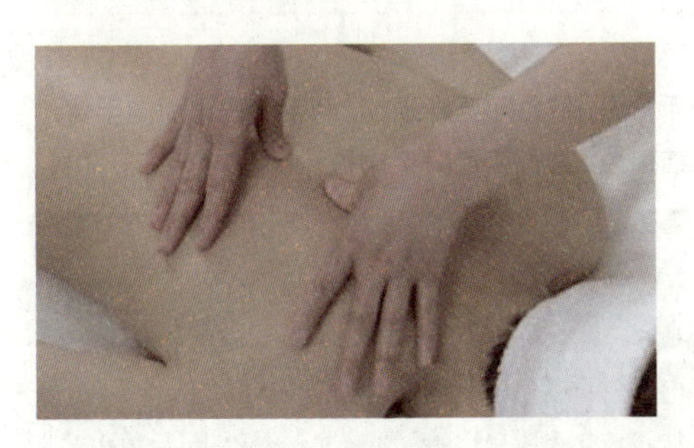
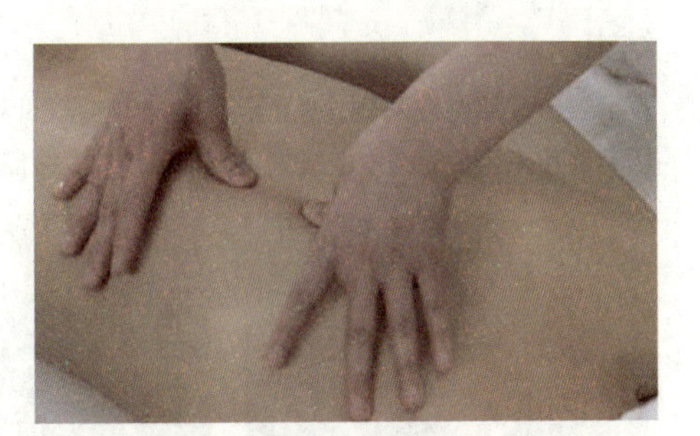

挤毒素

双手平放在背部一侧，用双手的小鱼际将这一侧肌肉夹起。顺序由肩颈部至尾骨，一侧做完做另一侧（重复动作2遍）。

注意：双手小鱼际夹肌肉时面积要宽，不要夹顾客表皮。

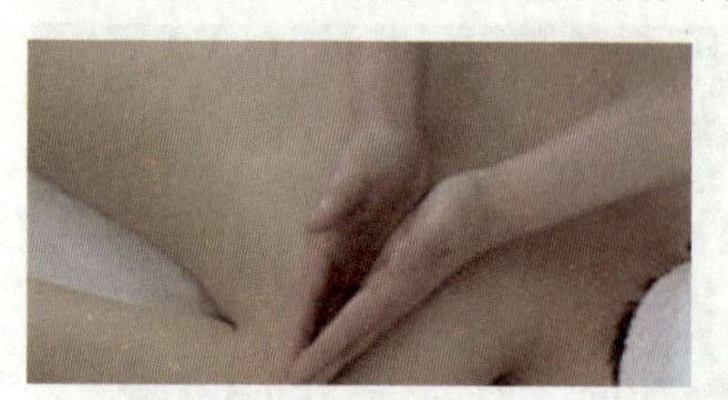
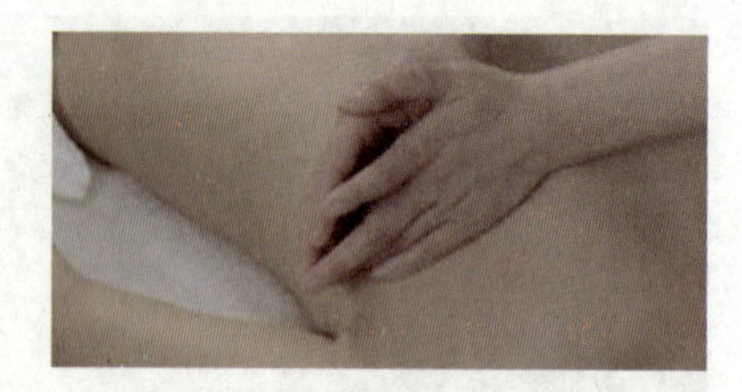

四指排毒

双手掌平行竖位指尖向下放在背部一侧，由内向身体外侧推抹。一侧做完做另一侧。

注意：全掌贴紧皮肤，力度均匀。

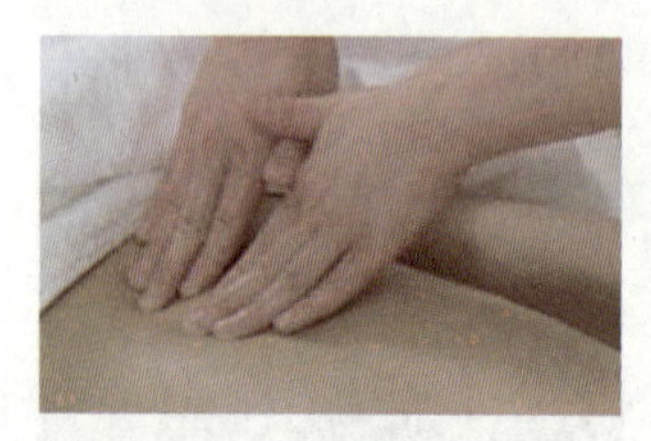
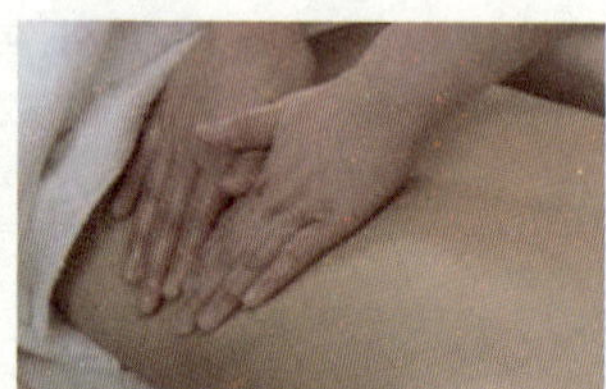
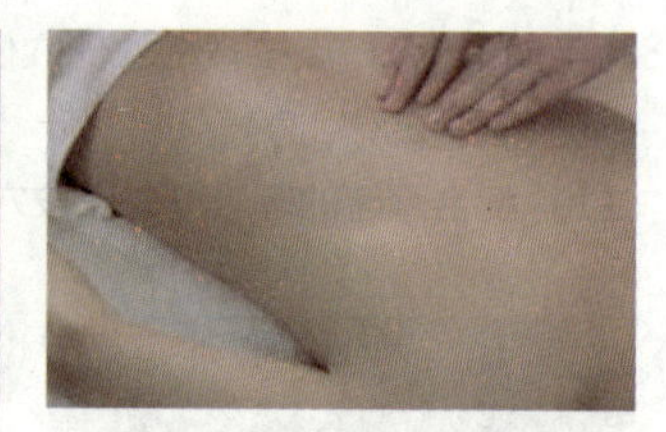

腋下排毒

双手抱住腰部下端，从腰部两侧由下至上推到腋下，双手半握拳，带力从腋下回到腰部两侧，将身体两侧的毒素排出。

注意：来回力度均匀。

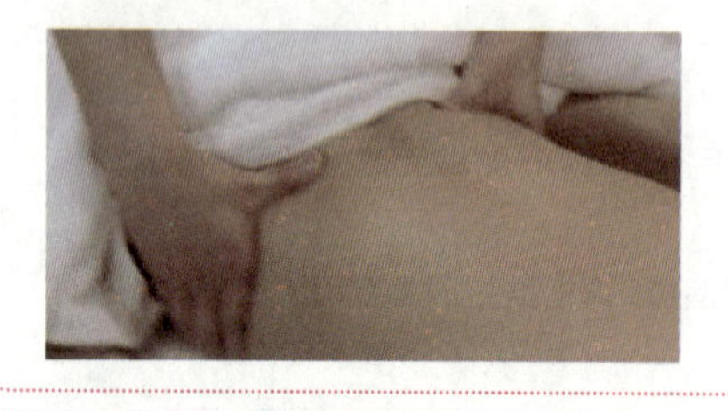
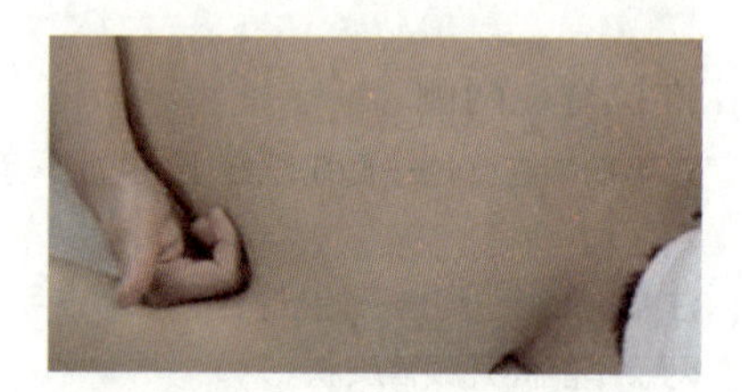

结束

双手放于背部脊柱两侧，由上至下推抹，在腰部两手分开，带力回至肩颈部，两手分开再滑向手臂，从手臂回来至肩颈部，点按风池穴、风府穴。按摩结束后，为顾客盖好毛巾被。

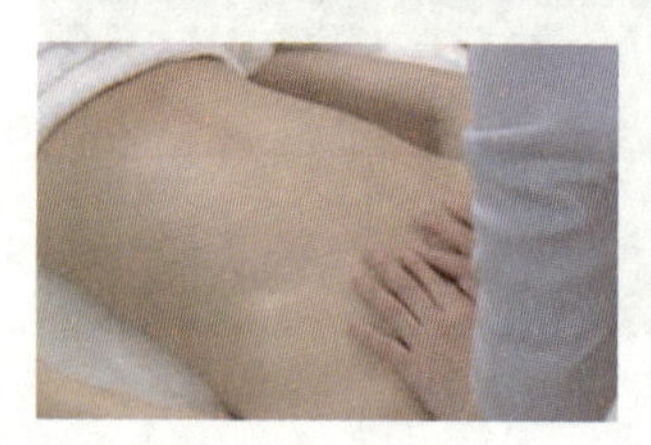
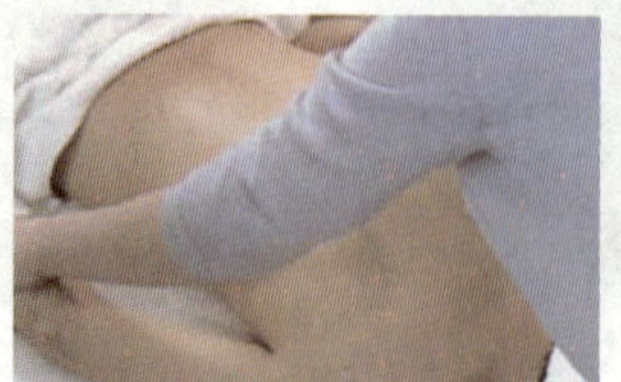
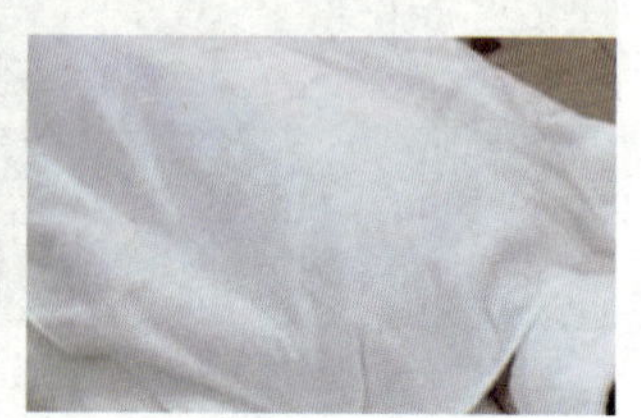

正面腿部展油

取适量按摩油放于掌心展开，双手放于脚踝，从脚踝开始向上推抹至大腿根部时两手分开滑下至两侧脚踝处（重复动作3遍）。注意：保持手温，切忌手凉；取油量要因人而异，避免浪费。

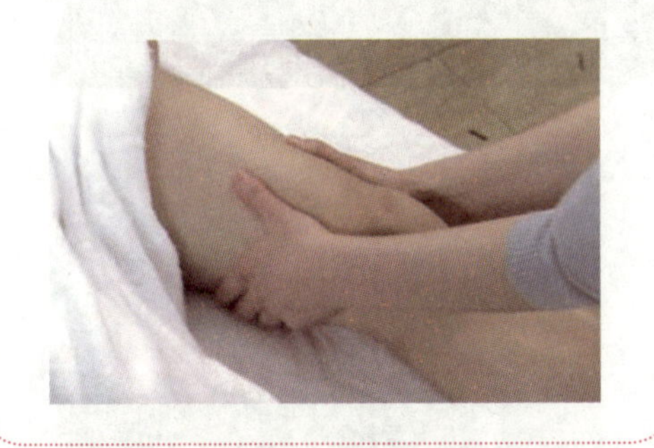

按抚正面腿部

美容师站在侧位，双手掌交错相对，一只手掌在上，另一只手掌在下放在脚踝处，从脚踝部开始向上推至大腿根部后两手分开从大腿两侧滑下至脚踝，接着一只手在脚面另一只手在脚掌包裹住整个脚慢慢向上从脚尖滑出（重复动作3遍）。

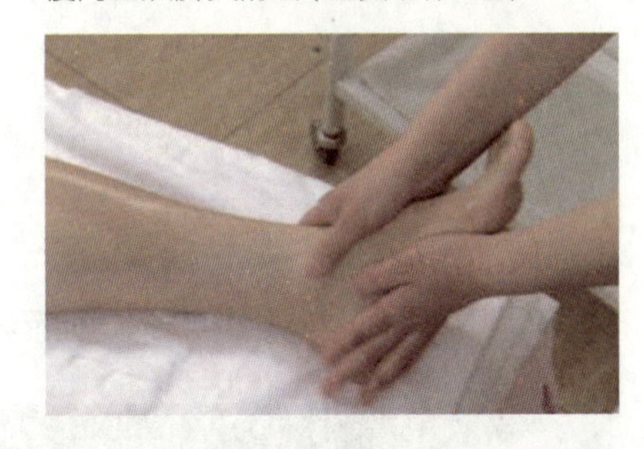

揉捏大腿

美容师站在侧位，双手虎口张开放在膝盖上方，从膝盖上开始两手交替式揉捏至大腿根部（重复动作5遍）。

注意：大腿内侧敏感，揉捏时面积要大。

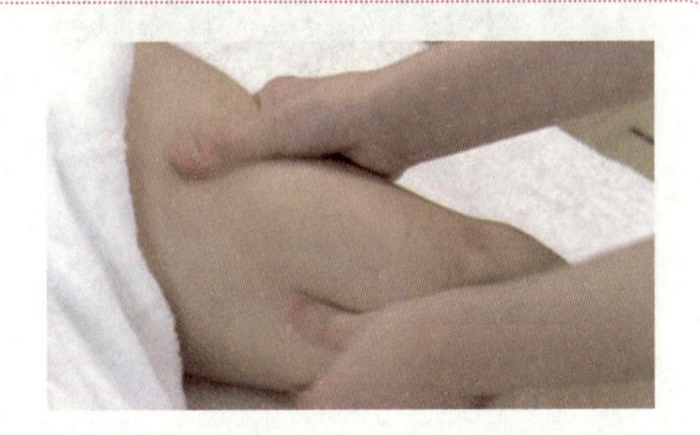

敲打大腿

美容师站在侧位，双手半握拳放在膝盖上方两侧，从下至上敲打至大腿根部两侧（重复动作2遍）。

注意：敲打时利用手腕的力度带动拳头快速敲打。

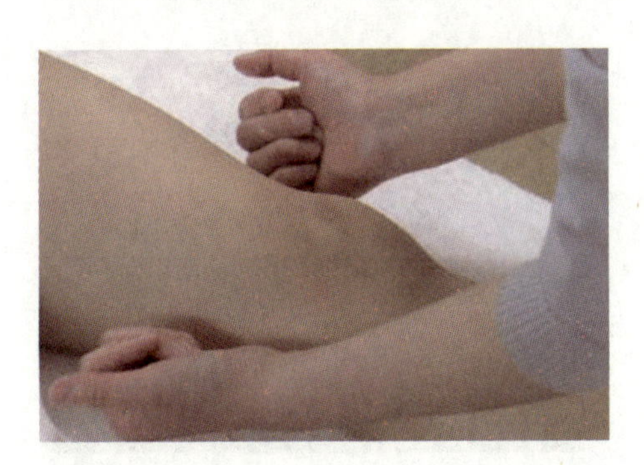

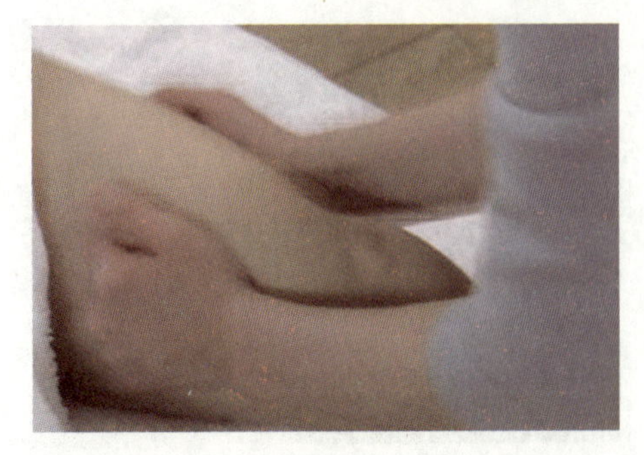

推抹小腿内侧

美容师站在脚下位置，双手拇指放在小腿内侧胫骨下方，从小腿内侧脚踝开始两手拇指交替式推抹至膝盖下缘，从小腿两侧滑下（重复动作2遍）。

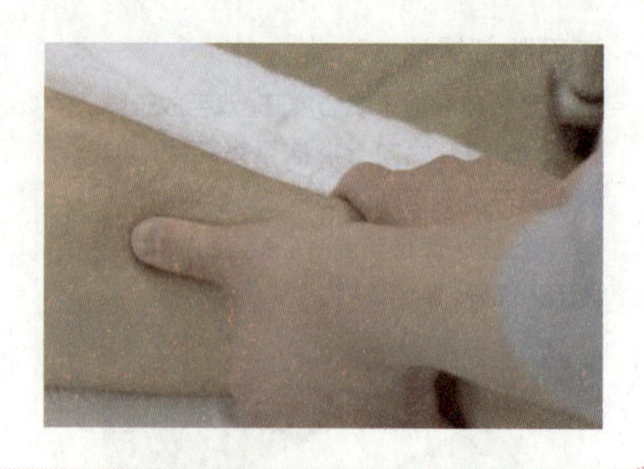

腹部展油，按抚

双手放于肚脐周围，以八卦式的手法展油按抚。

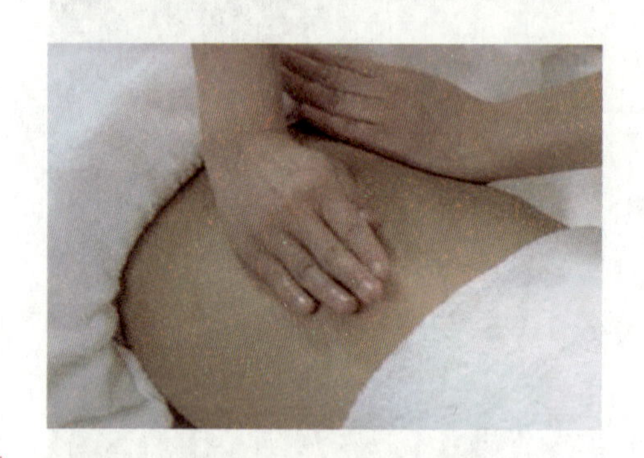

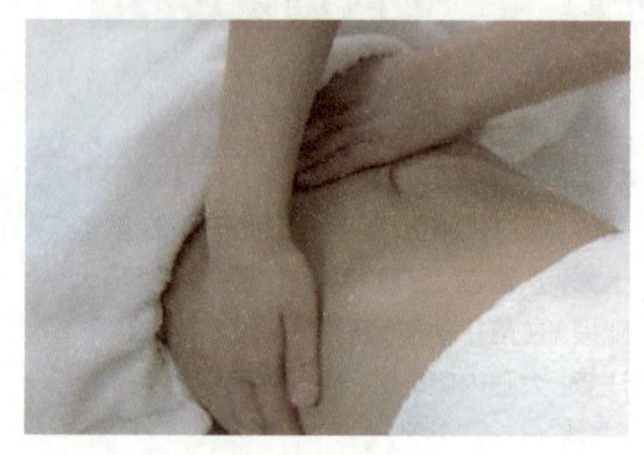

揉大肠

美容师站在侧位，双手重叠放在肚脐右下方，从肚脐右下方开始按照大肠的顺序打圈。

依次是：升结肠一横结肠一降结肠一乙状结肠一直肠，垂直滑下。再以八卦式的手法进行按抚（重复动作2遍）。

注意：揉大肠可以帮助肠道蠕动、消除便秘、胀气，如果有肠道不好的顾客操作次数可增加。

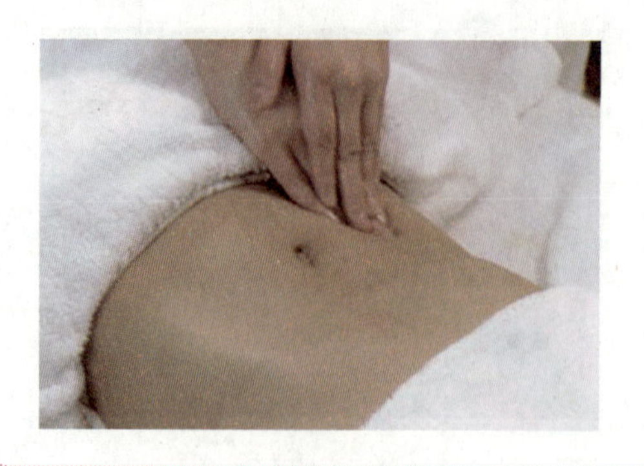

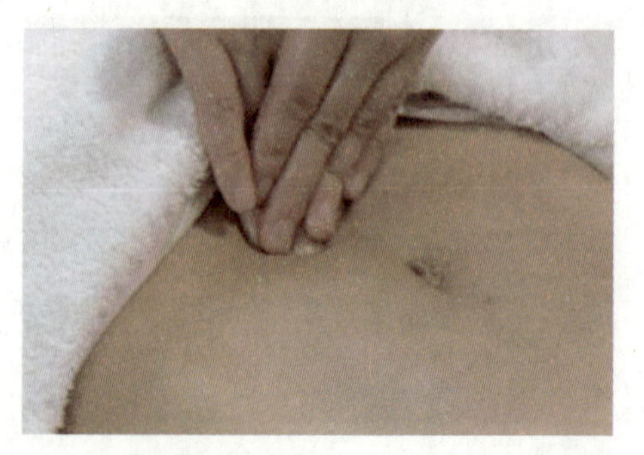

按抚腹部

双手重叠放在心窝处，向下滑至肚脐后，双手分开向腰部左右两侧滑下至后腰，双手四指插进腰部下面，从后腰拉回至丹田处结束（重复动作2遍）。

最后以八卦式手法进行按抚后，将毛巾盖好。

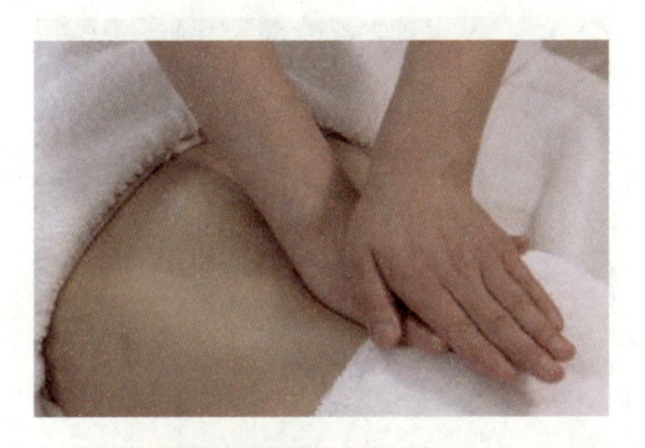
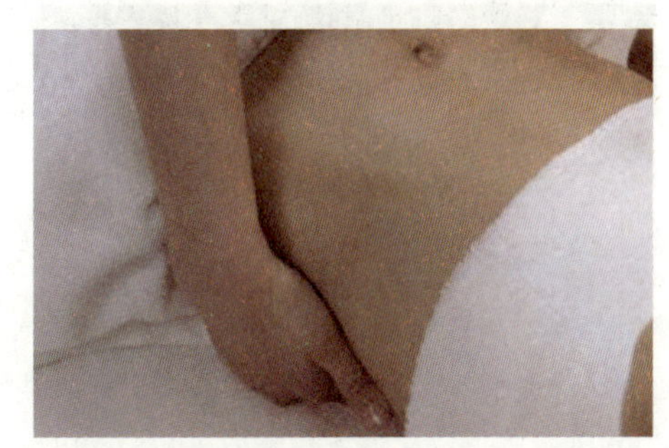
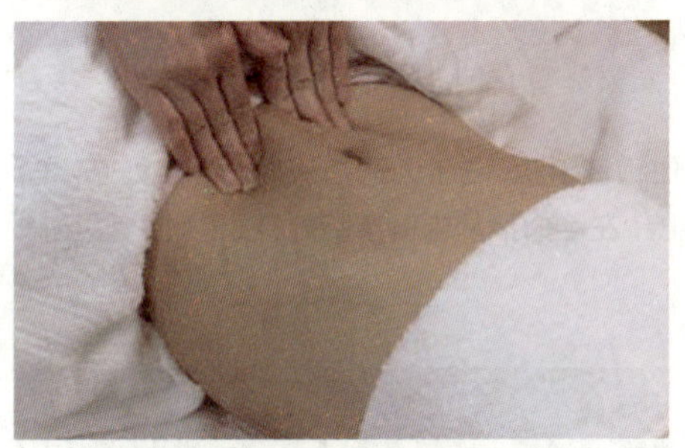
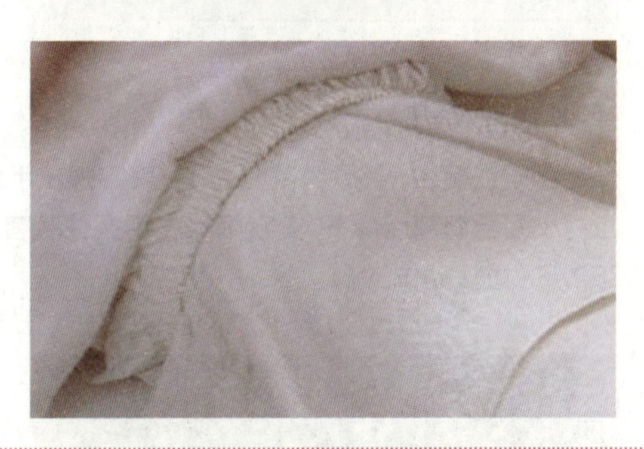

手臂部展油，按抚

美容师站在侧位，取适量油在掌心展开，双手横向从手腕处开始向上推抹至肩部，双手分开从肩部两侧滑下，双手包裹住顾客手部至手指尖滑出（重复动作2遍）。

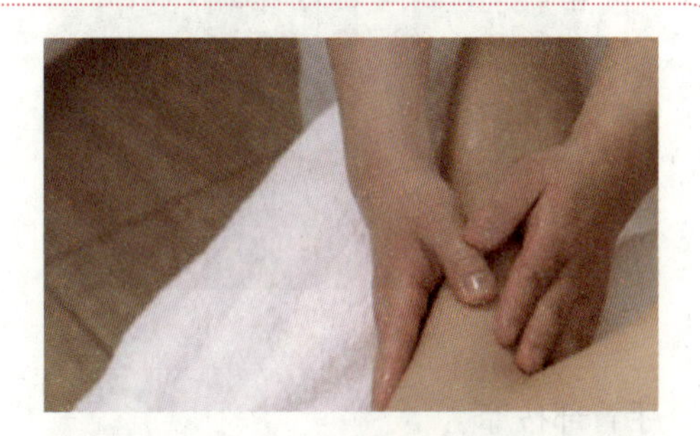
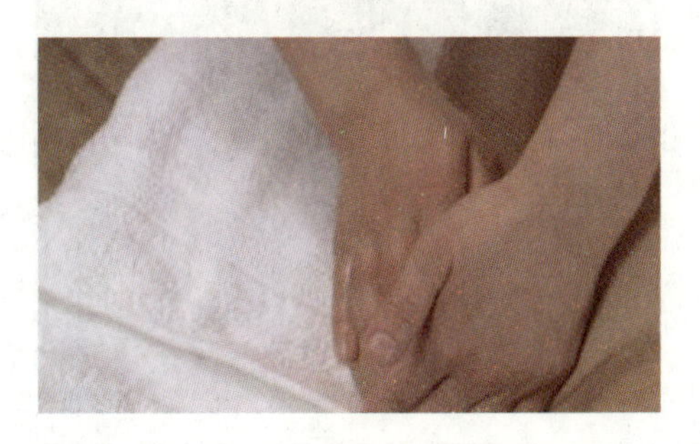
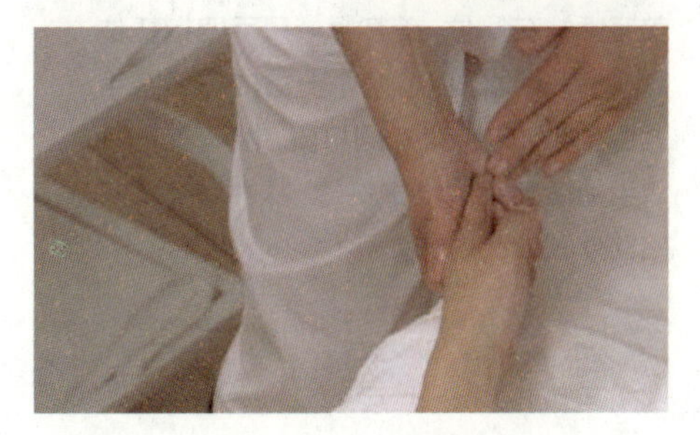

手臂正面按摩

美容师站在侧位，将顾客掌心朝上，美容师左手握住顾客手腕，右手大姆指从外侧手腕处开始向上打小圈至肩部后下滑，美容师换右手握住顾客手腕，左手姆指从内侧手腕处开始向上打圈至腋下后滑下（重复动作2遍）。

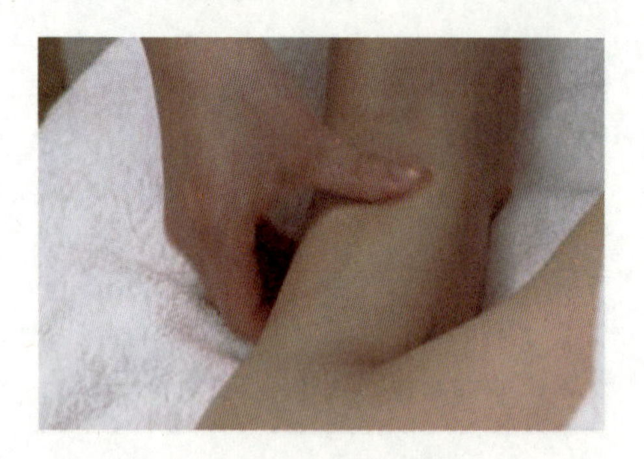

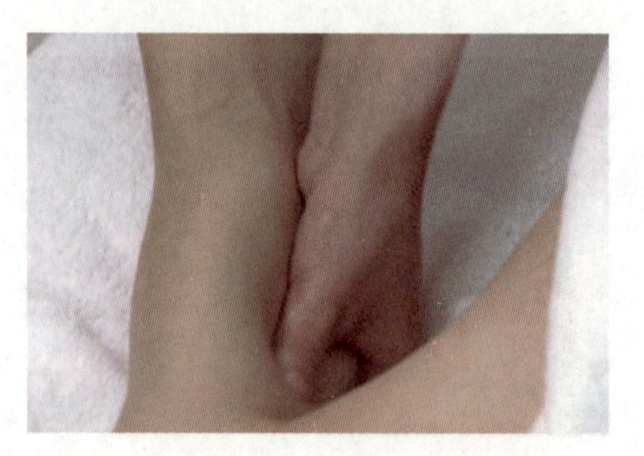

手臂背面按摩

美容师站在侧位，将顾客掌心朝下，美容师左手握住顾客手腕，右手大拇指从外侧手腕处开始向上打小圈至肩部后滑下，美容师换右手握住顾客手腕，左手拇指从内侧手腕处开始向上打圈至腋下滑下（重复动作2遍）。

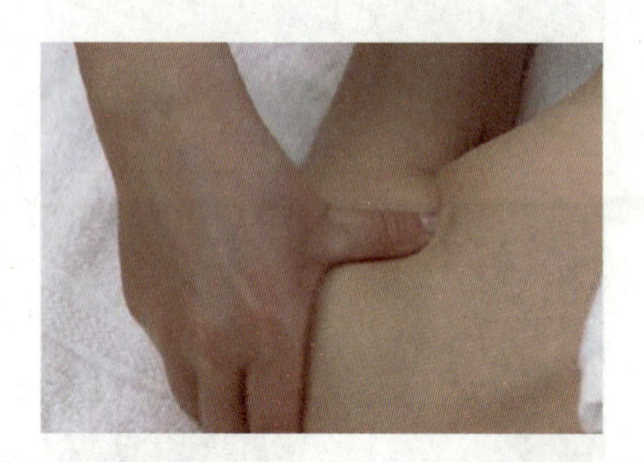

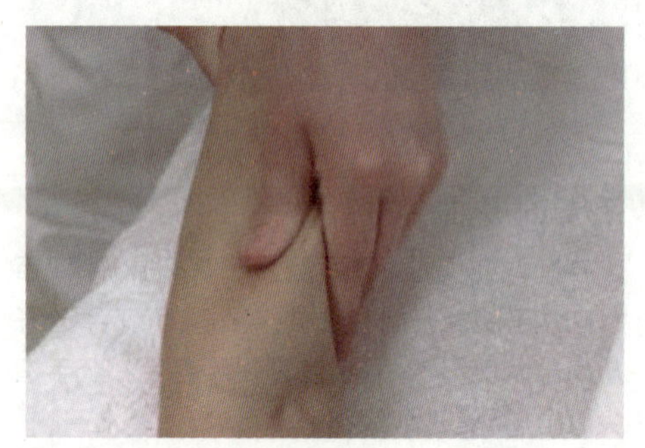

手背部按摩

美容师站在侧位，美容师一只手四指托住顾客一只手，然后将两个拇指放在顾客手背部，分别向手背外侧打圈，接着美容师双手拇指交替式推抹指缝，从中间指缝开始向外侧依次推抹。

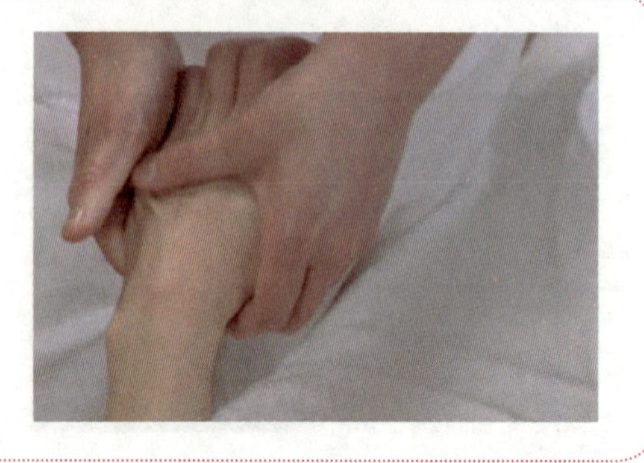

劳宫穴打圈按摩

美容师站在侧位，左手握住顾客手腕，右手握住顾客手背，然后用左右手大拇指在顾客掌心（劳宫穴）打圈。

注意事项：劳宫穴的位置是中指自然弯曲后到达手心的位置。

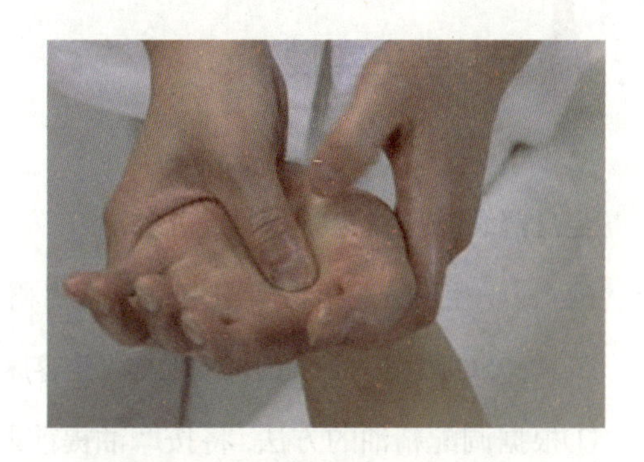

按摩手指关节

美容师站在侧位，左手握住顾客手腕，右手从顾客大拇指打圈由上至下揉捏指关节，一直按到食指，再用左手按揉大拇指， 在做另一手时美容师换右手握住顾客手腕，左手从小拇指开始依次揉捏指关节。

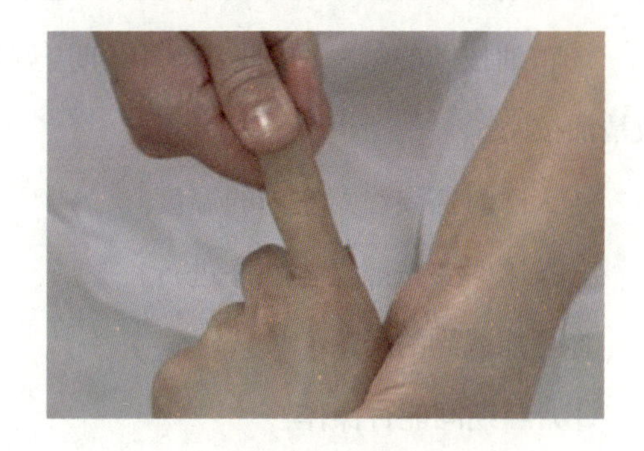

结束按摩

对手臂进行按抚，整个按摩结束之后，将毛巾被盖好，把顾客衣物准备好。

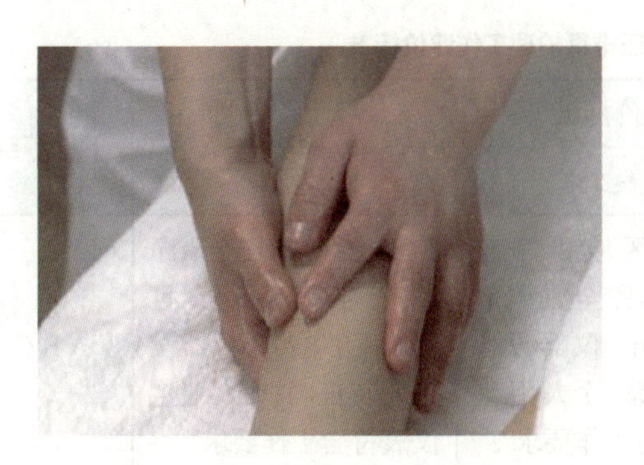

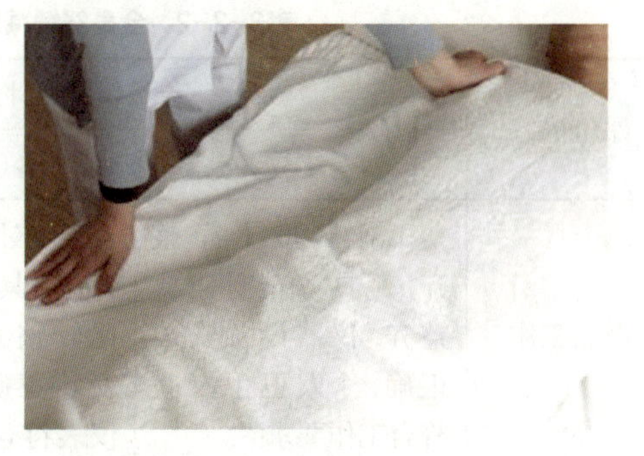

三、学生实践

(一) 布置任务

全身舒缓减压排毒护理准备工作

地点：学生两人一组在实习室进行全身舒缓减压排毒护理操作。

工具：75%酒精、棉球（片）、毛巾、美容床、基础油、薰衣草精油、量杯。要求：

①根据调配精油的方法，将按摩油提前调配好。

②在给每个部位做按摩前都先要取适量按摩油进行展油、按抚，再继续操作。

③精油按摩的禁忌：皮肤病、月经期、妊娠期期间不能进行精油按摩，饭后不要马上做精油按摩。

④天冷时需要注意室内的温度。

⑤按摩时要按照操作顺序进行。

你可能遇到的问题：

①月经期间能否操作？

②如果美容师手小，在给肥胖者按摩时怎样操作才能让顾客感到舒服？

③在操作过程中遇到按摩油不够了，先做什么？

(二) 工作评价（见表3-2-2）

表3-2-2　全身舒缓减压排毒护理工作评价标准

评价内容	评价标准			评价等级
	A（优秀）	B（良好）	C（及格）	
准备工作	工作区域干净整齐，工具齐全且码放整齐，仪器设备安装正确，个人卫生仪表符合工作要求	工作区域干净整齐，工具齐全且码放比较整齐，仪器设备安装正确，个人卫生仪表符合工作要求	工作区域比较干净整齐，工具不齐全，且码放不够整齐，仪器设备安装正确，个人卫生仪表符合工作要求	A B C
操作步骤	能够独立对照操作标准，使用准确的技法，按照规范的操作步骤完成实际操作	能够在同伴的协助下对照操作标准，使用比较准确的技法，按照比较规范的操作步骤完成实际操作	能够在老师的指导帮助下，对照操作标准，使用比较准确的技法，按照比较规范的操作步骤完成实际操作	A B C

续表

评价内容	评价标准			评价等级
	A(优秀)	B(良好)	C(及格)	
操作时间	在规定时间内完成任务	规定时间内在同伴的协助下完成任务	规定时间内在老师帮助下完成任务	A B C
操作标准	动作频率与顾客心跳一致	动作频率偏快或偏慢	动作频率太快或太慢	A B C
	动作的力度适中	动作的力度偏轻或偏重	动作的力度太轻或太重	A B C
	手法舒适度非常好	手法舒适度一般	手法舒适度不太好	A B C
	手指服帖度非常好	手指服帖度一般	手指服帖度不好	A B C
	取穴的准确性好，穴位有酸胀感	取穴的准确性多半正确，穴位有酸胀感	取穴的准确性不好，穴位多半无酸胀感	A B C
整理工作	工作区域干净整洁无死角，工具仪器消毒到位，收放整齐	工作区域干净整洁，工具仪器消毒到位，收放整齐	工作区域较凌乱，工具仪器消毒到位，收放不整齐	A B C
学生反思				

四、知识链接

精油按摩的好处

1. 精油按摩可以减肥

透过按摩与穴位的刺激，精油渗入皮肤后能疏通淋巴组织，消除堆积的毒素，帮助分解脂肪，还可以排除体内多余的积水，因而精油按摩具有排毒和有效紧肤的疗效。精油按摩可使身体肌肉更为紧致窈窕，赶走恼人的虚胖身材。

2. 脸部按摩可以美容

精油按摩可以促进肌肤的血液循环，促使细胞再生，恢复肌肤的弹性。另外，精油按摩更有调整肌肤油脂分泌的作用，保持肌肤的酸碱平衡，使肌肤的油脂不易堆积，避免各种阻塞现象，避免肌肤出现老化现象。

3. 头部按摩可以舒缓减压

若运用精油按摩头皮，可滋养头皮细胞，有效改善发质，舒缓压力。现代人每天忙于工作与生活，绝大多数的人被压力逼得喘不过气，因此，舒缓压力比美丽和健康还来得重要。

4. 精油按摩可以消灭胃火

用柑橘精油、薄荷油或生姜精油按摩可以消灭胃火。取其中一种或两种精油共4滴，与一茶匙身体乳液混合，将混合乳液涂抹在手心，在腹部以顺时针方向缓慢画圈按摩。然后用毛巾包裹一个装满温水的瓶子放在腹部，侧身躺在床上。

五、专题实训

(一) 专题活动

暑假时，晓彦在一家美容院实习，星期天的下午30岁左右的王女士到美容院做护理，王女士与顾问进行了沟通。晓彦需要解决的问题如下：

①王女士因为工作的繁忙经常出现肌肉酸痛、失眠的现象，晓彦应该为王女士选择哪种护理项目？

②在操作前应该准备哪些护理产品及工具？

③全身精油护理项目需要用多长时间？

(二) 个案研究

美容师王丽在美容院实习期间，给一位顾客操作背部精油护理，在护理结束后第二天顾客打电话说感冒发烧了，要求投诉美容师王丽。

(1) 如果你是王丽，你该如何处理此种情况？

(2) 列出你要询问的问题，并记录下来，以下是你需要考虑的事：

①找出护理失败的原因。

②将你认为可能造成失败的原因记录下来。

③将你认为可能解决的方案记录下来。

六、课外实训

请将你在本单元学习期间参加的各项专业实践活动情况记录在课外实训记录表（见表3-2-3）中。

表3-2-3　课外实训记录表

服务对象	时间	工作场所	工作内容	服务对象反馈

单元四　纤体塑形护理

内容介绍

纤体塑形俗称“减肥”，它是通过药物、仪器、手术、饮食、运动等方法帮助人体代谢、消耗、减少多余的脂肪，从而减少肥胖给人们带来的负面影响。

单元目标

①能够说出肥胖的原因。

②能够说出点穴的作用。

③掌握纤体塑形护理的手法操作。

④熟练按照程序完成纤体塑形的护理操作。

腹部纤体塑形护理

项目描述：

严格来说，腹部分为腰部和小腹，它们的肥胖原因不尽相同。身体的新陈代谢率降低，平时缺乏运动锻炼，而且喜欢吃甜食或者冷饮，这样赘肉就非常轻易地积聚在了上腹部位。我们可以通过纤体塑形的手法解决腹部堆积赘肉的烦恼。

工作目标：

①能够说出腹部肥胖的原因。

②能够掌握纤体塑形点穴的技巧。

③能够掌握腹部纤体塑形的护理手法。

④能按照程序熟练完成腹部纤体塑形护理。

⑤通过动手实践能够提高学生的学习兴趣,使学生了解本职工作的价值体现，培养学生热爱工作，热爱岗位，针对技术精益求精等职业素养。

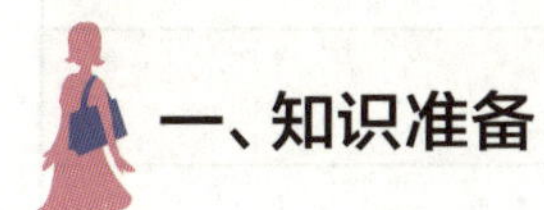

一、知识准备

(一) 腹部肥胖的原因

腹部肥胖的原因包括过量饮酒、高脂饮食、少运动、慢性肝病及中老年内分泌缓慢等。

(二) 纤体塑形的好处

①促进新陈代谢，加速血液循环和淋巴循环；

②改善体型；

③平淡皱纹；

④改善肌肤质地；

⑤激发肌肤自然更生，使皮肤更有弹性。

（三）纤体塑形的禁忌

①心脏疾病；②癫痫；③肿瘤；④高血压；⑤皮肤敏感；⑥感染；⑦孕期；⑧经期；⑨禁止佩戴金属类物品。

（四）工具准备

75%酒精、棉球（片）、棉球容器、可调节的美容床、身体按摩油。

二、工作过程

（一）工作标准（见表4-1-1）

表4-1-1 腹部纤体塑形护理工作标准

内容	标 准
准备工作	工作区域干净整齐，工具齐全且码放整齐，仪器设备安装正确，个人卫生仪表符合工作要求
操作步骤	能够独立对照操作标准，使用准确的技法，按照规范的操作步骤完成实际操作
操作时间	在规定时间内完成任务
操作标准	按摩排毒方向手法正确
	动作的力度适中
	手法舒适度非常好
	手指服帖度非常好
	取穴的准确性好，穴位有酸胀感
整理工作	工作区域干净整洁无死角，工具仪器消毒到位，收放整齐

（二）填写顾客减肥前健康状况表（见表4-1-2）

表4-1-2 顾客减肥前健康状况表

<table>
<tr><td colspan="6">一、基础资料</td></tr>
<tr><td>姓名</td><td></td><td>性别</td><td></td><td>年龄</td><td></td></tr>
<tr><td>体型</td><td></td><td>婚姻状况</td><td></td><td>是否有小孩儿</td><td></td></tr>
<tr><td>联系方式</td><td></td><td>E-mail</td><td></td><td>QQ/MSN</td><td></td></tr>
<tr><td>家庭住址</td><td colspan="5"></td></tr>
<tr><td colspan="6">二、初次测量体重</td></tr>
<tr><td>日期</td><td></td><td>体重（kg）</td><td></td><td>身高（cm）</td><td></td></tr>
<tr><td>脂肪量</td><td></td><td>基础代谢率</td><td></td><td>上次月经时间</td><td></td></tr>
<tr><td>三围比例</td><td></td><td>胸围（cm）</td><td></td><td>腰围（cm）</td><td></td></tr>
<tr><td>臀围（cm）</td><td></td><td>大腿（cm）</td><td></td><td>小腿（cm）</td><td></td><td>大臂（cm）</td><td></td></tr>
<tr><td colspan="6">三、健康咨询</td></tr>
<tr><td>有无子宫肌瘤</td><td colspan="2"></td><td>肥胖是否遗传</td><td colspan="2"></td></tr>
<tr><td>有无卵巢囊肿</td><td colspan="2"></td><td>经常服用降压药或减肥药吗</td><td colspan="2"></td></tr>
<tr><td>月经是否正常</td><td colspan="2"></td><td>曾用过什么减肥方法</td><td colspan="2"></td></tr>
<tr><td colspan="6">四、顾问建议</td></tr>
<tr><td rowspan="2">建议疗程：</td><td rowspan="2" colspan="2"></td><td>减肥开始时间</td><td colspan="2"></td></tr>
<tr><td>减肥结束时间</td><td colspan="2"></td></tr>
</table>

（三）关键技能

腹部减肥手法

分析顾客体型

对初次来店和做过1~2次疗程的顾客进行体型测量分析并填写《顾客减肥前健康状况表》，确定疗程方案。

注意：分析出的报告记录需保存下来，以便今后的护理疗程中使用。

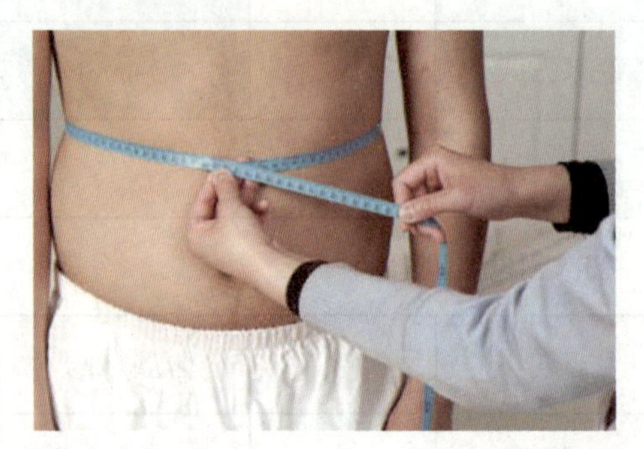

展油按抚

美容师站在侧位，取适量油放于掌心展开，用八卦按抚的手法按抚腹部。注意：取油量要因人而异，不宜过多，避免影响操作。

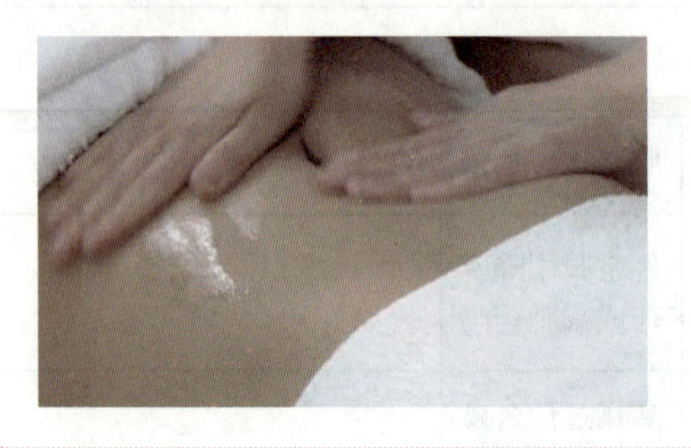

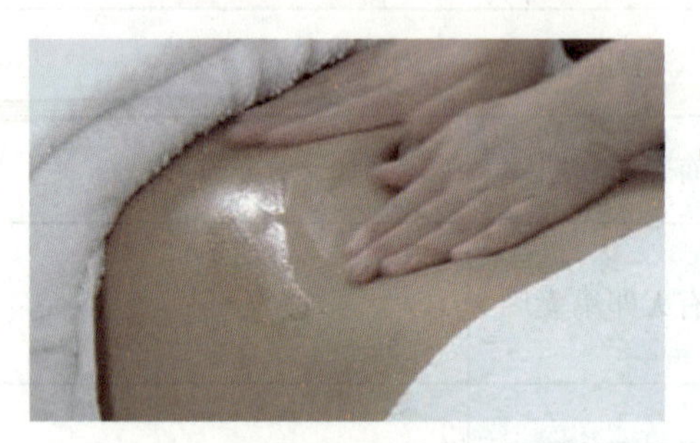

捏脂法

双手四指和大拇指同时在肚脐周围提捏脂肪。

注意：操作时速度与力度要均匀。

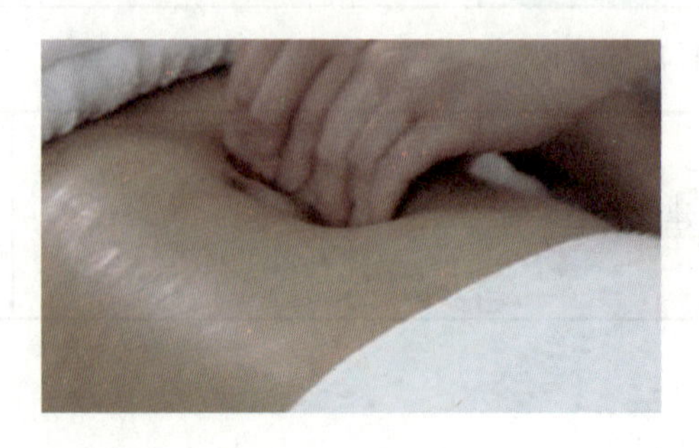

提捏腰部两侧赘肉

双手放在一侧腰部，双手同时提捏一侧腰部赘肉至肚脐，然后双手放在另一侧腰部，操作同第一遍手法一致。

注意：双手提捏赘肉速度要快，速度过慢影响操作效果。

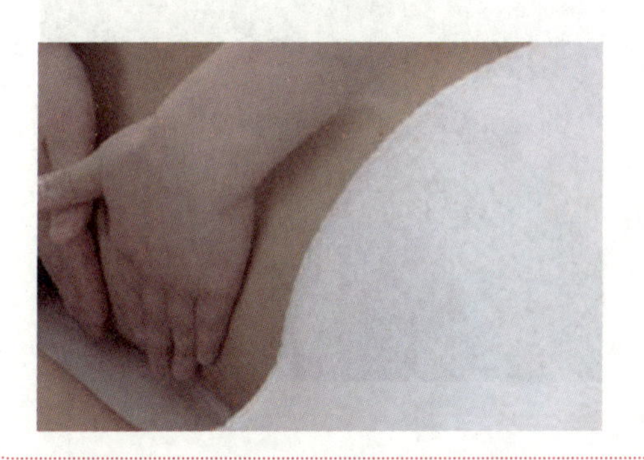

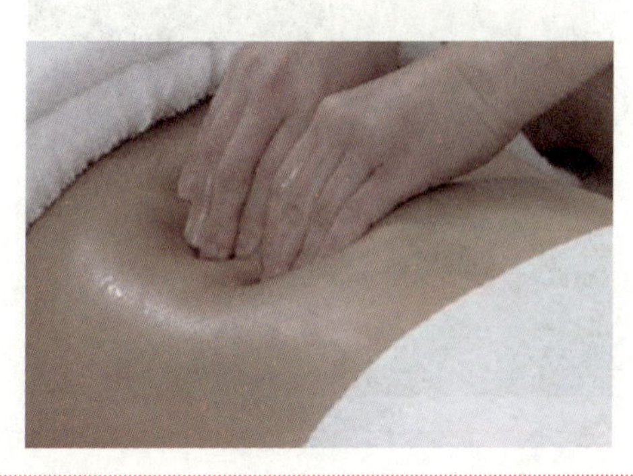

点穴

双手四指同时放在腰部两侧作为支撑、固定，两个拇指重叠点按肚脐上两指（水分穴）；接着点按肚脐下两指（关元穴）；最后将两手拇指分开放在肚脐两侧旁开2寸点按（关元穴）。

注意：点穴时要由轻变重，再由重逐渐变轻。

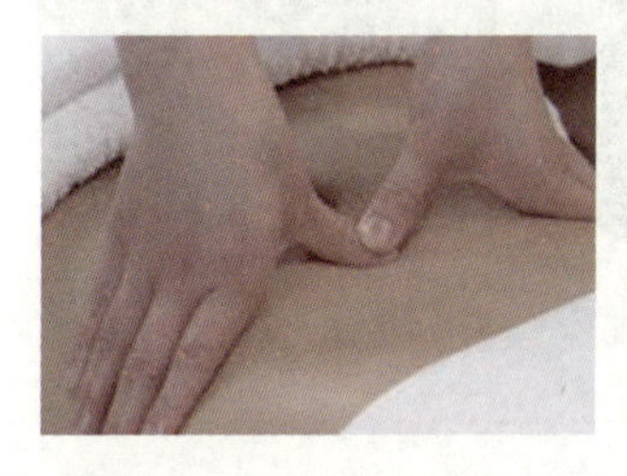

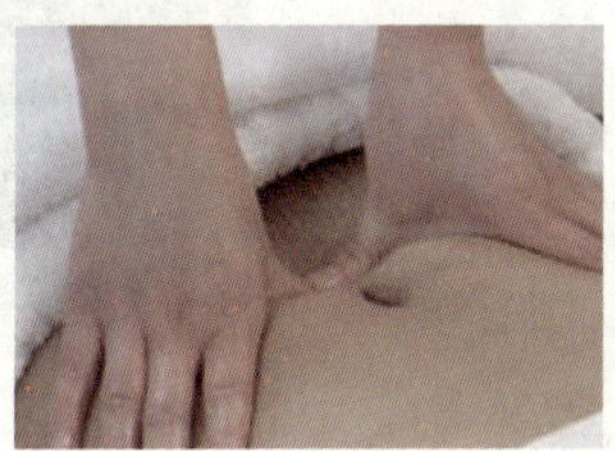

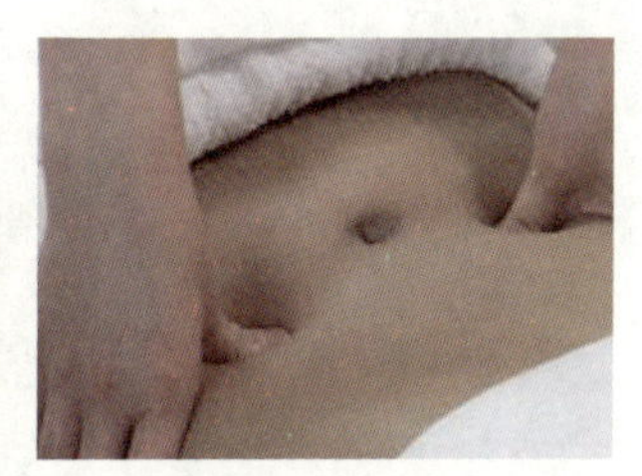

揉捏脂肪

双手拇指分别放在小腹部上，从小腹部开始双手拇指打圈向上至胸窝处。

注意：双手拇指按摩时力度与速度要一致。

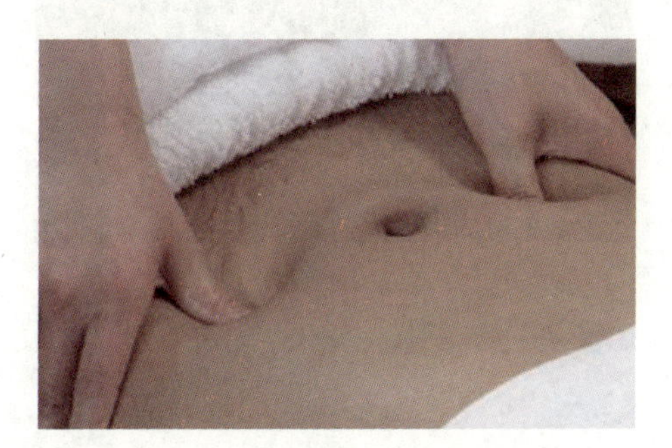

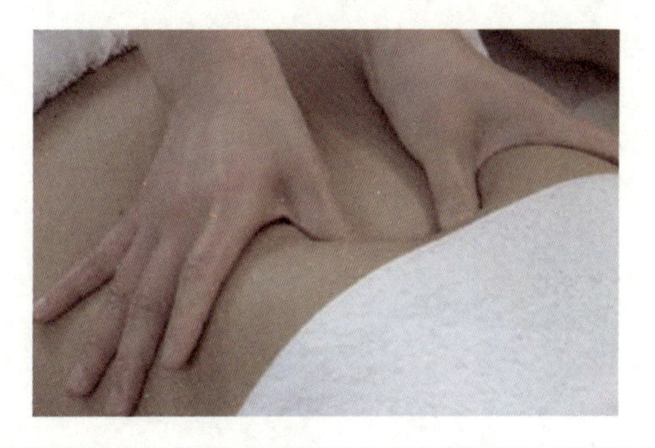

摩擦搓拭脂肪

双手手掌横向紧贴在肚脐上下，用力反复摩擦搓拭脂肪。

注意：摩擦搓拭的速度要快，要产生热感。

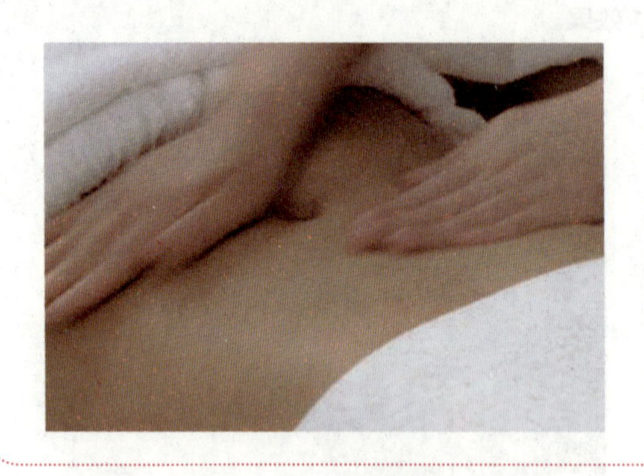

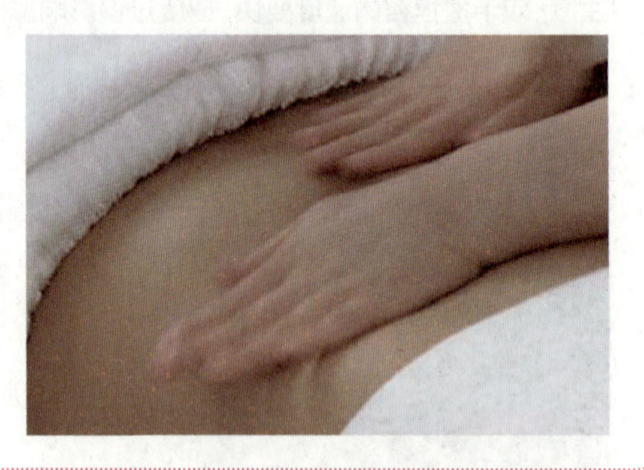

4. 操作流程（操作时间：30分钟）

常规准备工作

准备纤体塑形精油需用的工具及产品。

消毒

用酒精棉将双手进行消毒。

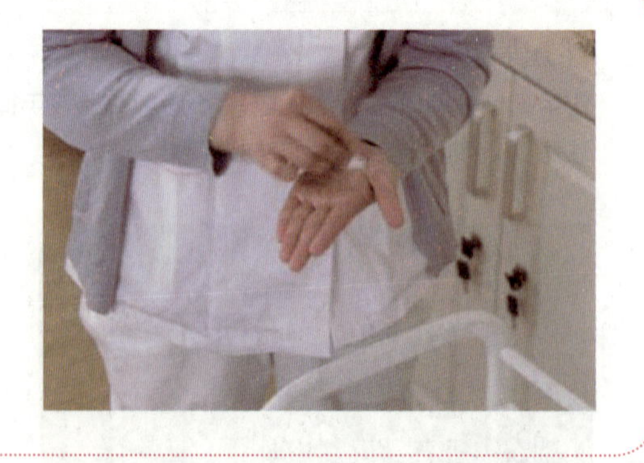

分析顾客体型

按照分析顾客体型的方法对初次来店和做过1~2次疗程的顾客进行体型分析，确定调节疗程方案。

注意：分析出的报告记录需保存下来，以便今后的护理疗程中使用。

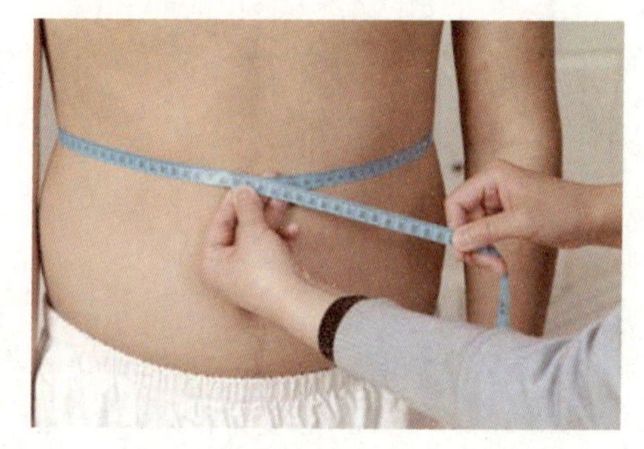

展油按抚

美容师站在侧位，取适量油放于掌心展开，用八卦按抚的手法按抚腹部。

注意：取油量要因人而异，不宜过多，避免影响操作。

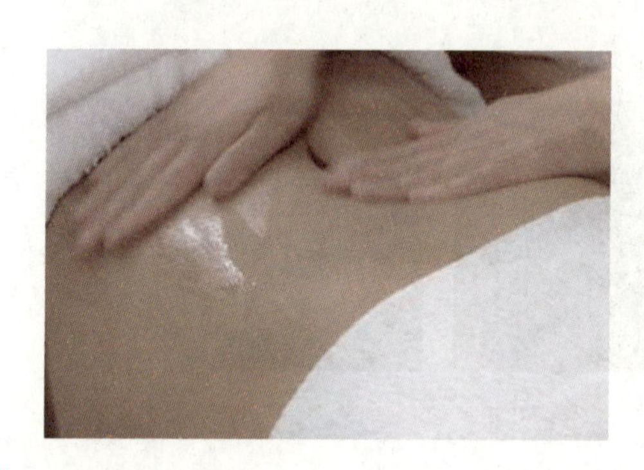

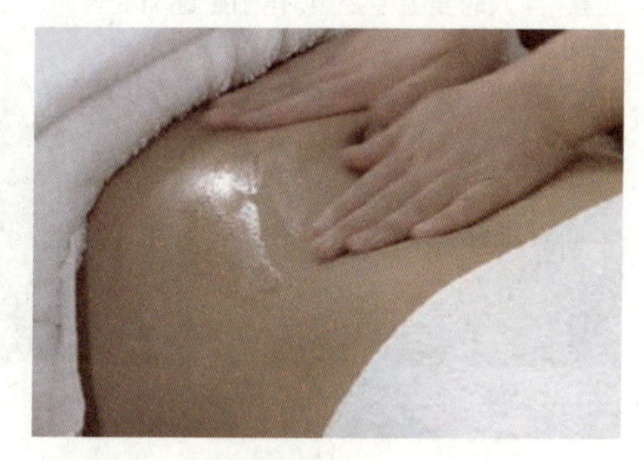

捏脂法

按照捏脂法动作要领完成操作。

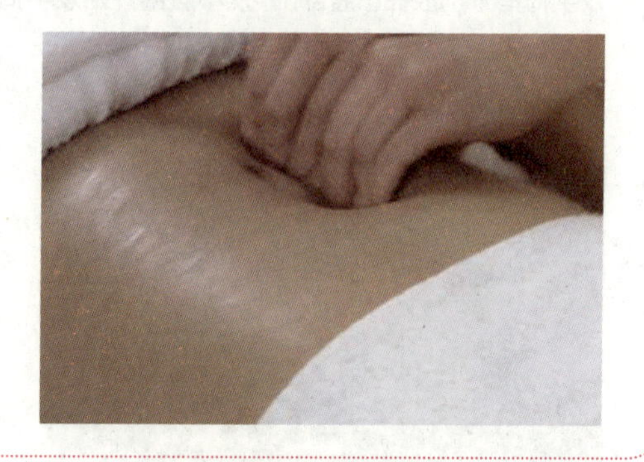

提捏腰部两侧赘肉

双手放在一侧腰部，双手同时提捏一侧腰部赘肉至肚脐，然后双手放在另一侧腰部，操作同第一遍手法一致。

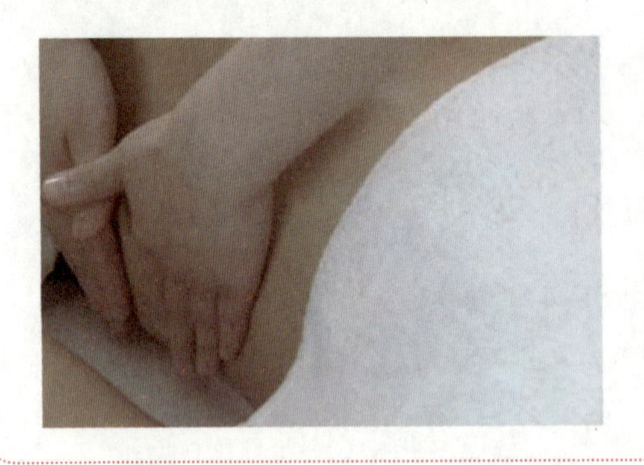

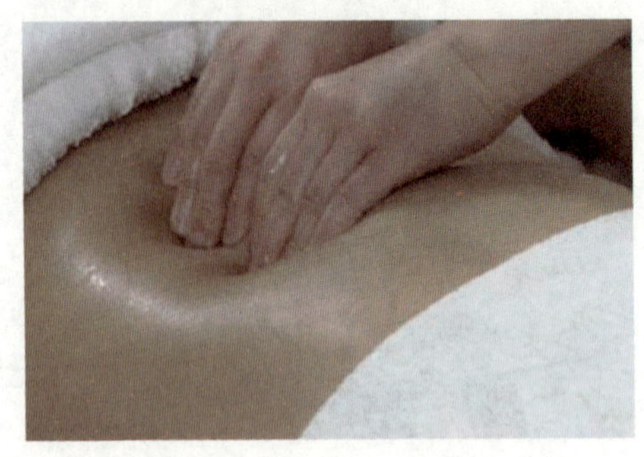

点穴

双手四指同时放在腰部两侧作为支撑、固定，两个拇指重叠点按肚脐上两指（水分穴）；接着点按肚脐下两指（关元穴）；最后将两手拇指分开放在肚脐两侧旁开2寸点按（天枢穴）。

注意：点穴时要由轻变重，再由重逐渐变轻。

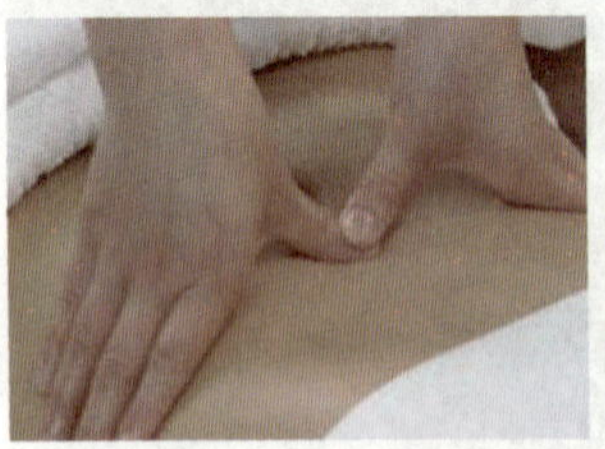

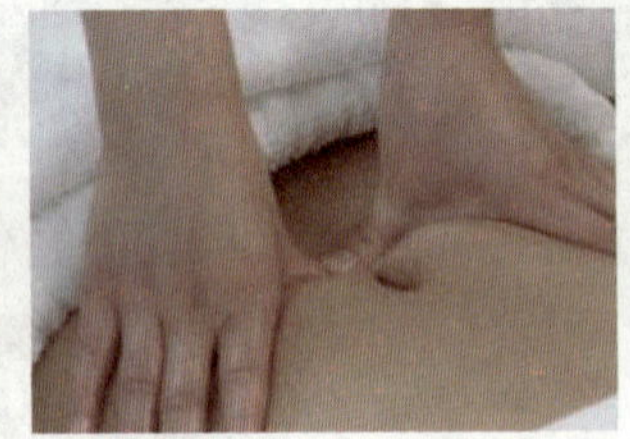

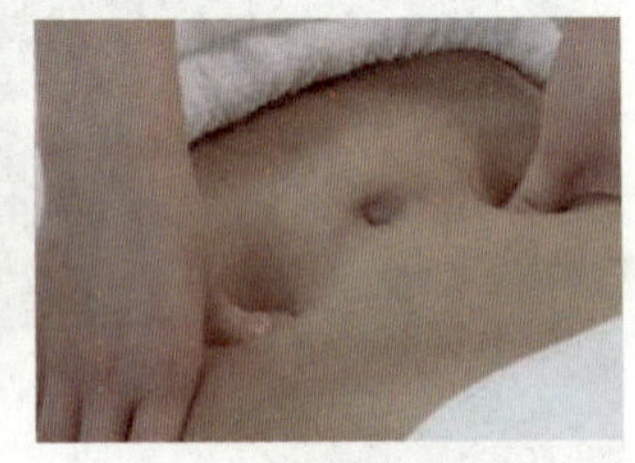

揉捏脂肪

双手拇指分别放在小腹部上，从小腹部开始双手拇指打圈向上至胸窝处。

注意：双手拇指按摩时力度与速度要一致。

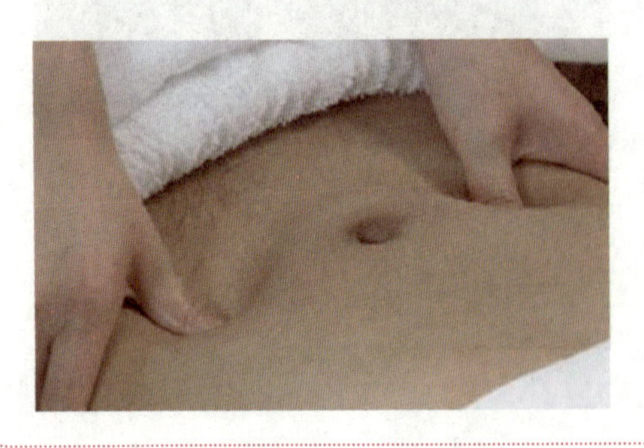

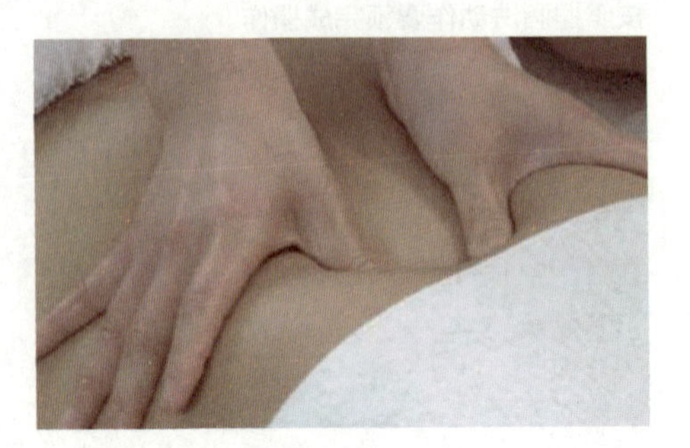

摩擦搓式脂肪

双手手掌横向紧贴在肚脐上下，用力反复摩擦搓脂肪。

注意：摩擦搓的速度要快，要产生热感。

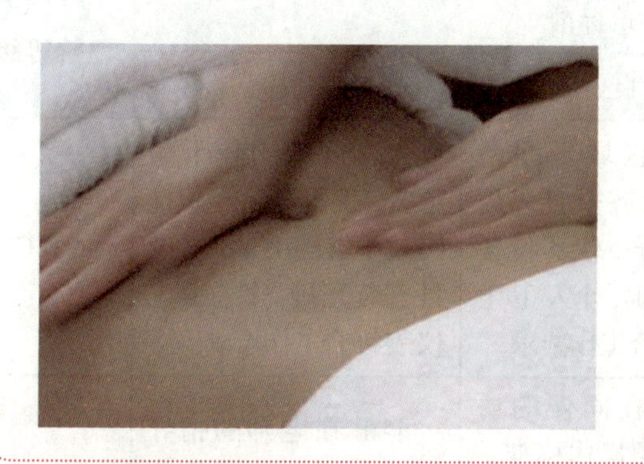
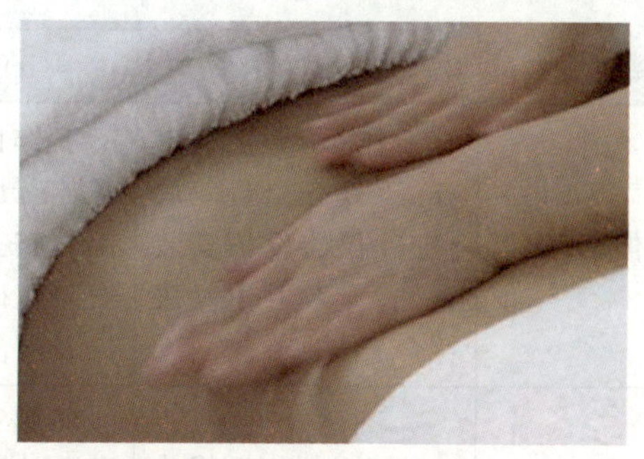

结束，按抚

美容师双手在肚脐周围用八卦的手法按抚，结束。

注意：结束后马上为顾客盖好毛巾被，避免着凉。

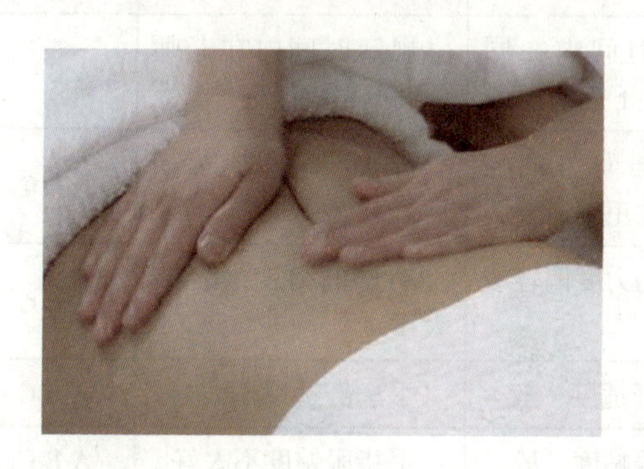
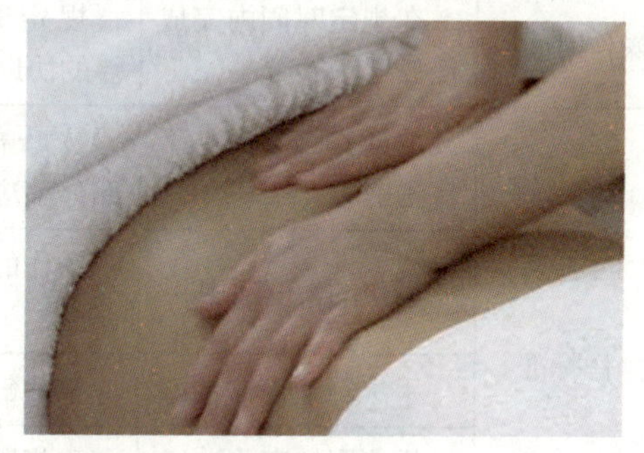

三、学生实践

(一) 布置任务

腹部纤体塑形准备工作

地点：学生两人一组在实训室进行腹部纤体塑形操作。

工具：75%酒精、棉球（片）、棉球容器、可调节的美容床、美体按摩油。

你可能遇到的问题：

①顾客会问到为什么第一次做没有效果？

②操作时经常会碰到骨头，用什么样的手法才能避免这种情况发生？

（二）工作评价（见表4–1–3）

表4–1–3 腹部纤体塑形评价标准

评价内容	评价标准			评价等级
	A（优秀）	B（良好）	C（及格）	
准备工作	工作区域干净整齐，工具齐全且码放整齐，仪器设备安装正确，个人卫生仪表符合工作要求	工作区域干净整齐，工具齐全且码放比较整齐，仪器设备安装正确，个人卫生仪表符合工作要求	工作区域比较干净整齐，工具不齐全，且码放不够整齐，仪器设备安装正确，个人卫生仪表符合工作要求	A B C
操作步骤	能够独立对照操作标准，使用准确的技法，按照规范的操作步骤完成实际操作	能够在同伴的协助下对照操作标准，使用比较准确的技法，按照比较规范的操作步骤完成实际操作	能够在老师的指导帮助下，对照操作标准，使用比较准确的技法，按照比较规范的操作步骤完成实际操作	A B C
操作时间	在规定时间内完成任务	规定时间内在同伴的协助下完成任务	规定时间内在老师帮助下完成任务	A B C
操作标准	按摩排毒方向与手法正确	按摩排毒方向与部分手法正确	按摩排毒方向相反，手法不正确	A B C
	动作的力度适中	动作的力度偏轻或偏重	动作的力度太轻或太重	A B C
	手法舒适度非常好	手法舒适度一般	手法舒适度不太好	A B C
	手指服帖度非常好	手指服帖度一般	手指服帖度不太好	A B C
	取穴的准确性高，穴位有酸胀感	取穴的准确性多半正确，穴位有酸胀感	取穴的准确性不高，穴位多半无酸胀感	A B C
整理工作	工作区域干净整洁无死角，工具仪器消毒到位，收放整齐	工作区域干净整洁，工具仪器消毒到位，收放整齐	工作区域较凌乱，工具仪器消毒到位，收放不整齐	A B C
学生反思				

四、知识链接

腹部向来是最容易养赘肉的地方，也是最令女性烦恼的减肥难点。所以，瘦腹是我们每天必做的功课。下面是十项最有效的收腹减肥运动，相信总有一项是适合你的瘦腹运动。

1. “自行车”运动

躺在地上，双手抱头。左膝盖弯曲并靠近胸前，右手肘靠向左膝盖，此时右肩膀也跟着被抬起来。再换一边，即令左手肘靠近右膝盖。如此交替进行。

2. 船长的座椅运动

站在两把椅背相对的座椅中间，双手握着扶手，背靠着“椅背”。然后慢慢往下蹲，直到最后像是坐在椅子上一样。重点是要保持腰部用力，脚的位置也不要动，使大腿受力。

3. 健身球上的仰卧起坐运动

躺在健身球上，下背部接触球体，双手在胸前交叉或者抱住头部。腰部用力将上半身抬起离开球面，还要尽力保持住健身球的平衡。再躺下来，重复地做球面上的仰卧起坐。这个运动对腹部锻炼十分有效。

4. 交错腿垂直运动

脸朝上躺在地上，双腿交叉放在地上，手抱头。双腿向上抬起，直至垂直于地面，头部也跟着往上抬起。在最高点停顿并呼吸一次，再重复。

5. 腹肌板运动

双手握着腹肌板的手柄，身体尽量往前伸直，然后利用腹肌有力地把身体收回来。在这一伸一缩的运动中，腹部得到很好的伸展。

6. 伸臂屈曲运动

脸朝上躺在地上，双手向头顶方向伸直，手掌叠放在一起，膝盖弯曲放着。然后上半身用力向上，肩部用力，但脖子不要伸长，保持手臂是直的。再放下来，不断重复。

7. 抬腿收腹运动

脸朝上躺在地上，手放两边，双脚可以交叉放置。腹肌用力且抬起双腿，膝盖弯曲，然后再放下来，重复。由于动作比较简单，所以一定要依靠腹部的力量而不是大腿的力量来进行。

8. 双腿收腹运动

脸朝上躺在地上且双腿垂直地面指向天花板。手抱着头部，用力把脚跟指向天花板，使身体形成一个“U”字型。手脚都放低，再重复。

9. 平板运动

脸朝下躺着，前手臂撑地。脚尖撑地，身体呈俯卧状。依靠腹部和手臂的力量使身体处于悬空状态，不能让屁股凹向地面。保持住这个姿势20~60秒，然后放下来，再重复。

10. 健腹轮运动

健腹轮可以经常在健身房里看到，锻炼的重点部位是脖子和手臂。做法：坐在健腹轮上，手抓住扶手位置。腹肌收缩并使向前倾，重复进行12~16次。尝试利用腹肌而非手臂肌肉来进行。

四肢纤体塑形护理

项目描述:

四肢分为上肢和下肢，肥胖原因不尽相同。尤其是由于下肢的循环与代谢缓慢， 造成体内废弃物堆积，排不出去，造成下肢出现水肿现象、蜂窝组织，臀围超出标准范围，这样就导致女性身体体现不出S形曲线。

工作目标:

①能够说出四肢肥胖的原因。

②能够掌握四肢点穴的手法。

③能够掌握四肢纤体塑形的手法。

④能按照程序熟练完成四肢减肥护理。

⑤通过动手实践能够提高学生的学习兴趣,使学生了解本职工作的价值体现，培养学生热爱工作，热爱岗位，针对技术精益求精等职业素养。

一、知识准备

(一) 四肢肥胖的原因

引起下肢肥胖的因素包括女性荷尔蒙的作用、不良的生活习惯、饮食、长期静坐等。其中女性荷尔蒙的作用是先天因素。女性荷尔蒙具有强大作用，一方面是为生养而储藏一定量的脂肪，这些脂肪储藏一般集中在下肢;另一方面造成生理期的规律性作用，也让下肢轻易浮肿变胖。引起上肢肥胖的原因和饮食习惯不佳、运动量不足、遗传等原因关系较为密切。

(二) 准备工具

75%酒精、棉球（片）、棉球容器、可调节的美容床、身体基础油。

二、工作过程

(一) 工作标准（见表4-2-1）

表4-2-1 四肢纤体塑形护理工作标准

内容	标 准
准备工作	工作区域干净整齐，工具齐全且码放整齐，仪器设备安装正确，个人卫生仪表符合工作要求
操作步骤	能够独立对照操作标准，使用准确的技法，按照规范的操作步骤完成实际操作
操作时间	在规定时间内完成任务
操作标准	按摩排毒方向与手法正确
	动作的力度适中
	手法舒适度非常好
	手指服帖度非常好
	取穴的准确性高，穴位有酸胀感
整理工作	工作区域干净整洁无死角，工具仪器消毒到位，收放整齐

(二) 关键技能

四肢纤体塑形操作

分析顾客的体型

对初次来店和做过1~2次疗程的顾客进行体型测量分析并填写《顾客减肥前健康状况表》，确定疗程方案。

注意：分析出的报告记录需保存下来，以便今后的护理疗程中使用。

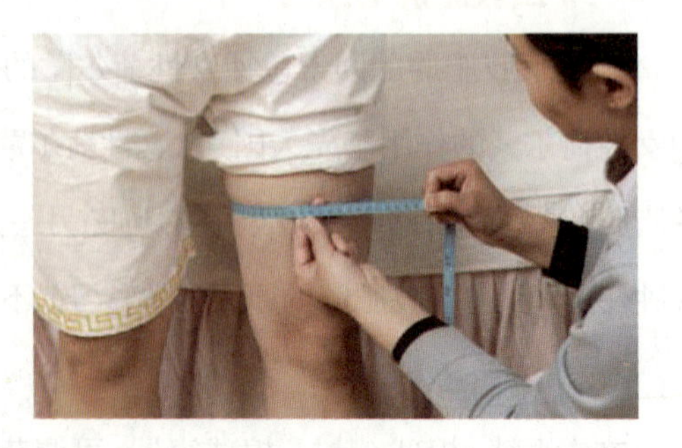

揉捏大腿部脂肪

美容师站在侧位，双手像拧毛巾式揉捏大腿脂肪，先揉捏内侧，再揉捏外侧，做完一侧腿再做另一侧腿。

注意：揉捏时应大面积将赘肉提起揉捏。

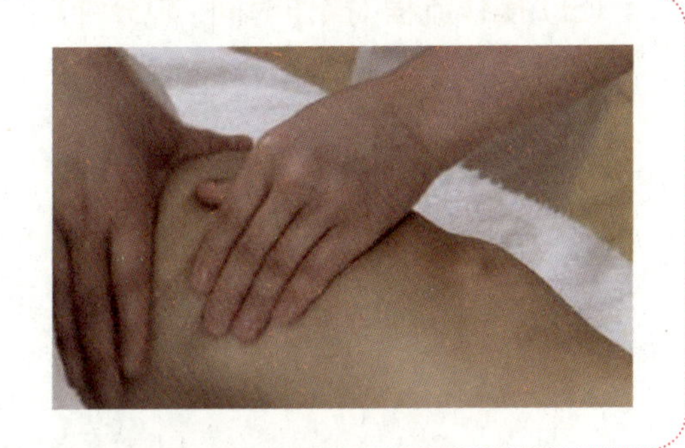

提捏大腿部赘肉

双手放在大腿内侧，从大腿内侧开始双手同时提捏一侧腿部赘肉至腿部正面，然后双手放在大腿外侧，第二遍手法同第一遍手法一致。做完一侧腿再做另一侧腿。

注意：提捏速度要快；大腿内部比较敏感，所以提捏时面积要大。

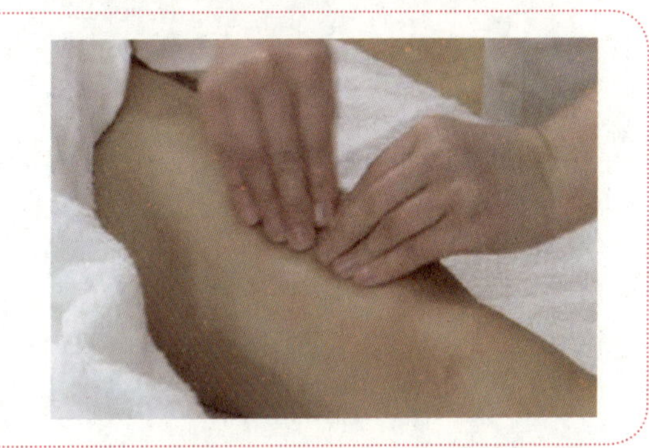

点穴

双手大拇指重叠放在伏兔穴（膝上6寸）上点按；接着右手放在膝盖上方点按血海穴（取穴时将手掌放在膝盖上，大拇指自然放在的地方）再接着双手往下移位到足三里穴上（膝下3寸）点按；最后点按三阴交穴（内侧脚踝上3寸）。

注意：三阴交穴是腿部内侧三条阴经交汇处，所以点按时位置要准确。

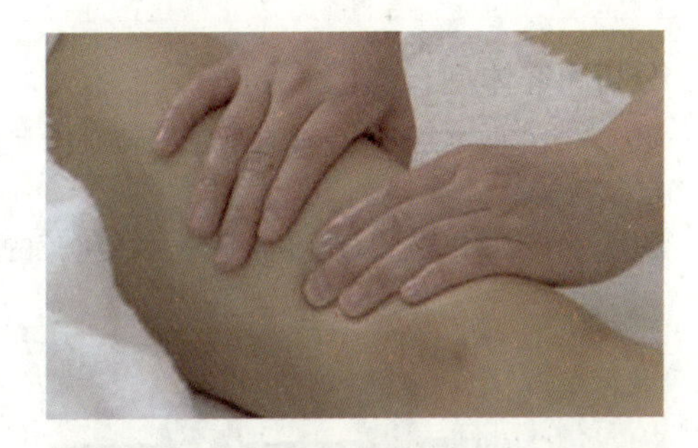

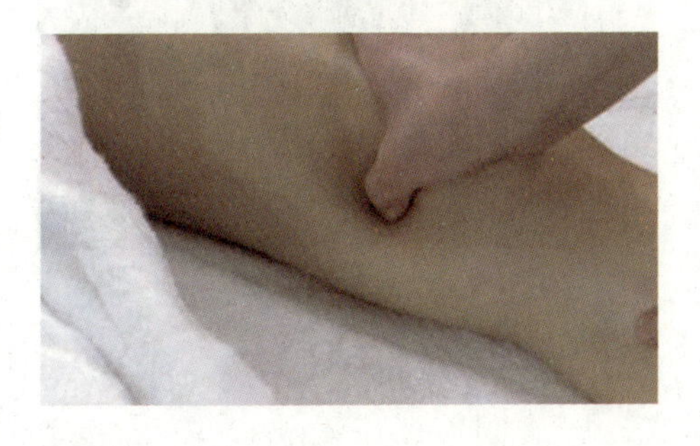

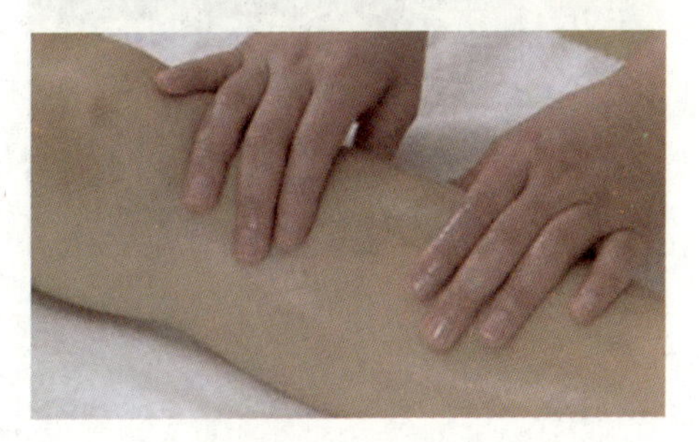

（三）操作流程（操作时间：30分钟）

常规准备工作

按照四肢纤体塑形护理准备常规工具及产品。

消毒

用酒精棉给双手消毒。

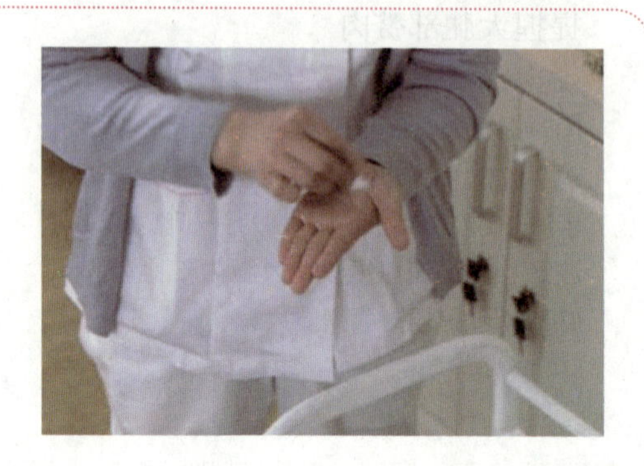

分析顾客体型

初次来店和做过1~2次疗程的顾客进行四肢体型测量分析并填写《顾客减肥前健康状况表》，确定疗程方案。

注意：分析出的报告记录需保存下来，以便今后的护理疗程中使用。

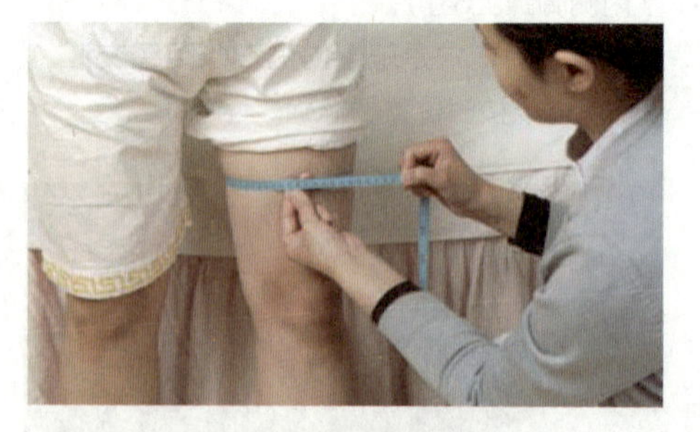

展油，按抚

美容师站在顾客脚后位置，取适量油放于掌心展开，将双手横向放于膝盖两侧，两手同时向两边推抹，一只手推到大腿根部，另一只手推到脚踝。双手同时回到脚踝，再推向大腿根部，然后双手从大腿根部分开，再回到足掌（重复动作2遍）。

注意：操作时力度与速度要均匀；取油量要因人而异。

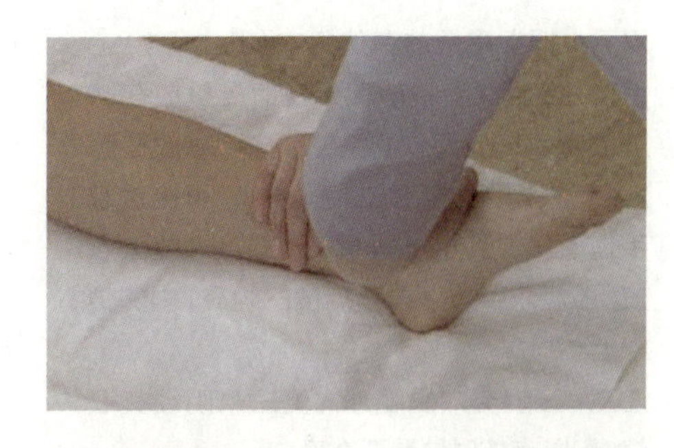

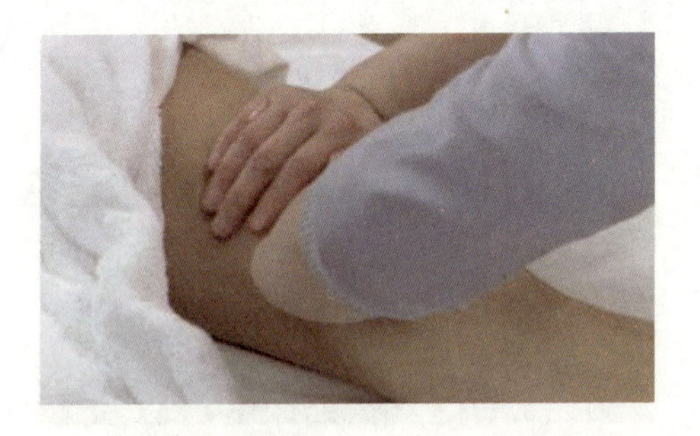

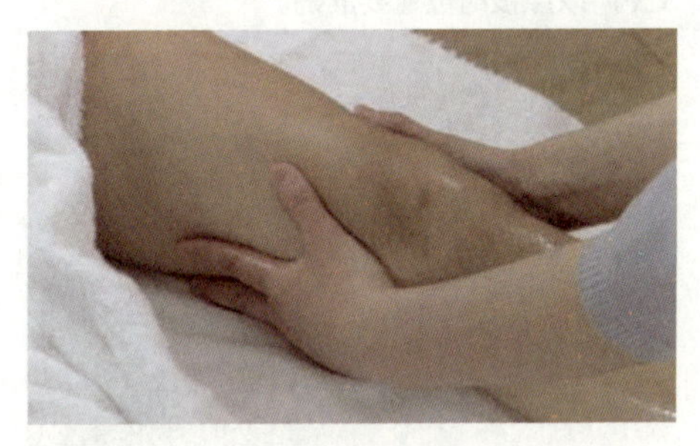

揉捏大腿部脂肪

美容师站在侧位，双手像拧毛巾式揉捏大腿脂肪，先揉捏内侧，再揉捏外侧，做完一侧腿再做另一侧腿。

注意：揉捏时应大面积将赘肉提起揉捏。

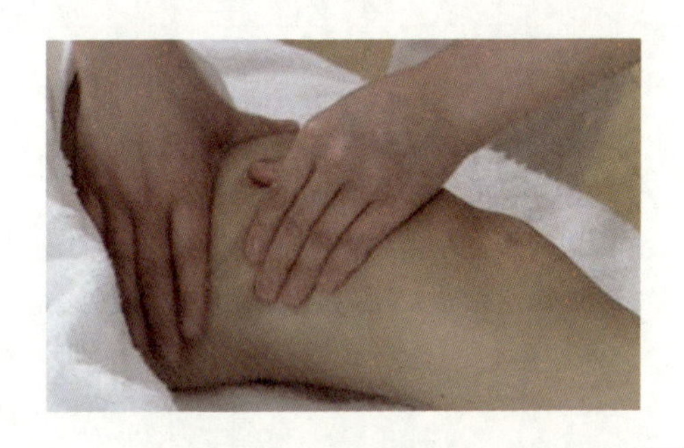

提捏大腿部赘肉

双手放在大腿内侧，从大腿内侧开始双手同时提捏一侧腿部赘肉至腿部正面，然后双手放在大腿外侧，第二遍手法同第一遍手法一致。做完一侧腿再做另一侧腿。

注意：提捏速度要快；大腿内部比较敏感，所以提捏时面积要大。

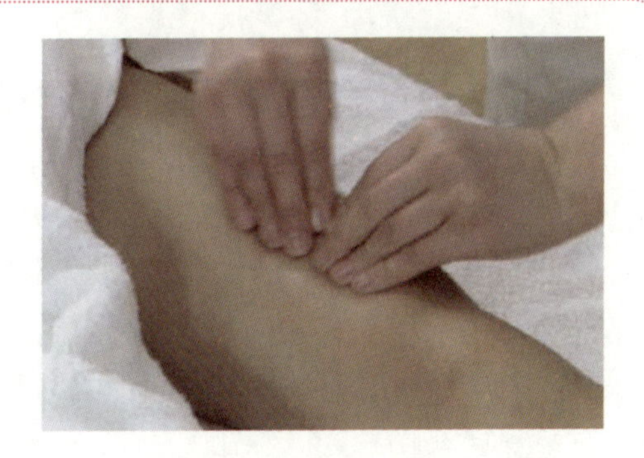

点穴

双手大拇指重叠放在伏兔穴（膝上6寸）上点按；接着双手中指和无名指重叠放在膝盖上方点按血海穴（取穴时将手掌放在膝盖上，大拇指自然放在的地方），再接着双手往下移位到足三里（膝下3寸）穴位上点按；最后双手拇指重叠点按三阴交（内侧脚踝上3寸）。

注意：三阴交穴是腿部内侧三条阴经交汇处，所以点按时位置要准确。

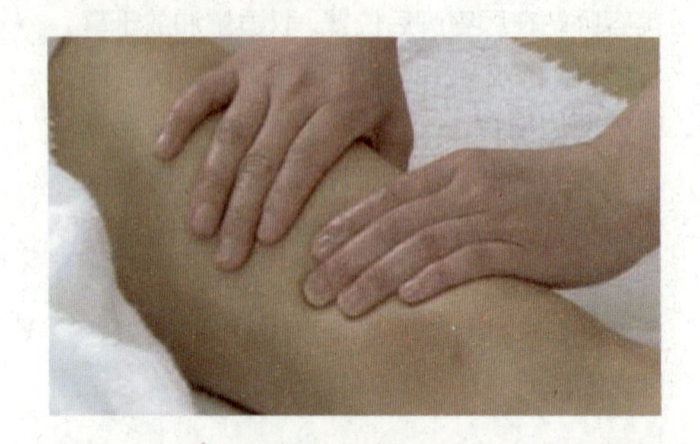

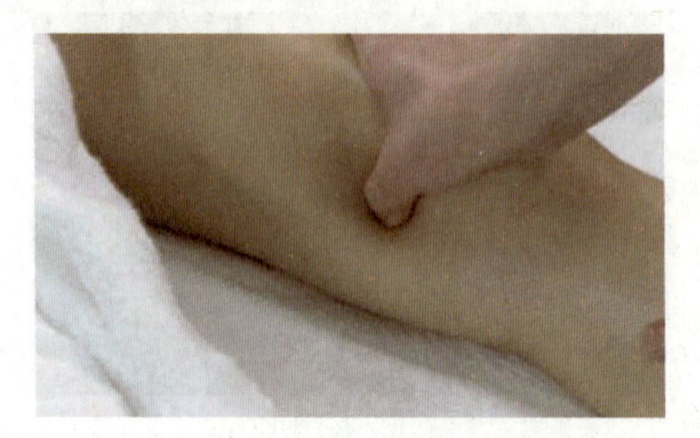

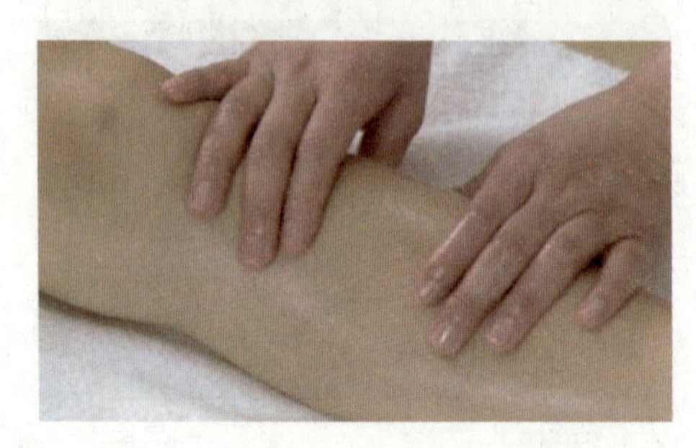

结束

双手由脚踝推向大腿根部，然后双手从大腿根部分开，再回到足掌，重复动作2遍后结束。以同样的方法护理另一侧腿。

注意：操作完马上帮顾客盖好毛巾被，避免着凉。

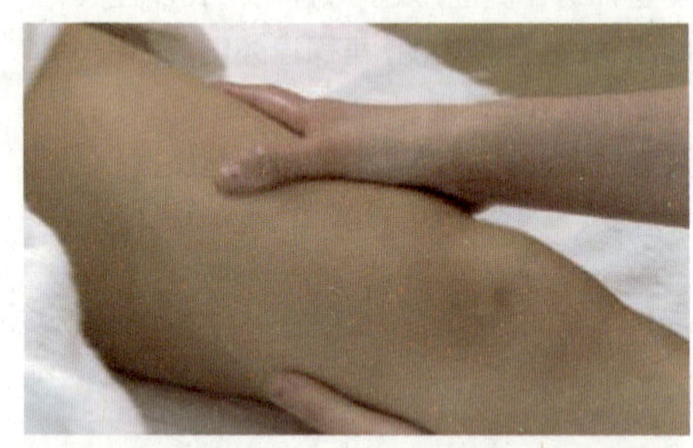

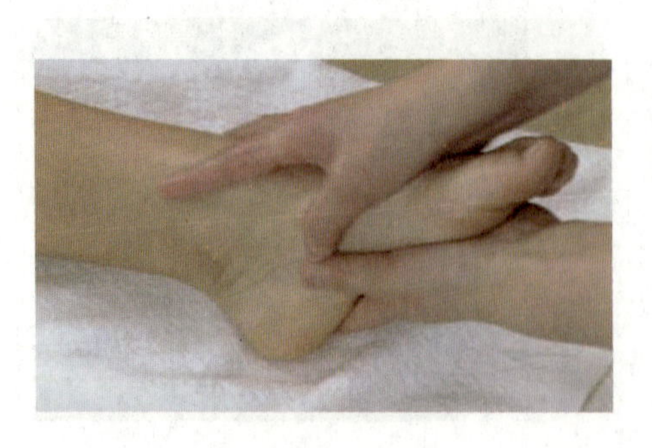

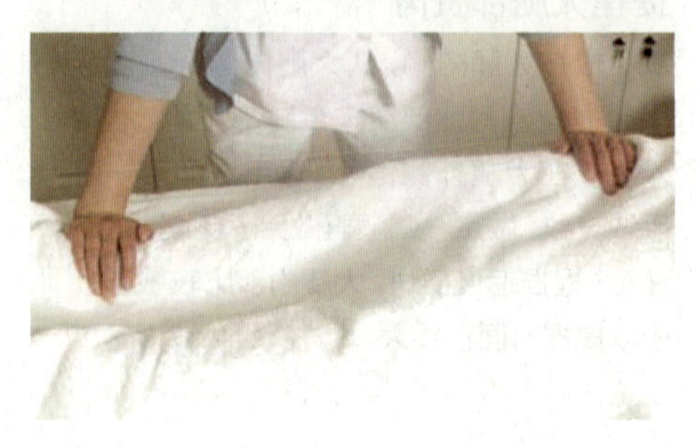

三、学生实践

(一) 布置任务

四肢纤体塑形护理前准备工作

地点：学生两人一组在实训室进行四肢纤体塑形护理操作。

工具：75%酒精、棉球(片)、棉球容器、可调节的美容床、美体按摩油。

你可能遇到的问题：

①腿部纤体塑形时怎么才能避免夹到顾客大腿内侧皮肤？

②顾客刚吃完午饭能操作吗？

(二) 工作评价(见表4-2-2)

表4-2-2 四肢纤体塑形护理工作评价标准

评价内容	评价标准			评价等级
	A(优秀)	B(良好)	C(及格)	
准备工作	工作区域干净整齐，工具齐全，且码放整齐，仪器设备安装正确，个人卫生仪表符合工作要求	工作区域干净整齐，工具齐全，且码放比较整齐，仪器设备安装正确，个人卫生仪表符合工作要求	工作区域比较干净整齐，工具不齐全，且码放不够整齐，仪器设备安装正确，个人卫生仪表符合工作要求	A B C
操作步骤	能够独立对照操作标准，使用准确的技法，按照规范的操作步骤完成实际操作	能够在同伴的协助下对照操作标准，使用比较准确的技法，按照比较规范的操作步骤完成实际操作	能够在老师的指导帮助下，对照操作标准，使用比较准确的技法，按照比较规范的操作步骤完成实际操作	A B C
操作时间	在规定时间内完成任务	规定时间内在同伴的协助下完成任务	规定时间内在老师帮助下完成任务	A B C
操作标准	按摩排毒方向手法正确	按摩排毒方向部分手法正确	按摩排毒方向相反手法不正确	A B C
	动作的力度适中	动作的力度偏轻或偏重	动作的力度太轻或太重	A B C
	手法舒适度非常好	手法舒适度一般	手法舒适度不太好	A B C
	手指服帖度非常好	手指服帖度一般	手指服帖度不好	A B C

续表

评价内容	评价标准			评价等级
	A（优秀）	B（良好）	C（及格）	
操作标准	取穴的准确性好，有酸胀感	取穴的准确性多半正确，有酸胀感	取穴的准确性不好，多半无酸胀感	A B C
整理工作	工作区域干净整洁无死角，工具仪器消毒到位，收放整齐	工作区域干净整洁，工具仪器消毒到位，收放整齐	工作区域较凌乱，工具仪器消毒到位，收放不整齐	A B C
学生反思				

四、知识链接

简单五个动作轻松燃脂

Step1

1. 早上起来刷牙的时候，双腿张开至与肩同宽地站立，右臂屈肘侧平举起，手握牙刷，左臂往前伸直，与肩同高，手指往前拉伸。一边刷牙一边踮起脚，用脚趾支撑全身并保持平衡，同时臀部与腹部的肌肉收紧。

2. 一边刷牙一边踮脚站立，当身体能保持一定的平衡，并习惯这种姿势后，臀部缓缓下沉，膝盖弯曲，令大腿与地面平衡，双脚保持踮地的姿势，脚跟不要着地，小腿被弯曲的膝盖往前拉动，并与大腿成45°，上身依然挺直，微微往前倾出，手臂保持伸直上抬。然后拉起上身后再次下蹲，来回重复数次。

Step 2

躺坐在床上或地上，双腿往前拉伸绷直，并拢的左右腿缓缓往上抬起，并与地面成30°，而腰腹收紧并挺直的上身随之往后倾，并与双腿成90°，往前举起伸直的双臂，手掌往中央相向并保持平衡，保持这个姿势数秒。

Step 3

1. 双腿往外屈膝盘坐，骨盆充分打开，膝盖尽量往两侧下压，令股关节得以拉伸。左右脚掌紧贴，双臂伸直，用手扶着脚掌以固定，上身往上拉伸，腰腹收紧，视线望向正前方。

2. 往前俯下上身，同时松开双手，随着上身的方向往前伸直双臂，手掌贴地，令骨盆以上的部位完全舒展开，连成直线。两腿依然是屈膝下压，保持这个姿势数秒。

Step 4

1. 全身躺平在床上，骨盆与地面平行，双腿的下侧肌肉、臀部、后腰、背部、肩胛骨、两肩与头部均与地面贴合，然后左膝往上身的方向弯曲，小腿与大腿收拢在胸前，双手抱住小腿。

2. 以同样的方式，将右腿屈膝往胸前收拢，小腿与大腿紧贴。双手抱住左右大腿，臀部随之离地，但注意后腰不要仰起，上身始终与地面紧贴。最后一下子松开双手，两腿快速地着地伸直，恢复躺卧的姿势。

Step 5

1. 双腿并拢屈膝，坐于椅子上，上身挺直，背部肌肉往上提拉，收起腹部肌肉，腰背不要靠在椅子的靠背上，令上身与大腿、大腿与小腿、小腿与地面各成90°直角。

2. 以这个坐姿，往左侧扭腰，令上身整个平面转向左侧，放在膝盖上的双手移开，左手扶在椅子靠背上，右手伸出扶在左膝的外侧。上身保持挺直，与大腿始终成90°，扭头望向后方。

五、专题实训

(一) 个案分析

两人一组在实习室练习四肢纤体塑形，在操作前练习者首先要考虑以下问题：

①测量出被操作模特的大腿围度、小腿围度、上臂围度，并记录下来。

②给模特制订护理方案。

(二) 专题活动

美容师小张前两天接待了顾客王某，王某来美容院的目的是想要改善腹部的赘肉，在小张的咨询介绍下王某办理了一个疗程（一个疗程10次）的护理。在疗程过程中小张按照腹部减肥的手法进行了每一次的护理，可是顾客做了5次就来投诉，觉得自己腹部赘肉状况一直没有改善。

(1) 如果你是小张，你该如何处理此种情况？

(2) 列出你要询问的问题，并记录下来，以下是你需要考虑的事。

①找出护理失败的原因。

②将你认为可能造成失败的原因记录下来。

③将你认为可能解决的方案记录下来。

六、课外实训

请将你在本单元学习期间参加的各项专业实践活动情况记录在课外实训记录表（如表4-2-3所示）中。

表4-2-3 课外实训记录表

服务对象	时间	工作场所	工作内容	服务对象反馈

单元五　脱毛护理

内容介绍

对追求时尚的女性而言，裸露在外面的体毛过长且浓密，会直接影响女性外观的美感，使女性形象受损。而脱毛可以帮助女性解决这个问题。脱毛是通过专用产品去除腋下、手臂、腿部、唇周、腋下等部位的毛发，进而达到女性外观干净美观效果的护理方式。

单元目标

①能够说出植物蜜蜡脱毛的原理。

②能够说出植物蜜蜡脱毛的作用。

③熟练掌握脱毛中的产品及工具的使用。

④熟练掌握植物蜜蜡脱毛的方法。

 四肢脱毛护理

项目描述：

四肢脱毛护理就是将四肢毛发分别用有黏性的植物蜜蜡均匀涂抹，再利用纤维纸一并撕除。

工作目标：

①能够说出植物蜜蜡的成分及使用方法。

②能够掌握不同种类脱毛方法的作用。

③能够掌握植物蜜蜡脱毛方法。

④能按照程序进行脱毛护理。

⑤通过动手实践能够使学生积极参与教学活动，利用沟通环节的训练，培养学生实事求是、讲信用的职业素养。

一、知识准备

（一）脱毛的方法

脱毛有两种方法

①永久性脱毛。永久性脱毛的原理是利用脱毛仪器产生超高频刺激毛囊，通过电解作用，破坏毛囊下的毛乳头，从而阻止体毛再生。此方法有一定的难度，只有医疗美容机构的医师或经过专门培训的美容师才能操作。具体操作方法是光子脱毛。

②半永久性脱毛（又称暂时性脱毛）。半永久性脱毛是美容院常用的一种脱毛方法，由于对皮肤无刺激，所以深受顾客的欢迎。如今半永久性脱毛有脱毛剂法和植物蜜蜡脱毛法两种。这两种方法都可以暂时性去除毛发，但短期内可再生。

(二) 脱毛的作用

①美观;

②皮肤干净、光滑;

③毛发会越来越细软。

(三) 工具准备

脱毛需要准备的工具及产品有:75%酒精、棉球(片)、棉球容器、毛巾、脱毛蜜蜡、热蜡锅、脱毛板、脱毛纸、沐浴露、爽身粉、一次性床单、润肤霜、废物袋。

(四) 植物蜜蜡成分及使用方法

植物蜜蜡的成分有蜂蜜和树脂,外观呈固态。

其使用方法为:操作前需在特定的容器内将其加热融化成流动状,方可使用。其黏稠性强,多用于四肢,不宜用在敏感性皮肤上。

(五) 爽身粉的作用

爽身粉在脱毛当中起到关键性的作用。在清洁皮肤后将爽身粉涂抹于需脱毛的部位,起到使皮肤干燥,保护皮肤的作用。

二、工作过程

(一) 工作标准 (见表5-1-1)

表5-1-1 四肢脱毛护理工作标准

内 容	标 准
准备工作	工作区域干净整齐,工具齐全且码放整齐,仪器设备安装正确,个人卫生仪表符合工作要求
操作步骤	能够独立对照操作标准,使用准确的技法,按照规范的操作步骤完成实际操作
操作时间	在规定时间内完成任务
操作标准	蜡涂抹薄厚均匀
	脱毛时皮肤绷紧度好
	撕扯脱毛纸速度快
	脱毛部位皮肤清洁到位,无残留蜡
	脱毛部位皮肤光滑、细腻、干净
整理工作	工作区域干净整洁无死角,工具仪器消毒到位,收放整齐

（二）关键技能

腿部脱毛护理

修剪毛发

在操作前先将腿部过长的毛发修剪到1厘米左右长度，方便脱毛和清洗。

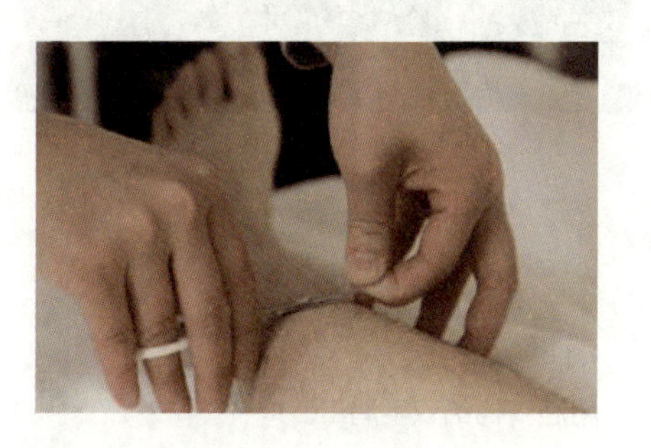

涂抹爽身粉

清洁腿部后先在需要脱毛的皮肤上涂抹爽身粉。

注意：爽身粉涂抹量不宜过多。

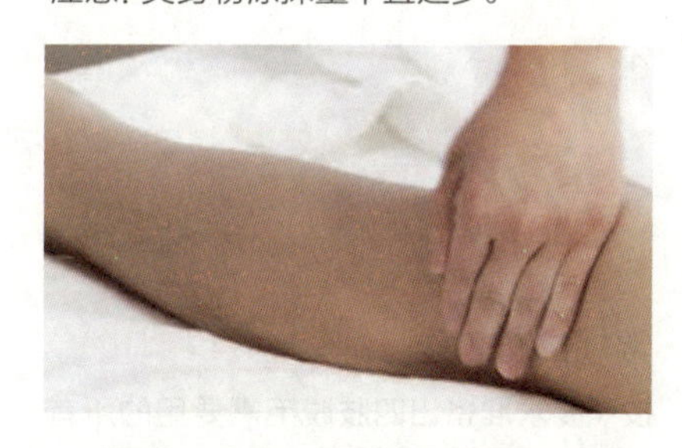

涂植物蜜蜡

选择脱毛部位，手持脱毛板取适量的植物蜜蜡，轻轻地放在皮肤上，将脱毛板倾斜45°，由上至下顺着毛发生长的方向涂抹。

注意：植物蜜蜡不宜过烫，要一边吹着一边涂抹，避免烫伤顾客。

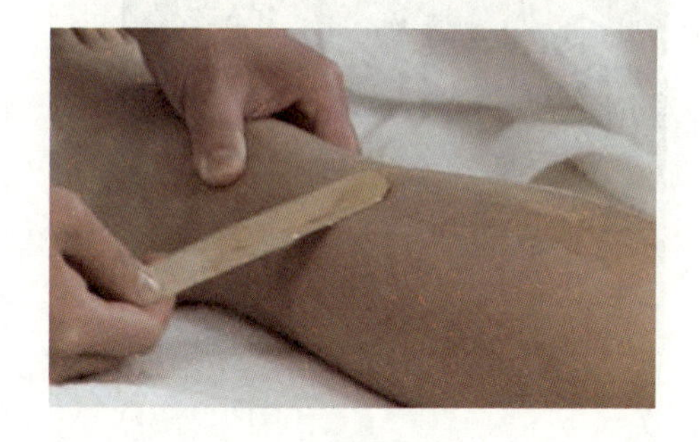

脱毛

在涂好植物蜜蜡的皮肤上快速放上脱毛纸，按压数下之后，逆着毛发生长方向快速撕下，最好一次完成。

注意：脱毛纸要根据脱毛的皮肤面积大小提前剪好；脱毛时不要提起撕下，要平行于皮肤表面撕下；如果残留的毛发，可用眉镊清洁干净。

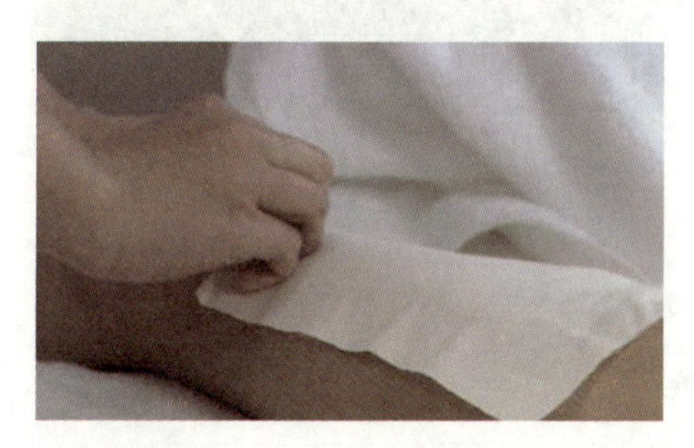

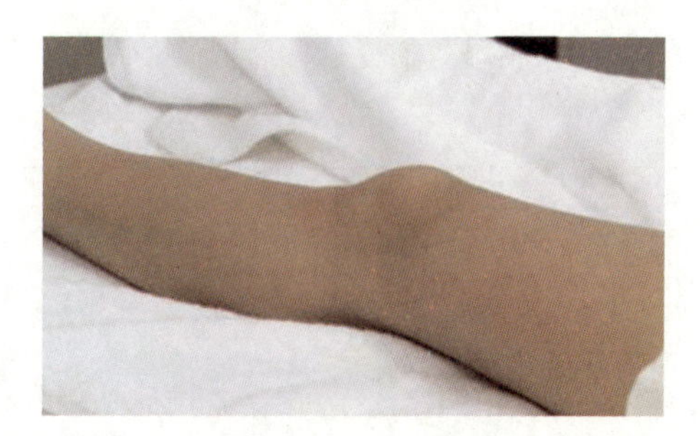

涂抹润肤霜

清洁后取适量润肤霜均匀涂抹在脱毛皮肤上，按抚结束。

注意：根据脱毛皮肤面积大小，取适量润肤霜。

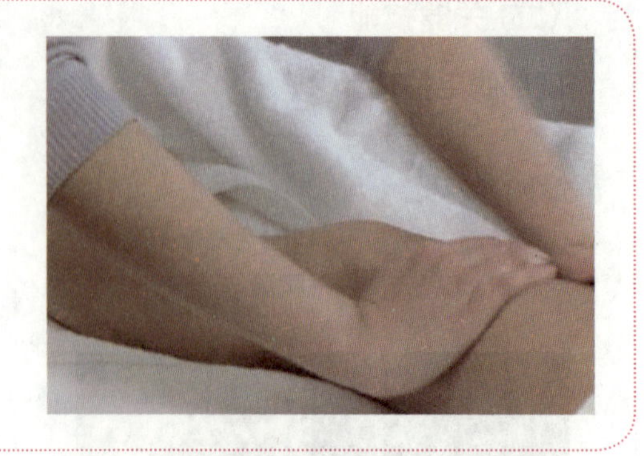

（三）操作程序

常规准备工作

按照要求准备出四肢脱毛需要用的所有工具及产品。

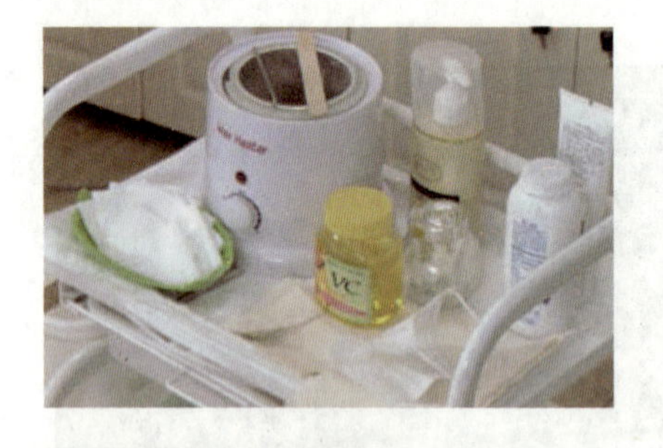

消毒

用酒精棉给双手消毒。

清洁皮肤

取适量沐浴露放在面巾纸上，将需要脱毛的皮肤用面巾纸进行清洁干净。

注意事项：沐浴露不能取太多。

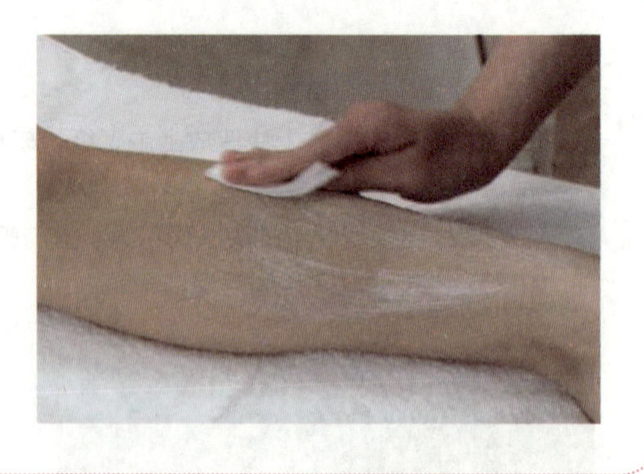

涂抹爽身粉

按照涂抹爽身粉的方法，在需要脱毛的皮肤上均匀涂抹。

注意：爽身粉的涂抹根据需要脱毛区域大小而定，但不宜过多。

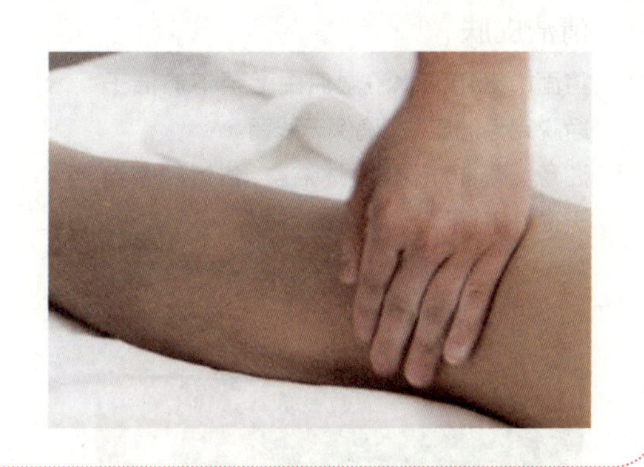

涂抹热植物蜜蜡

按照涂抹植物蜜蜡的方法，将需要脱毛的部位均匀涂抹上植物蜜蜡。

注意：植物蜜蜡不宜过烫；脱毛板与皮肤的角度不要大于45°；涂蜡时不要反复涂抹，要顺着毛发生长的方向，必须一次完成 。

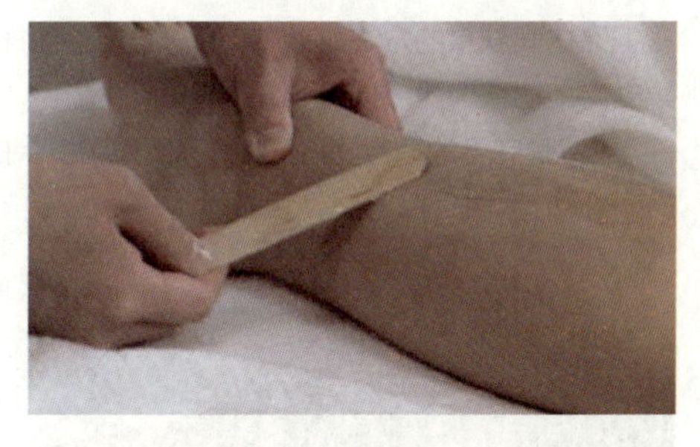

脱毛

按照脱毛的方法，把需要脱毛的地方用脱毛纸逆着毛发生长的方向一次性撕下。

注意：脱毛纸的大小要配合毛发区域大小。

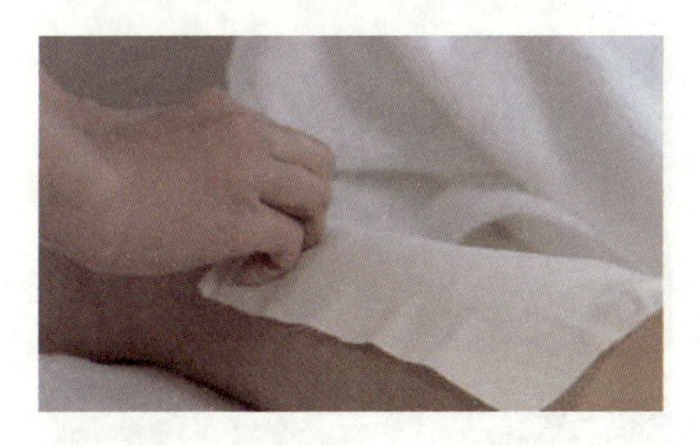

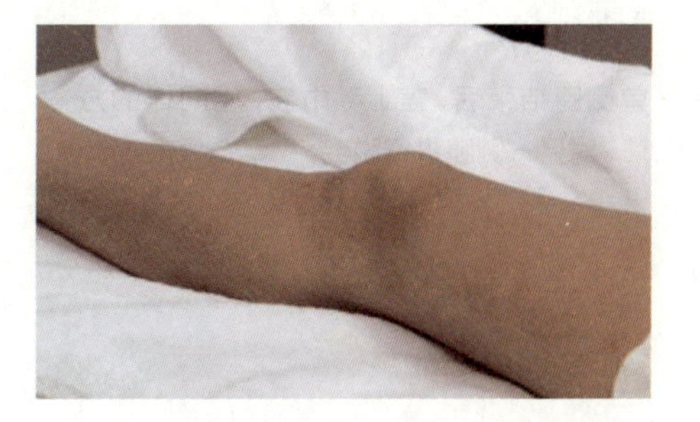

清洁皮肤

将面巾纸用温水浸湿后由上至下清洁干净脱完毛的皮肤，确保无残留。

注意：清洁时不需要沐浴露，告诉顾客当天最好不洗澡。

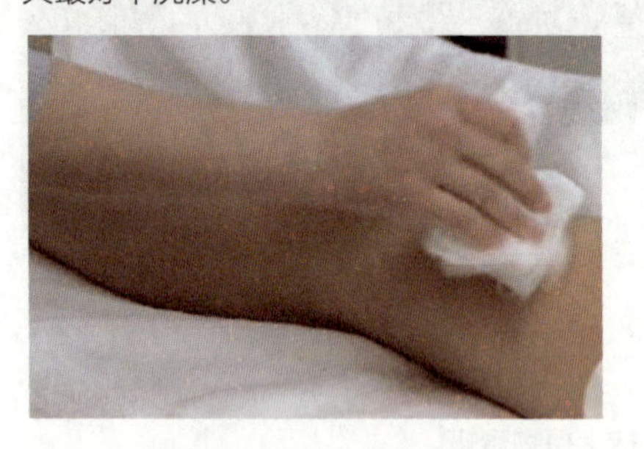

按抚

在脱毛部位放上毛巾，双手从膝盖开始向两边展开按抚。

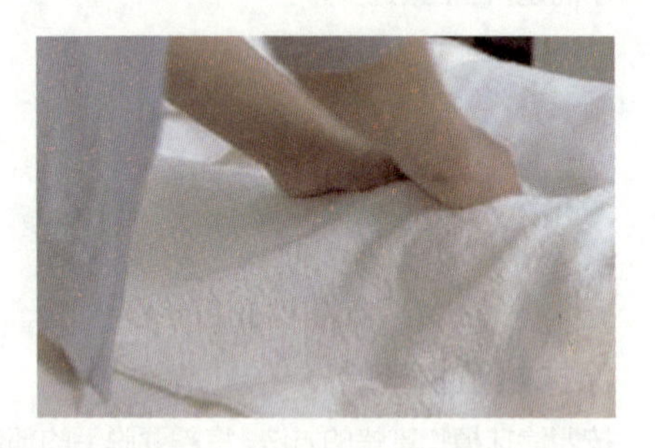

涂抹润肤霜

根据涂抹润肤霜的方法，在脱完毛的部位上涂抹均匀润肤霜。取适量润肤霜，在掌心处展开，从脚踝处向上把整个腿部按抚一下。

注意：将脱完毛的地方清洗干净，不要残留多余的植物蜜蜡。

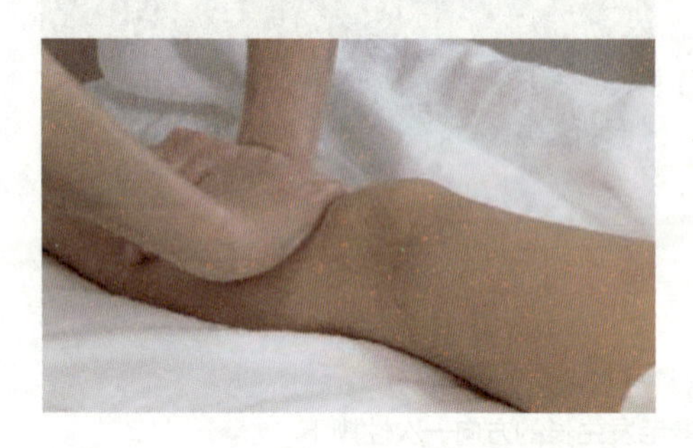

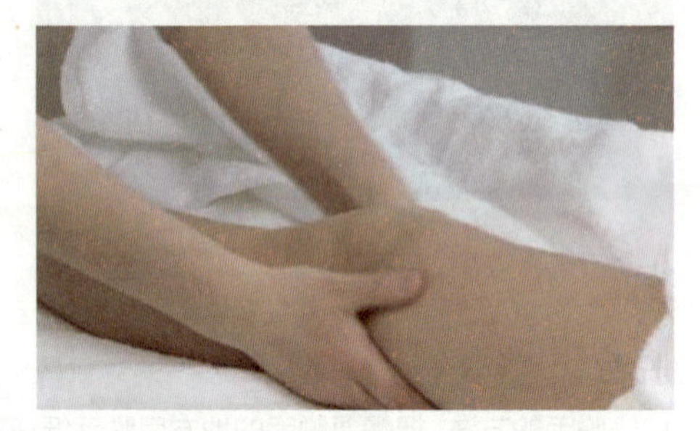

重复操作

单侧腿结束后，盖上毛巾被，用同样的方法，对另一侧腿进行脱毛。

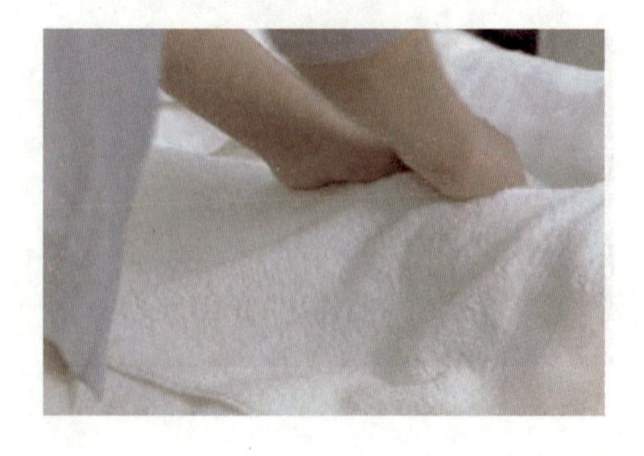

三、学生实践

(一) 布置任务

脱毛护理前工作准备

地点：学生两人一组在实习室进行四肢脱毛护理操作。

工具：75%酒精、棉球（片）、棉球容器、毛巾、植物蜜蜡、热蜡锅、脱毛板、脱毛纸、沐浴露、爽身粉、一次性床单、润肤霜、废物袋。

要求：

①清洁后必须使用爽身粉；

②涂抹蜡时，脱毛板要倾斜45° 涂抹于毛发上；

③根据不同部位，涂抹蜡时要顺着毛发的生长方向；

④脱毛时要逆着毛发的生长方向。

你可能会遇到的问题：

①如果脱毛后出现出血现象应该怎么办？

②如果脱完毛还有很多毛发留在原处怎么办？

(二) 工作评价（见表5–1–2）

表5–1–2　四肢脱毛护理工作评价标准

评价内容	评价标准			评价等级
	A（优秀）	B（良好）	C（及格）	
准备工作	工作区域干净整齐，工具齐全且码放整齐，仪器设备安装正确，个人卫生仪表符合工作要求	工作区域干净整齐，工具齐全且码放比较整齐，仪器设备安装正确，个人卫生仪表符合工作要求	工作区域比较干净整齐，工具不齐全，且码放不够整齐，仪器设备安装正确，个人卫生仪表符合工作要求	A B C
操作步骤	能够独立对照操作标准，使用准确的技法，按照规范的操作步骤完成实际操作	能够在同伴的协助下对照操作标准，使用比较准确的技法，按照比较规范的操作步骤完成实际操作	能够在老师的指导帮助下，对照 操作标准，使用比较准确的技法，按照比较规范的操作步骤完成实际操作	A B C
操作时间	在规定时间内完成任务	规定时间内在同伴的协助下完成任务	规定时间内在老师帮助下完成任务	A B C

续表

评价内容	评价标准			评价等级
	A（优秀）	B（良好）	C（及格）	
操作标准	植物蜜蜡涂抹薄厚均匀	植物蜜蜡涂抹薄厚比较均匀	植物蜜蜡涂抹薄厚不够均匀	A B C
	脱毛时皮肤绷紧度好	脱毛时皮肤绷紧度不够	脱毛时皮肤松弛、未绷紧	A B C
	撕扯脱毛纸速度快	撕扯脱毛纸速度较慢	撕扯脱毛纸速度慢	A B C
	脱毛部位皮肤清洁到位，无残留植物蜜蜡	脱毛部位皮肤清洁较到位，有残留的植物蜜蜡	脱毛部位皮肤有明显的植物蜜蜡残留	A B C
	脱毛部位皮肤光滑、细腻、干净	脱毛部位皮肤可以看到少许毛发残留	脱毛部位皮肤可以看到成片毛发残留	A B C
整理工作	工作区域干净整洁无死角，工具仪器消毒到位，收放整齐	工作区域干净整洁，工具仪器消毒到位，收放整齐	工作区域较凌乱，工具仪器消毒到位，收放不整齐	A B C
学生反思				

四、知识链接

脱毛膏使用提示

①初次使用脱毛膏时，先取少量脱毛膏涂在手臂或者手背部位，几分钟后看皮肤是否有红肿瘙痒等不适。如果有，则肤质敏感，不适合使用脱毛膏，应选择其他脱毛产品。

②按照使用说明涂抹脱毛膏，在指定时间内抹去脱毛膏。

③脱毛后不要立即使用香皂或者其他沐浴露清洁皮肤，可使用温水清洁。

④脱毛后可在脱毛处的皮肤上涂抹保湿滋润产品，减少皮肤的敏感。

⑤脱毛的当天不可使用香水、香氛等产品，避免刺激皮肤。

唇周脱毛护理

项目描述：

一些女性唇部汗毛浓密，看上去像长了胡子一般，严重地影响女性的外观形象。通过植物蜜蜡去除唇周汗毛，可以达到干净美观的效果。

工作目标：

①能够说出美容院常见的脱毛护理项目。

②能够掌握脱毛工具的方法。

③能按照程序进行唇周脱毛。

④通过动手实践能够使学生积极参与教学活动，利用沟通环节的训练，培养学生实事求是、讲信用的职业素养。

一、知识准备

（一）脱毛位置

美容院常见脱毛护理项目：

①唇周毛；②眉毛；③腋下；④四肢（整臂、半臂、大腿、小腿）；⑤比基尼线。

（二）脱毛周期

因为毛发生长周期有三个阶段：生长期、退行期、休止期。只有在生长期的时候进行冰点脱毛才能达到最好的效果。这个时候的毛囊是最脆弱的，进行脱毛的效果必然是最好的。脱毛次数也和脱毛区域毛发密度、颜色以及非生长期的毛囊比例有关，一般1~2次就可以看到明显效果。不仅可以永久去除四肢、腋窝、胸背汗毛、比基尼线等身体部位的多余毛发，让肌肤变得光洁细腻，便于着装；而且非常适合用于修改发际的轮廓和胡须的形状。

（三）工具准备

75%酒精、棉球（片）、棉球容器、毛巾、洗面奶、小剪子、眉镊、植物蜜蜡、热蜡锅、脱毛板、脱毛纸、爽身粉、一次性床单、润肤霜、废物袋。

二、工作过程

（一）工作标准（见表5-2-1）

表5-2-1 唇周脱毛护理工作标准

内 容	标 准
准备工作	工作区域干净整齐，工具齐全且码放整齐，仪器设备安装正确，个人卫生仪表符合工作要求
操作步骤	能够独立对照操作标准，使用准确的技法，按照规范的操作步骤完成实际操作
操作时间	在规定时间内完成任务
操作标准	植物蜜蜡涂抹薄厚均匀
	脱毛时皮肤紧绷度好
	撕扯脱毛纸速度快
	唇部皮肤清洁到位，无残留脱毛蜡
	唇部皮肤光滑、细腻、干净
整理工作	工作区域干净整洁无死角，工具仪器消毒到位，收放整齐

（二）关键技能

唇周脱毛

爽身粉

取出适量的爽身粉，用手涂抹在脱毛部位，将多余的爽身粉用面巾擦掉，保证脱毛部位是干燥的。

注意：根据脱毛区的大小取适量爽身粉。

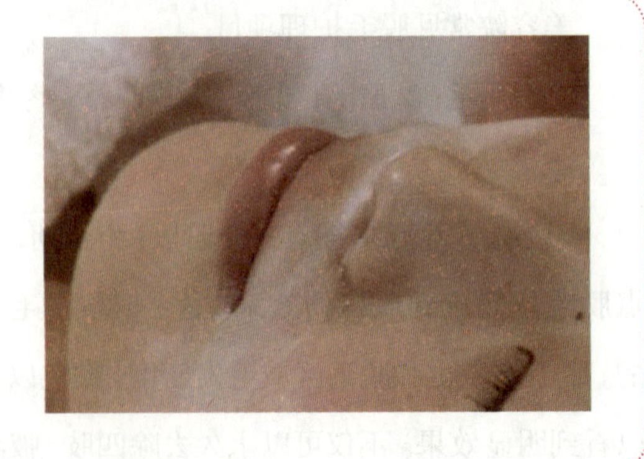

涂植物蜜蜡

选择好脱毛部位后，手持脱毛板轻轻地放在皮肤上，将脱毛板倾斜45°，顺着毛发的生长方向均匀涂抹。

注意：植物蜜蜡不宜过烫，要一边吹着一边涂抹，避免烫伤顾客，尤其是唇周皮肤比较敏感。

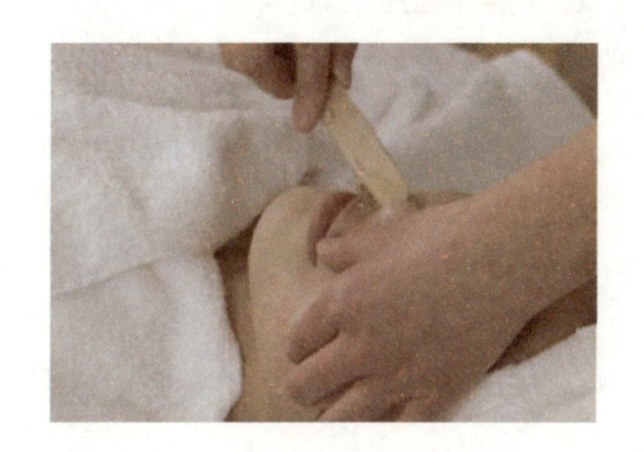

脱毛

将涂好植物蜜蜡的地方快速放上脱毛纸，并反复按压，数次后逆着毛发生长方向快速撕下，最好一次完成。做完一侧再做另一侧。

注意：如果还剩下极少数毛发，可用眉镊将多余毛发清除；脱毛纸要根据脱毛的皮肤大小提前剪好；脱毛时不要提起撕下，要平行于皮肤表面一次撕下。

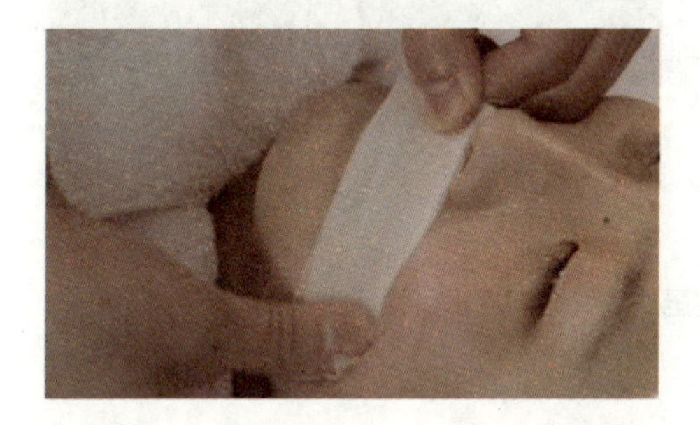

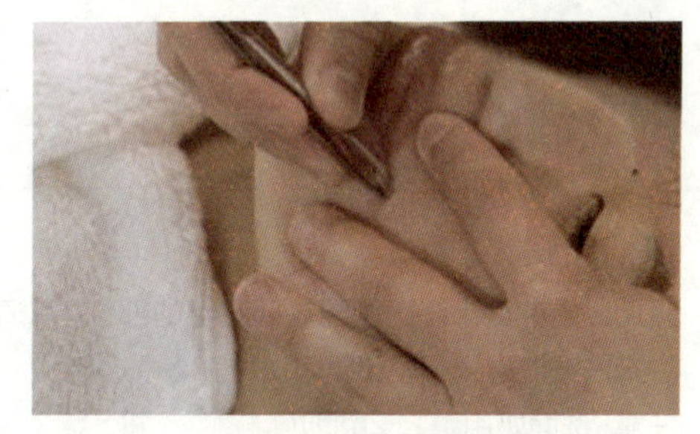

涂抹润肤霜

取适量润肤霜均匀涂抹在脱毛后的皮肤上，结束。

注意：根据脱毛部位的大小取适量润肤霜。

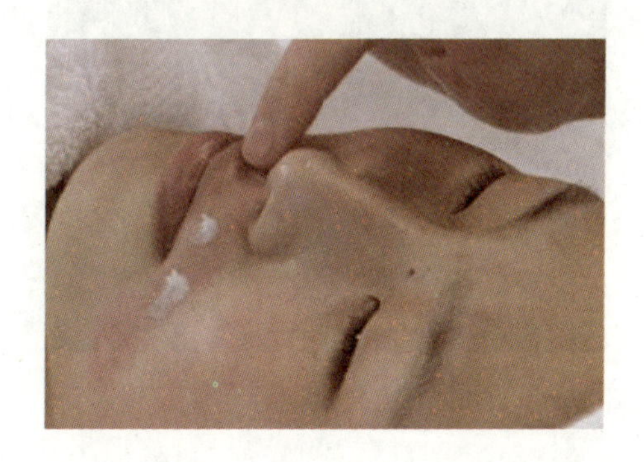

（三）操作程序

常规准备工作

按照工作要求整理个人仪容仪表，准备操作时需要准备的工具。

消毒

用酒精给双手消毒。

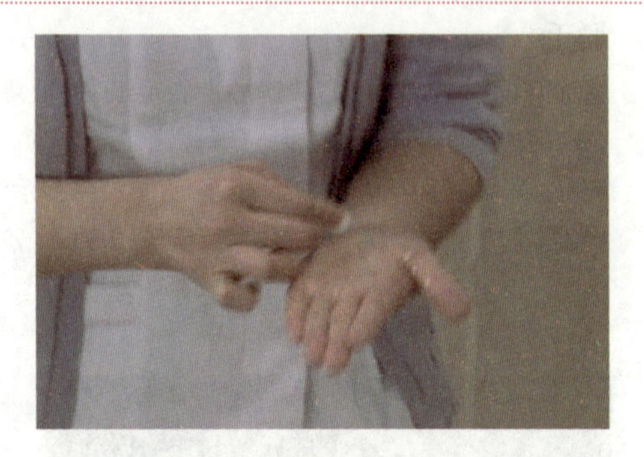

清洁皮肤

先用蘸水的面巾湿润唇周需要脱毛的部位，取适量洗面奶分别放于唇的周围，用美容手指以打圈的方法清洗唇周，再用湿面巾擦净唇周。

注意：洗面奶用量1~2ml即可。

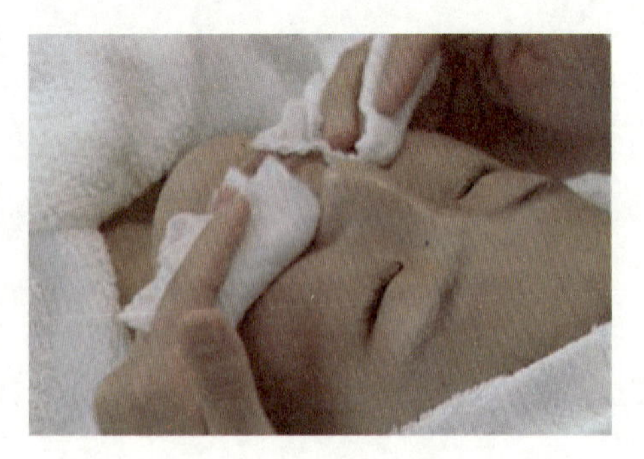

涂抹爽身粉

按照涂抹爽身粉的方法轻轻涂抹在唇周。

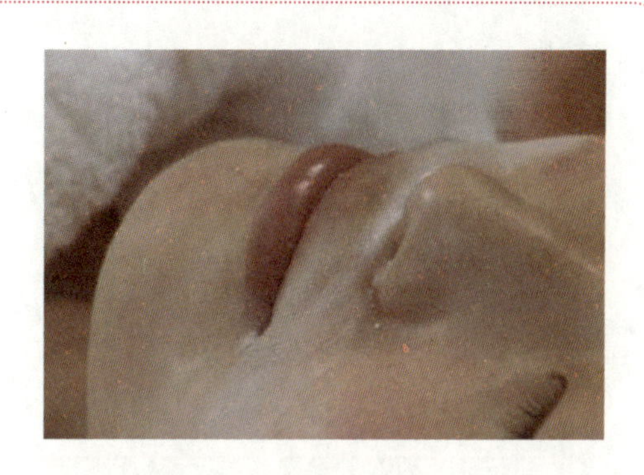

涂抹热植物蜜蜡

按照涂蜡方法，先在一侧唇毛部位顺着毛发的生长方向涂抹。

注意：唇周皮肤敏感，植物蜜蜡温度应适中，不要过热。

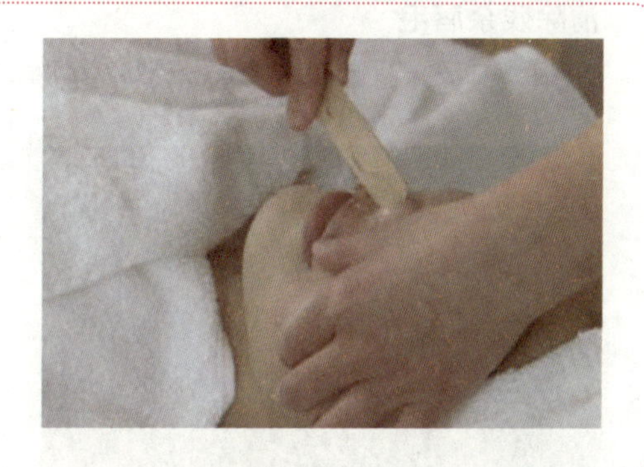

脱毛

按照脱毛方法，将一侧唇毛用脱毛纸逆着毛发生长方向快速一次撕下。

注意：脱毛纸按照唇周的大小提前剪好。

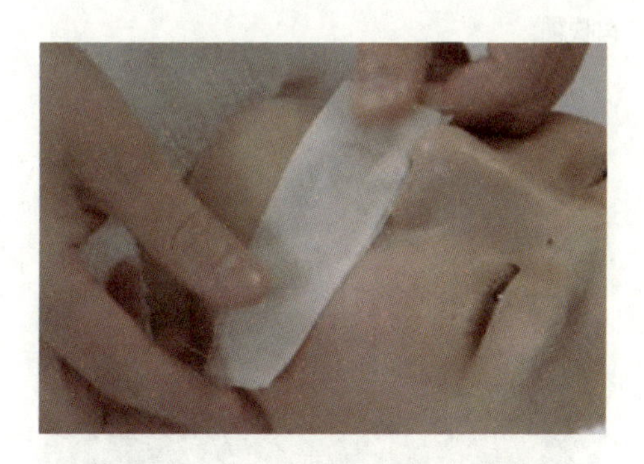

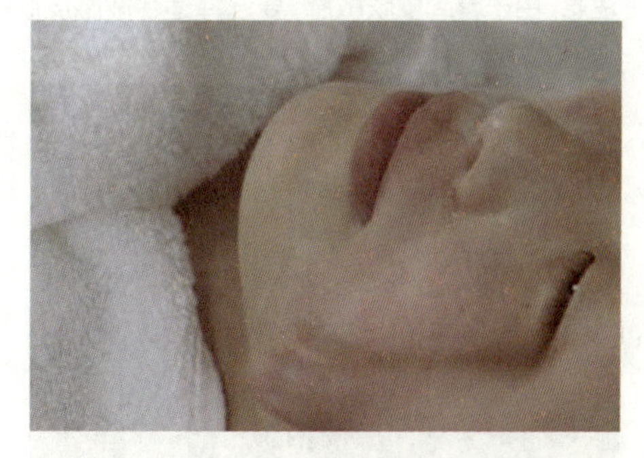

清洁

将面巾纸在温水中浸湿后清洁唇周。

注意：面部皮肤敏感，要使用柔软的面巾纸清洗，不可残留多余物质。

清除残余唇毛

一只手绷住皮肤，另一只手拿住眉镊把没有清除的毛清掉，并用湿面巾清洁干净。

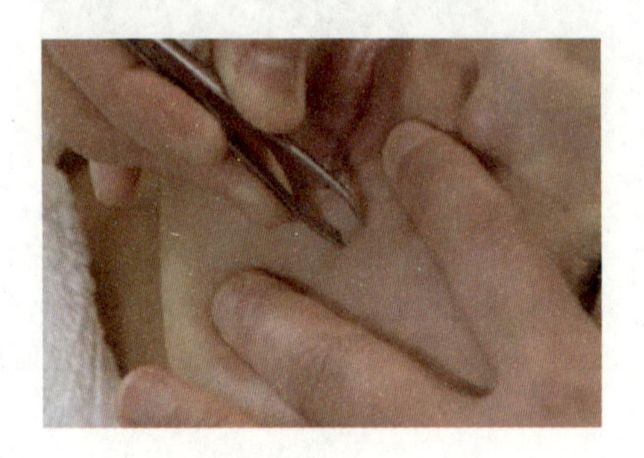

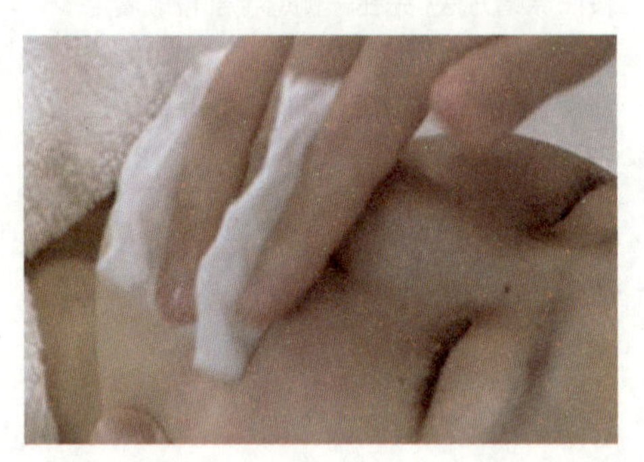

涂抹润肤霜

取适量润肤霜涂抹在唇周。

注意：由于唇周皮肤敏感，要选择适合敏感皮肤的润肤霜。

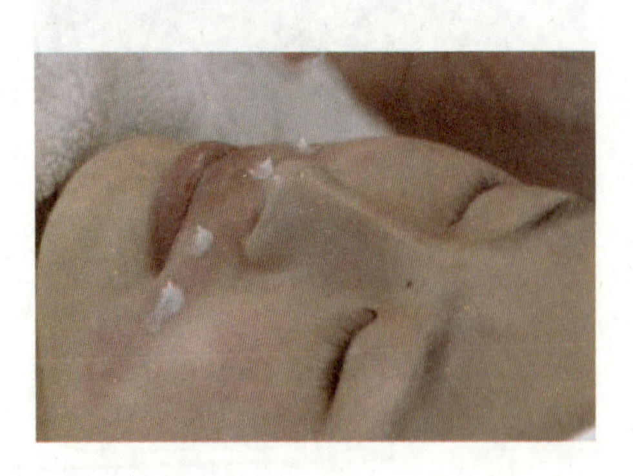

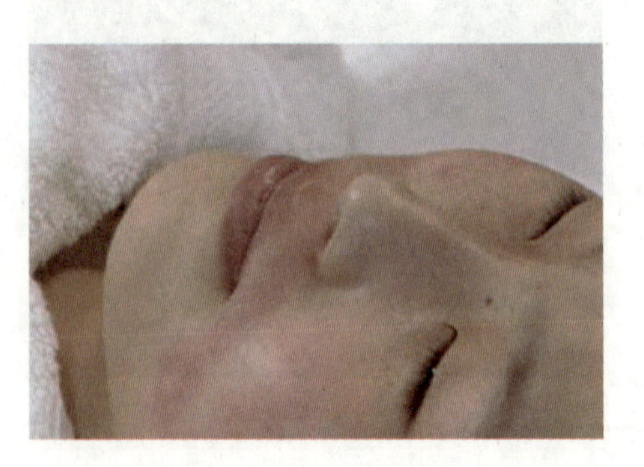

三、学生实践

(一) 布置任务

唇周脱毛护理前工作准备

地点：学生两人一组在实习室进行唇周脱毛护理操作。

工具：75%酒精、棉球（片）、棉球容器、毛巾、小剪子、眉镊、植物蜜蜡、热蜡锅、脱毛板、脱毛纸、爽身粉、一次性床单、润肤霜、废物袋。

要求：

①清洁后必须使用爽身粉。

②涂抹蜡时，脱毛板需倾斜45° 涂抹于毛发上。

③根据不同部位，涂抹蜡时要顺着毛发的生长方向。

④脱毛时要逆着毛发的生长方向。

你可能会遇到的问题：

①我们在什么时候不适合脱毛？

②顾客会经常问到植物蜜蜡脱毛后是否还会长出来。

③为什么脱完毛之后的皮肤偏暗？

(二) 工作评价（见表5-2-2）

表5-2-2　唇周脱毛护理工作评价标准

评价内容	评价标准			评价等级
	A（优秀）	B（良好）	C（及格）	
准备工作	工作区域干净整齐，工具齐全且码放整齐，仪器设备安装正确，个人卫生仪表符合工作要求	工作区域干净整齐，工具齐全且码放比较整齐，仪器设备安装正确，个人卫生仪表符合工作要求	工作区域比较干净整齐，工具不齐全，且码放不够整齐，仪器设备安装正确，个人卫生仪表符合工作要求	A B C
操作步骤	能够独立对照操作标准，使用准确的技法，按照规范的操作步骤完成实际操作	能够在同伴的协助下对照操作标准，使用比较准确的技法，按照比较规范的操作步骤完成实际操作	能够在老师的指导帮助下，对照操作标准，使用比较准确的技法，按照比较规范的操作步骤完成实际操作	A B C

续表

评价内容	评价标准			评价等级
	A(优秀)	B(良好)	C(及格)	
操作时间	在规定时间内完成任务	规定时间内在同伴的协助下完成任务	规定时间内在老师帮助下完成任务	A B C
操作标准	植物蜜蜡涂抹薄厚均匀	植物蜜蜡涂抹薄厚比较均匀	植物蜜蜡涂抹薄厚不够均匀	A B C
	脱毛时皮肤紧绷度好	脱毛时皮肤紧绷度不够	脱毛时皮肤松弛、未绷紧	A B C
	撕扯脱毛纸速度快	撕扯脱毛纸速度较慢	撕扯脱毛纸速度慢	A B C
	唇部皮肤清洁到位,无残留植物蜜蜡	唇部皮肤清洁较到位,有残留的植物蜜蜡	唇部皮肤有明显的植物蜜蜡残留	A B C
	唇部皮肤光滑、细腻、干净	唇部皮肤可以看到少许毛发残留	唇部皮肤可以看到成片毛发残留	A B C
整理工作	工作区域干净整洁无死角,工具仪器消毒到位,收放整齐	工作区域干净整洁,工具仪器消毒到位,收放整齐	工作区域较凌乱,工具仪器消毒到位,收放不整齐	A B C
学生反思				

四、知识链接

美容院常见脱毛方法

1. 激光脱毛

激光脱毛的原理是毛囊中的麦拉宁色素会吸收激光的能量,通过所产生的热能交换破坏毛囊,致使毛发永久停止生长。激光脱毛适合肤色浅,毛发较细且黑的人。由于不在生长期内的毛囊没有麦拉宁色素,所以激光脱毛不可能一次性对所有的毛囊产生抑制生长的作用。激光脱毛会对皮肤的色素造成伤害，形成斑点；如果使用的激光脉冲次数多一些，或能量高一些，皮肤上还可能留下疤痕；治疗后会有红热现象，两三天内皮肤可能会变硬，或许还会有治疗的痕迹残留在皮肤上。

2. 永久脱毛

光电的永久脱毛可分为两类：一为以红宝石激光、紫翠玉激光、YAG激光为主的激光脱毛；二为以光照法为主的新型强力脉冲光激光（亦称光子）。

新型的激光脱毛是依患者的皮肤特质、毛发特质、除毛部位设定安全有效的光波波长、能量追踪黑褐色毛囊通过一次传递能量到达数十个或更多的毛囊中，从而将毛乳头气化，以达到永久除毛目的。因为毛发生长分为三种阶段：生长期、退行期、休止期，激光脱毛只有在生长期进行治疗才会真正有效，所以第一次有效度约50%、第二次约70%、第三次约90%，每次间隔时间约四星期。大约三次就可得到满意的效果。用激光清除腋毛还可以产生部分消除狐臭的意外效果，真是一举两得。

对于想要通过激光方式来脱毛的爱美女性们来说，其效果恐怕是最值得关心的问题。在目前市面上的各种脱毛方式里，光子脱毛是最为理想的方式。它是利用选择性光热解原理进行的非介入性疗法，做到了不开刀、无创伤的治疗方式。通过特定的仪器发射脉冲光源来对皮肤进行照射，毛囊中的黑色素细胞会对特定波段的光进行吸收，从而加热毛囊、使其被破坏。

经临床研究和验证，光子脱毛的效果已经得到了证实，不光其脱毛效果显著、治疗简便，更可以做到永久性去除多余体毛，达到一劳永逸的目的。无论是从脱毛效果，还是治疗过程中的不适感来看，都远远小于传统的各种脱毛方式。其适用广泛，更可以方便有效地适用于身体各处。

光子脱毛比较所有其他的脱毛技术更能达到永久脱毛效果，光子脱毛更快捷、舒适，副作用更少。新一代的光子脱毛机较以往单一波长的激光脱毛机有了很大的改进，可调的脉冲宽度可以去除不同粗细的毛发，无论是纤细的唇毛，还是粗硬的腿毛、胸毛；同时脱毛时的痛苦很小，只有轻微的针刺感，很少发生皮肤灼伤，这些都是电针或激光脱毛无法相比的。

3. 药物脱毛

药物脱毛是通过口服抑制雄性激素的药物达到抑制毛发生长的作用。女性体内都有一定量的雄激素，当雄激素的量过多时毛发就会增加，但是，服用对抗雄激素的药物一定要在医生的指导下进行。

4. 植物脱毛

植物脱毛产品是采用多种天然植物萃取成分配合有效脱毛成分研制而成，气味芳香，性质温和，使用非常简便，短短几分钟，就能去除人体多余毛发，解决了以往脱毛产品气味难闻，操作麻烦，容易损伤皮肤的问题。使用方法是在使用植物脱毛产品前，先清洗需脱毛的部位。取适量植物脱毛产品涂在皮肤上，轻轻按摩及至完全吸收。植物脱毛产品不像传统脱毛膏产品，容易对皮肤造成过敏（化学脱毛膏）和拉伤（脱毛蜡），其使用没有任何的不适感和疼痛感。

五、专题实训

（一）个案分析

美体老师找到了三位顾客提出以下脱毛要求：

①三个小组为顾客分析不同毛发生长方向应该怎么去除。

②第一位顾客的要求是脱除腋毛。

③第二位顾客的要求是脱除小腿部的毛发。

④第三位顾客的要求是脱除手臂的毛发。

要求：学生根据顾客的要求给顾客进行脱毛，并进行以下操作。

①记录脱毛时遇到的问题。

②让顾客给自己的小组打分。

③想出解决所遇到的问题的方案。

（二）专题活动

有一位女性顾客不久前到美容店进行腋下脱毛护理服务项目，脱完两次后还是没有脱干净。

（1）如果你是美容店店员，你该如何处理此种情况？

（2）列出你要询问的问题，并记录下来，以下是你需要考虑的事。

①找出护理失败的原因。

②将你认为可能造成失败的原因记录下来。

③将你认为可能解决的方案记录下来。

六、课外实训

请将你在本单元学习期间参加的各项专业实践活动情况记录在课外实训记录表（见表5-2-3）中。

表5-2-3　课外实训记录

服务对象	时间	工作场所	工作内容	服务对象反馈